JN441016

대기역학의
원리와 어림

대기역학의 원리와 어림

김정우 지음

Σ 시그마프레스

대기 역학의 원리와 어림

발행일 | 2007년 9월 10일 1쇄 발행

저자 | 김정우
발행인 | 강학경
발행처 | (주)시그마프레스
편집 | 이성자
교정 · 교열 | 김성남

등록번호 | 제10-2642호
주소 | 서울특별시 마포구 성산동 210-13 한성빌딩 5층
전자우편 | sigma@spress.co.kr
홈페이지 | http://www.sigmapress.co.kr
전화 | (02)323-4845~7(영업부), (02)323-0658~9(편집부)
팩스 | (02)323-4197

인쇄 | 남양인쇄 제본 | 동신제책

ISBN | 978-89-5832-393-8 가격 | 20,000원

머리말

이 책은 대기 현상들에 관심을 갖는 학생들을 위해 쓴 것이다. 내용은 필자가 지난 27년에 걸쳐 오리건 주립대학교와 연세대학교에서 "대기 역학 I"이라는 제목으로 대학원을 시작하는 학생들에게 한 학기용으로 강의했던 것이다.

대기 안에서 일어나는 현상들을 자연 과학의 입장에서 다루는 학문 체계들을 집합적으로 일러 대기 과학이라 한다. 대기 과학이라는 표제의 단행본을 통해 총체적 체계를 시도한 학자들이 있었지만, 기존 내용들의 다양성에 더해 새로운 내용들의 급격한 추가로 대기 과학은 빠르게 팽창해 왔다. 대기 과학을 구성하는 많은 체계들 가운데 하나가 대기 역학이다. 오늘날 대기 과학을 전공하는 모든 학생들은 어떤 형식으로든지 대기 역학을 배운다. 이것은 대기 역학이 대기 현상들을 이해하기 위해서 준비해야 될 가장 기초적인 도구적 성격을 지니기 때문이다. 이 책은 이런 입장에서 쓰였고, 그래서 책의 이름은 "대기 역학의 원리와 어림"이 되었다. 이 책의 제1부는 대기 역학의 기초 원리들을 세우는 데, 제2부는 운동 방정식의 불변 형식과 그것의 여러 가지 어림 형식을 설명하고, 나아가 기초 원리들의 체계를 합리적으로 어림하는 방법으로서의 규모 분석을 도입하는 데, 그리고 제3부는 역학 계들을 어림의 입장에서 구분하여 소개하는 데 각각 할당되었다.

그동안에 잡기 형식으로 나누어 보았던 이 책의 상당한 분량의 내용에 대해서 건설적으로 비판해 준 많은 학생들과 동료들에게 고맙게 생각한다. 특히 부산대학교의 하경자 교수, 강릉대학교 대기환경과학과 정일웅 교수, 서울대학교의 이동규, 전종갑 두 교수, 그리고 연세대학교의 이승만, 조희구 두 교수와 더불어

즐긴 격의 없는 학구적 탐색은 이 책을 보다 충실한 방향으로 이끌도록 유도한 귀한 경험이었다. 끝으로 이 책의 원고를 정리하고 그림을 그려 준 신호정에게, 그리고 이 책이 출판되기까지 오랫동안 참고 기다려 주신 (주)시그마프레스 강학경 사장에게 감사의 마음을 전한다.

차례

제2장 보존 원리

제3장 열역학의 항등식과 상태 방정식

제6장 섭동론

제9장 선형 계

제1부

기본 원리

제1장 수학적 준비

제2장 보존 원리

제3장 열역학의 항등 관계와 상태 방정식

제1장

수학적 준비

우리는 질량, 운동량 및 에너지의 보존, 그리고 열역학의 항등식과 이상기체의 상태 방정식을 대기 역학의 완결된 기본 원리로 선택한다. 제1장은 이들을 수학적 언어로 표현할 준비로서 좌표 변환에 대해 불변하는 스칼라, 벡터 및 텐서, 그리고 일반화된 좌표들에 대해 알아본다. 제2장은 보존 방정식들을 세우고, 제3장은 열역학의 항등식과 상태 방정식을 세운다.

대기 역학의 기본 원리들은 유클리드 기하학의 공리들처럼, 경험으로부터 추상화된 것이다. 일단 원리로 선택되면 그것은 논증을 벗어나고 사고의 한 틀을 이룰 기본 요소가 된다. 하지만, 이른바 원리들의 선택과 폐기는 역사적으로 없지 않았고 앞으로도 있을 것이다. 그 예로, 아인슈타인의 특수 상대성 이론이 나왔을 때[1], 질량의 보존은 더 이상 원리가 아니었고, 반면에 에너지의 보존은 그 전보다 더 포괄적인 테두리를 갖는 원리가 되었다. 왜냐하면 물질은 에너지의 한 형태로서 에너지로 바뀔 수 있기 때문이다. 다른 예로, 20세기 초반에 열 물리가 완성되면서 열역학의 항등식과 이상기체의 상태 방정식은 모두 원리에서 법칙의 수준으로 정립되었고, 동시에 닫힌계의 엔트로피 증가 역시 원리가 아닌

1. 아인슈타인은 1905년에 네 개의 논문을 발표했다. 하나는 브라운 운동, 또 하나는 광전 효과, 그리고 나머지 둘은 아래에 보인 특수 상대론과 물질-에너지의 등가성에 관한 것이다. Einstein, A., 1905a: Zur Elektrodynamik bewegter Körper. Annalen der Physik, 17, 891-921. (On the Electrodynamics of Moving Bodies; 움직이는 물체들의 전기 역학에 관하여.) Einstein, A., 1905b: Ist die Trägheit eines Körpers von seinem Energiegehalt abhängig?. Annalen der Physik, 18, 639-641. (Does the Inertia of a Body Depend upon its Energy-Content?; 한 물체의 관성은 그의 에너지 함량에 의존하는가?)

법칙으로 받아들여지게 되었다. 이제 열 물리에서 원리 수준의 기본 가정은 한 닫힌계 계에 접근할법한 모든 양자 상태들이 동일한 출현 확률을 갖는다는 것이다. 논리적으로, 열린계는 탐구될 것일 뿐이고, 굳이 가정할 것이 있다면 그것은 닫힌계에 대한 성격일 것이다. 열 물리는 이 점에 충실하다. 이제 대기 역학에서, 열역학의 항등식과 이상기체의 상태 방정식은 더 이상 원리가 아니라 그 운동 계의 완결을 위해 열 물리에서 차입될 두 법칙일 뿐이다.

하지만, 아인슈타인도 지적했듯이[2], 원리란 우리가 탐구할 물질계의 추상에서 도출된 최소의 지배 구조로서 그 물질계를 완벽하게 설명해야 할 것이라는 의미에서 그 물질계 자체이지, 그 물질계로부터 독립된 어떤 것이 아니다. 따라서 원리를 한 계의 설명에 필요한 도구로 보는 것은 바른 견해가 아니다. 대기 운동계라 불리는 물질계의 역학에서, 질량과 에너지는 서로 변환될 수 없는 별개의 개념이고, 열역학의 항등식과 이상기체 상태 방정식은 그 물질계의 추상에서 도출된 최소의 지배 구조이다. 대기 역학에서 엔트로피의 증가는 닫힌계의 확률적 성격을 말하는 원리이고, 열역학적 평형은 열린계의 확률적 성격을 말하는 원리이다. 공기 덩이와 같은 열린계들이 열역학적 평형을 보이는 것은 놀라운 사실이다. 우리는 에너지 보존의 원리와 열역학의 항등식을 종합한 결과로서 열역학 에너지 방정식을 얻을 것이다.

1.1 좌표 변환에 대한 불변성

여러 사람들이 서로 다른 좌표계를 사용해 어떤 현상을 탐구하고 그것에 관한 정보를 교환하고 이용한다면, 이는 사용된 좌표계들이 서로 동등하다는 조건 아래 의미를 가질 것이다. 이때 사람들은 그들의 동등한 좌표계들을 연결시킬 변환 규칙을 공유한다.

2. Eistein, A., 1916: Relativity. 5th Edition(1921). Translated(1961) by R. W. Lawson. Wings Book, New York. 이 영문 번역판은 아인슈타인이 1916년 12월에 쓴 초판 서문의 번역문과 함께, 제15판(1921)에 처음 실린 부록 5(상대성과 공간 문제)에 관해서 1952년 6월에 그가 직접 영문으로 쓴 짧은 비망록을 수록하고 있다. 이 비망록에서 아인슈타인은 물질 없는 공간, 즉 빈 공간이란 없는 것이라고 갈파한 데카르트를 지지했다.

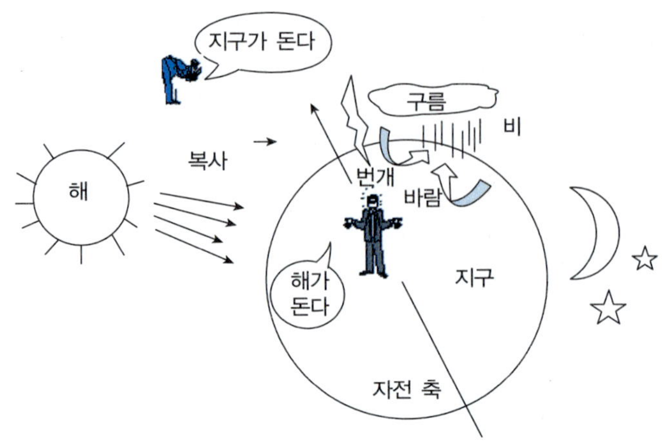

| 그림 1.1 | 관성 체제와 회전 체제에 각각 있는 두 사람이 함께 비가 오는 것을 관찰한다.

지구를 자전하는 물체로 보는 관성 체제(inertial framework)의 사람과 그것을 정지해 있는 물체로 보는 회전 체제(rotating framework)의 사람이 함께 한 공기 덩이(氣塊, air parcel)의 운동을 서술할 때, 그 두 사람은 그 덩이의 속도를 서로 다르게 볼 뿐만 아니라, 그 덩이에 작용하는 힘과 그 내용을 서로 다르게 보는 등 견해 차이를 드러낸다. 중요한 견해 차이의 한 예를 들면, 관성 체제에 없는 자전의 원심력과 코리올리[3]의 힘이 회전 체제에 나타난다. 하지만, 그 두 탐구자

3. Gaspard-Gustave de Coriolis(1792~1843)는 파리에서 출생하고 타계했지만, 낭시에서 자라고 교육을 받았다. 1808년에 Ecole Polytechnique에 그해 입학생들 중에서 2등으로 입학했고, 졸업 후 곧장 파리에 있는 Ecole des Ponts et Chaussees에 들어가 공부를 계속했다. 거기서 졸업한 다음 수년간 공병단에서 복무했다. 군인이었던 부친의 타계로 집안의 생계를 맡게 되었을 때, 이미 건강이 나쁜 상태에서 1816년 Cauchy의 추천으로 Ecole Polytechnique에 특별 지도교수 자리를 맡게 된다. 1830년에 발발한 프랑스 혁명의 와중에서 Cauchy의 자리를 물려받았지만, 지나친 연구에의 열중으로 그 자리를 내놓고, Ecole des Ponts et Chaussees에 한 자리를 얻어 Navier와 함께 응용 역학을 가르쳤다. 1836년에 Navier의 타계로 그의 석좌를 물려받고 학술원의 역학부에서도 Navier의 후임자로 선출되었다.

코리올리는 Poncelet 및 Navier와 교류하면서 역학과 공업 수학 분야에서 마찰, 수리학, 기계 성능 및 생물 공학을 주로 연구했다. 그는 '일'과 '운동 에너지'의 개념을 현재 우리들이 쓰는 의미로 사용한 최초의 사람이다. 하지만, 그는 '일'에 대한 그의 공학적 생각보다, 운동 방정식에 '코리올리 가속도'라는 특별한 힘을 더하면 회전 체제에서도 운동 법칙을 사용할 수 있음을 보인, 그의 과학적 창의(1835: Sur les equations du movement relatif des systemes de corps)로 더욱 기억되고 있다.

사실, 1963년에 프랑스의 한 연구 선박이 그의 이름으로 명명되었을 때, 그의 생애는 이론과 기술 적용의 접목으로 특징지어졌고, 사람들은 그를 공학자가 아닌 과학자로서 지구 표면에 놓인 유체에 작용하는 코리올리 힘으로 찬미했다.

들이 어떤 한 현상을 설명함에 있어 한 체제의 탐구자가 다른 체제의 탐구자에 비해 '선험적으로 불리한 입장'에 있을 수는 없다. 그런 뜻으로 그 두 체제는 동등하다.[4]

이제 우리들은 예외 없이 회전 체제에서 대기 현상들을 관측하며 생각할 것이다. 이 체제에서 탐구될 현상들은 탐구자들과 무관하게 존재하지만, 그 현상들의 서술을 위해 사용될 좌표계들은 탐구자들의 편의에 따라 직각 좌표계, 구면 극 좌표계 등과 같이 달리 정해질 수 있다. 앞으로 우리가 말할 변환 규칙은, 회전 체제와 관성 체제 사이의 변환 규칙이 아니라, 회전 체제 안에서 사용될 서로 다른 좌표계들 사이의 변환 규칙이다. 흔히 좌표계와 체제는 같은 뜻으로 쓰이기도 하지만, 우리가 말할 좌표계들은, 한 회전 체제 안에서, 다만 서로 다른 방위를 갖는 좌표계들이다.

많은 좌표계들이 편의에 따라 개발되어 왔다. 그 예로, 용도에 따라 극의 축을 서로 달리하는 구면 극 좌표계들과 용도에 따라 원점과 방위를 서로 달리하는 직각 좌표계들이 있다. 하지만, 좌표계들 사이의 변환 규칙 때문에, 탐구자들은 혼동 없이 의사를 교환한다. 이 변환 규칙은 '좌표 변환으로 변하지 않을 성질들'이 존재한다는 사실에 기반을 두고 성립한다. 좌표 변환으로 변하지 않을 성질들이란 무엇인가? 사실, 그러한 성질들이 존재하고, 자연 현상들이 그러한 성질들로써 묘사될 수 있다는 것은 경험적 공리이자 우리의 기본 약정(約定, stipulation)이다. 이 약정은 한 체제 안에서 좌표계의 선택은 묘사의 편의를 위한 것일 뿐, 묘사될 현상이 그 선택에 좌우될 수 없음을 말한다. 만일 좌표계의 선택이 묘사될 현상을 어느 만큼 가름한다면 그 현상의 객관성은 그만큼 떨어질 수밖에 없을 것이다. 앞으로 우리는 선택된 좌표계들 사이의 변환에 대해 불변하는 성질들과 그런 성질들 사이의 관계들만을 다룰 것이다.

1.1.1 좌표계

이제 무한히 많은 점들의 집합인 한 공간의 어떤 점을 그 공간의 원점으로 잡고

4. 이것은 상대성 원리의 한 표현이다. 하지만, 흔히 Galileo의 체제라 불리는 관성 체제는, 관성의 법칙이 성립한다는 점 때문에, 역학의 서술에서 특별한 위치를 점유해 왔다.

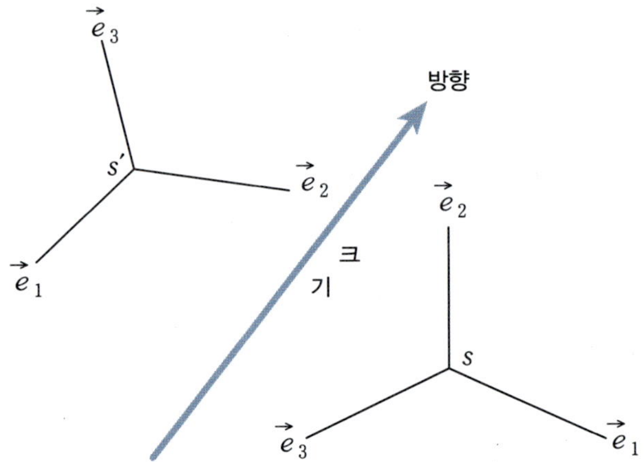

| 그림 1.2 | 좌표 변환에 불변하는 한 벡터를 보이는 동등한 두 좌표계들

이를 O라 하자. 이로써 이 공간의 다른 점은 O에 대한 상대 위치를 갖게 된다. 공간의 차원은 그 공간을 지정하는 데 필요한 단위 벡터(vector)들의 수 N이다: 그 단위 벡터들의 집합 $S(\vec{e}_1, \vec{e}_2, \cdots, \vec{e}_N)$는 그 공간의 좌표계라 불린다. 달리 말하지 않는 한, 우리는 삼차원 공간들만을 다룬다. 이때 우리는 공간을 지정하는 세 개의 단위 벡터들의 직교성(orthogonality) [5]을 가정하는데, 이는 편의이지만 매우 중요하다.

일반적으로 한 공간은 여러 좌표계(座標系, coordinate system)들로써 동등하게 지정될 수 있다. 어떤 공간을 지정하는 두 좌표계 $S(\vec{e}_1, \vec{e}_2, \vec{e}_3)$와 $S'(\vec{e}'_1, \vec{e}'_2, \vec{e}'_3)$을 생각하자. 이들의 동등성은 방향 여현[6] l_{ij}의 정의와 합산 관례[7]를 이용해

$$\vec{e}'_i = l_{ij}\vec{e}_j \quad \text{또는} \quad \vec{e}_i = l_{ji}\vec{e}'_j: \; i, j = 1, 2, 3 \tag{1.1}$$

와 같이 표현될 수 있다(문제 1을 보라). 특히 위 식의 양변에 $\vec{e}'_k$을 곱해 정리

5. $\vec{e}_i \cdot \vec{e}_j \equiv \delta_{ij}$(크로네커 델타)$\begin{cases} \equiv 1: i = j \\ \equiv 0: i \neq j \end{cases}$: $i, j = 1, 2, 3$.

6. $l_{ij} \equiv \vec{e}'_i \cdot \vec{e}_j$은 두 방향 사이 각의 여현과 같아 방향 여현이라 불린다.

7. $l_{ij}\vec{e}_j \equiv \sum_{j=1}^{3} l_{ij}\vec{e}_j$. 짝지은 지수에 대한 합산 기호를 떼어 간단히 표기하는 합산 관례(summation convention)에서 그 짝지은 지수는 바보 지수라 불린다.

하면,

$$l_{im}l_{km} = \delta_{ik} \text{ 또는 } l_{mi}l_{mk} = \delta_{ik}:\ i, k = 1, 2, 3 \qquad (1.2)$$

이 얻어진다. 식 (1.2)는 S'의 서로 다른 두 단위 벡터들을 S의 세 방향에 각각 투영해서 곱한 뒤 더하면 0이 됨을 말한다. 두 좌표계는 동등하므로, S의 서로 다른 두 단위 벡터들을 S'의 세 방향에 각각 투영해서 곱한 뒤 더해도 같은 결과를 얻는다.

1.1.2 벡터

동일한 원점을 갖는 두 좌표계 S와 S'에서 한 점 P의 위치가 각각 $\vec{r}$과 $\vec{r}'$이면, 원점이 동일하기 때문에 그 위치가 좌표계의 방위에 무관할 것이므로,

$$\vec{r}' = \vec{r}:\ \vec{r}' \equiv x'_i\vec{e}'_i,\ \vec{r} \equiv x_j\vec{e}_j \qquad (1.3)$$

여기서 x'_i는 S'로 본 위치의 i째 성분이고, x_j는 S로 본 위치의 j째 성분이다. 이로부터 단위 벡터들의 직교성을 이용하여 위치의 성분들 사이의 변환 규칙을 얻을 수 있다:

$$x'_i = l_{ij}x_j \text{ 또는 } x_j = l_{ij}x'_i \qquad (1.4)$$

두 좌표계의 원점들이 서로 다르면, S로 본 S'의 원점 O'의 위치를 $\vec{r}_0$라 표시할 때,

$$\vec{r}' = \vec{r} - \vec{r}_0 \qquad (1.5)$$

식 (1.5)는 공간에서 주어진 한 점 P의 위치가 원점이 상이한 두 좌표계에서 서로 다르게 나타남을 보인다. 그러나 $\vec{r}_0$가 상수이므로 S와 S'에서 본 P에서의 변위(變位, displacement)는 같다. 곧 (1.5)의 미분으로부터

$$\Delta\vec{r}' = \Delta\vec{r} \text{ 또는 } \Delta x'_i\,\vec{e}'_i = \Delta x_j\,\vec{e}_j \qquad (1.6)$$

이 나온다. 단위 벡터들의 직교성을 이용하면, (1.6)은

$$\Delta x'_i = l_{ij} \Delta x_j \tag{1.7}$$

을 준다. 변위에 관한 이 변환 관계는 벡터의 정의 형식이다: S와 S'에서 본 한 변수 $\vec{a}$의 i째 성분을 각각 a_i와 a'_i라 할 때

$$a'_i = l_{ij} a_j:\ i = 1, 2, 3 \tag{1.8}$$

이면, $\vec{a}$는 벡터라 불린다. 이 변환 규칙 (1.8)에서 좌표 변환에 대한 벡터의 불변성

$$\vec{a}' \equiv \vec{a}:\ \vec{a}' \equiv a'_i \vec{e}'_i = l_{ij} a_j l_{ik} \vec{e}_k = \delta_{jk} a_j \vec{e}_k = a_k \vec{e}_k \equiv \vec{a} \tag{1.9}$$

이 나온다. 역으로, 좌표계의 동등성[8]과 벡터의 불변성 (1.9)에서 변환 규칙 (1.8)이 도출될 수 있다. 우리의 입장은 벡터의 불변성을 현상의 본질로 보는 것이다.

이제 속도가 벡터임을 알아보자. 속도와 그 성분은 직각 좌표계에서

$$\vec{u} \equiv u_i \vec{e}_i:\ u_i = \vec{e}_i \cdot \vec{u} \equiv \frac{dx_i}{dt}$$

와 같이 정의된다. '만일 $\vec{u}' = \vec{u}$라면,' S'에서 속도의 j째 성분은 좌표계의 동등성에 따라,

$$u'_j \equiv \vec{e}'_j \cdot \vec{u}' = \vec{e}'_j \cdot \vec{u} = l_{jk} \vec{e}_k \cdot u_m \vec{e}_m = l_{jk} u_m \delta_{km} = l_{jk} u_k \tag{1.10}$$

이 얻어진다. 식 (1.10)은 속도의 성분들이 변위의 성분들처럼 변환함을 보인다. 속도의 성분들이 변환 규칙 (1.8)을 따른다는 입장에서 속도는 벡터이다. 그러나 이 결론은 속도의 불변성, 곧 $\vec{u}' = \vec{u}$을 전제하고 나온 것이다. 따라서 속도가 벡터임을 보이려면, $\vec{u}$의 불변성을 먼저 보여야 될 것이다: 속도의 정의로부터 출발해서 변위가 벡터임을 이용하고, 좌표계의 동등성을 참고하면,

$$\vec{u}' \equiv \frac{dx'_i}{dt} \vec{e}'_i = l_{ij} \frac{dx_j}{dt} l_{ik} \vec{e}_k = \delta_{jk} \frac{dx_j}{dt} \vec{e}_k = \frac{dx_k}{dt} \vec{e}_k \equiv \vec{u} \tag{1.11}$$

8. 이제부터 이 책에서 좌표계의 동등성이라 함은 (1.1)과 (1.2)를 통틀어 말한다.

곧 좌표 변환에 대한 속도의 불변성이 나온다. 식 (1.10)으로부터도 $\vec{u}' = \vec{u}$을 얻을 수는 있지만, 이는 속도가 벡터라는 전제 아래 좌표 변환에 대한 벡터의 불변성을 보이는 것이지, 이 전제 없이 속도가 불변함을 보이는 것은 아니다. 강조하거니와, 좌표 변환에 대한 속도의 불변성은 (1.11)에 따라 성립하는 것이다.

1.1.3 구배 연산자

좌표 변환에 대한 불변성은 벡터뿐만 아니라 미분 연산자들의 성격이기도 하다. 한 예로, 구배 연산자(句配演算子, gradient operator) $\vec{\nabla} \equiv \vec{e}_i \partial / \partial x_i$의 불변성을 알아보자. 이를 위해 먼저 (1.4)의 둘째 식을 $x_m = l_{km} x'_k$과 같이 쓰고 이를 x'_j로 미분하여 방향 여현의 도함수 형식

$$l_{jm} = \frac{\partial x_m}{\partial x'_j} \tag{1.12}$$

을 얻자. 그러면 미분 연산자의 정의와 좌표계의 동등성에서

$$\begin{aligned} \vec{\nabla}' &\equiv \vec{e}'_j \frac{\partial}{\partial x'_j} = l_{jk} \vec{e}_k \frac{\partial x_m}{\partial x'_j} \frac{\partial}{\partial x_m} \\ &= l_{jk} l_{jm} \vec{e}_k \frac{\partial}{\partial x_m} = \vec{e}_m \frac{\partial}{\partial x_m} \equiv \vec{\nabla} \end{aligned} \tag{1.13}$$

곧 구배 연산자의 불변성이 나온다. 더욱, (1.12)를 이용하면,

$$a'_j \equiv -\frac{\partial}{\partial x'_j} = -\frac{\partial x_k}{\partial x'_j} \frac{\partial}{\partial x_k} = -l_{jk} \frac{\partial}{\partial x_k} \equiv l_{jk} a_k \tag{1.14}$$

이므로, 구배 연산자의 '성분들'은 벡터 성분들의 변환 규칙 (1.8)을 따른다. 식 (1.13)과 (1.14)에 비추어 $\vec{\nabla}$는 벡터 연산자 또는 애칭으로 구배 벡터라 불릴 것이다.

1.1.4 텐서

한 공기 덩이의 위치 성분들과 속도 성분들의 '곱 짝' $L_{ij} \equiv (x_i u_j - x_j u_i)/2$

들의 집합

$$L \equiv \begin{bmatrix} L_{11} & L_{12} & L_{13} \\ L_{21} & L_{22} & L_{23} \\ L_{31} & L_{32} & L_{33} \end{bmatrix} : \text{ 행렬 표기; } L \equiv \vec{e}_i L_{ij} \vec{e}_j : \text{ 다이애드 표기}$$

는 각운동량(angular momentum)이라 불린다. 앞에 쓴 행렬 표기와 다이애드 표기는 각운동량을 표현하는 두 가지 방식이다. 앞으로 우리는 다이애드 표기와 그 연산 방식의 사용을 선호할 것이다.

S'에서 각운동량의 'mn성분'은 그 정의와 더불어 위치 및 속도 성분들의 변환 규칙에 따라

$$L'_{mn} \equiv \frac{1}{2}(x'_m u'_n - x'_n u'_m) = l_{mi} l_{nj} \frac{1}{2}[(x_i - x_i^0) u_j - (x_j - x_j^0) u_i]$$
$$= l_{mi} l_{nj} (L_{ij} - L_{ij}^0) \tag{1.15}$$

과 같다. 여기서 $L_{ij}^0 \equiv (x_i^0 u_j - x_j^0 u_i)/2$은 다이애드 $L^0 \equiv \vec{e}_i L_{ij}^0 \vec{e}_j$의 ij성분이다. 이제 $L' \equiv \vec{e}'_i L'_{ij} \vec{e}'_j$ 이므로 (1.15)에서

$$L' = L - L_0 \tag{1.16}$$

을 얻을 수 있다(문제 4). 식 (1.16)은 공간의 한 점 P에 놓인 덩이의 각운동량이 원점이 상이한 두 좌표계에서 서로 다르게 나타남을 보인다. 만일 두 좌표계의 원점이 동일하면, $L^0 = 0$이므로, (1.15)와 (1.16)에서

$$L'_{mn} = l_{mi} l_{nj} L_{ij}; \quad L' = L \tag{1.17}$$

을 얻는다.

벡터의 정의를 위해 변위 성분의 변환 규칙 (1.7)을 활용했던 것처럼, 텐서(tensor)의 정의를 위해 (1.17)이 활용된다. S와 S'에서 변수 A의 ij성분을 각각 A_{ij}와 A'_{ij}라 할 때, 원점의 일치 여부에 상관없이

$$A'_{mn} \equiv l_{mi} l_{nj} A_{ij} \tag{1.18}$$

이면, A는 2급 반변 텐서 또는 간단히 텐서라 불린다. 그 성분들이 (1.18)을

만족하는 변수는 좌표 변환에 대해 불변한다:

$$A' \equiv \vec{e}'_i A'_{ij} \vec{e}'_j = l_{ik} \vec{e}_k l_{im} l_{jn} A_{mn} l_{jl} \vec{e}_l = \vec{e}_m A_{mn} \vec{e}_n \equiv A \qquad (1.19)$$

우리는 이 불변성을 텐서의 본질로 볼 것이다. 그러면 변환 공식 (1.18)은 불변성으로부터 유도될 규칙일 뿐이다.

식 (1.18)과 (1.19)에 따르면, 위치가 엄밀한 의미에서 벡터가 아니었던 것처럼 각운동량도 마찬가지로 텐서가 아니다. 그러나 우리는, 제한된 의미에서 (곧 원점의 불일치를 무시하고) 위치를 벡터라 했던 것처럼 각운동량을 텐서라 할 것이다. 특히 각운동량은 반대칭 텐서이다.

$$L_{ji} = -L_{ij};\ \ i, j = 1, 2, 3. \qquad (1.20)$$

따라서 $L_{11} = L_{22} = L_{33} = 0$이므로 각운동량은 L_{12}, L_{23} 및 L_{31}의 세 성분들만으로 지정된다. 이 때문에 각운동량은 벡터라 불리지만 그 성분들이 (1.8)의 변환 규칙을 따르지 않으므로 일종의 가짜 벡터이다. 식 (1.18)의 변환 규칙을 따를 텐서는 일반적으로 대칭도 반대칭도 아니고, 9개의 성분을 갖는다. 텐서를 정의하기 위해 (1.17)에서 따온 것은 (1.18)에 보인 변환 형식일 뿐, 반대칭성 등 L의 특징이 아니다.

1.1.5 벡터의 구배

텐서의 한 예로 S에서 관찰된 벡터 $\vec{q}$의 구배

$$-\vec{\nabla}\vec{q} \equiv -\vec{e}_i \frac{\partial q_j}{\partial x_i} \vec{e}_j$$

를 생각하자. 이제 S'에서 관찰된 벡터 $\vec{q}' = \vec{q}$의 구배 $-\vec{\nabla}'\vec{q}'$의 mn성분은

$$-\frac{\partial q'_n}{\partial x'_m} = -l_{mi} l_{nj} \frac{\partial q_j}{\partial x_i} \qquad (1.21)$$

와 같음을 보일 수 있고, 이는 $\vec{\nabla}\vec{q}$의 성분이 좌표 변환에 대한 규칙 (1.18)을

따름을 보이는 것이므로 $\vec{\nabla}\vec{q}$는 텐서이다. 식 (1.21)을 이용하면,

$$\begin{aligned}\vec{\nabla}'\vec{q}' &\equiv \vec{e}'_m \frac{\partial q'_n}{\partial x'_m}\vec{e}'_n = l_{mi}\vec{e}_i l_{mj} l_{nk}\frac{\partial q_k}{\partial x_j} l_{nl}\vec{e}_l \\ &= \vec{e}_j \frac{\partial q_k}{\partial x_j}\vec{e}_k \equiv \vec{\nabla}\vec{q}\end{aligned} \tag{1.22}$$

이므로, 벡터의 구배는 좌표계의 변환에 대해 불변한다.

1.1.6 스칼라

앞에서 벡터와 텐서의 좌표 변환에 대한 불변성에 대해 언급했다. 그러나 그 성분들은 불변적이지 않으며, 오히려 각 변환 규칙에 맞추어 좌표 변환에 따라 변해야 한다. 흔히 그 성분들을 스칼라(scalar)로 부르는 일이 없지 않지만, 벡터나 텐서의 성분은 진짜 스칼라가 아니다. 이 책에서 스칼라는 벡터나 텐서처럼 좌표 변환에 대해 불변하는 성질이다. 기온, 기압, 밀도, 수증기 혼합비 등이 스칼라임은 자명하지만, 벡터의 크기, 텐서의 자국, 발산 등이 스칼라임은 자명하지 않다.

벡터 $\vec{a}$의 크기 $|\vec{a}| \equiv (a_i a_i)^{1/2} \equiv (a_1^2 + a_2^2 + a_3^2)^{1/2}$는 스칼라이다:

$$(a'_j a'_j)^{1/2} = [(l_{ij}a_i)(l_{kj}a_k)]^{1/2} = (\delta_{ik}a_i a_k)^{1/2} = (a_k a_k)^{1/2} \tag{1.23}$$

식 (1.23)에서 왼쪽은 S'에서 본 벡터의 크기이고 오른쪽은 S에서 본 그 벡터의 크기이다. 곧 좌표 변환에 따라 벡터의 성분들은 변할지라도 그 크기는 안 변한다. 아무 방향 $\vec{n}$에 내린 벡터 $\vec{a}$의 투영 $\vec{n}\cdot\vec{a}$도 스칼라이다:

$$\vec{a}'\cdot\vec{n}' = \vec{a}\cdot\vec{n} \tag{1.24}$$

텐서 A의 자국(trace) $A_{ii} \equiv A_{11} + A_{22} + A_{33}$도 스칼라이다:

$$A'_{ii} = l_{im} l_{in} A_{mn} = \delta_{mn} A_{mn} = A_{nn} \tag{1.25}$$

식 (1.25)에서 왼쪽은 S'에서 본 텐서의 자국이고 오른쪽은 S에서 본 그 텐서의 자국이다. 좌표 변환에 따라 텐서의 성분들은 변할지라도 그 자국은 안 변한다.

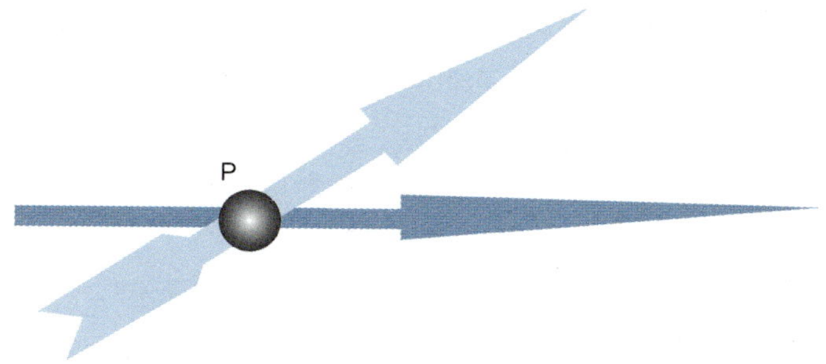

| 그림 1.3 | 한 점 P에서 한 방향 $\vec{n}$을 주면 두 벡터 $\vec{n}\cdot A$와 $A\cdot\vec{n}$이 태어난다. 한 방향마다 두 벡터를 만들어 내는 점 함수 A를 텐서라 한다.

좌표 변환에 대한 불변성은 벡터, 텐서 및 스칼라의 본질일 뿐 아니라 이들의 어떤 특징, 예를 들면 대칭성 등의 성격이기도 하다. A가 대칭 텐서 또는 반대칭 텐서라 하자: $A_{nm} = \pm A_{mn}$. 그러면,

$$A'_{ij} = l_{im} l_{jn} A_{mn} = \pm l_{im} l_{jn} A_{nm} = \pm l_{jn} l_{im} A_{nm} = \pm A'_{ji} \tag{1.26}$$

가 성립하므로 대칭성은 좌표 변환에 대해 불변하는 성격임을 알 수 있다. 이처럼 우리가 다룰 변수들의 성격도, 그것이 정말 고유한 성격이라면, 마땅히 관찰자의 입장, 곧 좌표 변환에 대해 불변해야 할 것이다.

1.1.7 텐서의 투영

한 점 P에서 아무 방향 $\vec{n}$에 내린 벡터 $\vec{a}$의 투영 $\vec{n}\cdot\vec{a}$을 생각했듯이, 그 방향에 내린 A의 투영(投影, projection)을 생각할 수 있다. 다만 이때 A의 투영은

앞 투영(前投影, pre-projection): $\vec{n}\cdot A \equiv b_i\vec{e}_i;\ b_i \equiv n_j A_{ji}$

뒤 투영(後投影, post-projection): $A\cdot\vec{n} \equiv \vec{e}_i c_i;\ c_i \equiv A_{ij} n_j$

와 같이 두 가지로 정의된다. 이 투영의 성분들이

$$b'_i \equiv n'_j A'_{ji} = l_{jk} n_k l_{jn} l_{im} A_{nm} = l_{im} n_n A_{nm} \equiv l_{im} b_m \tag{1.27a}$$

$$c'_i \equiv A'_{ij} n'_j = l_{ik} l_{jl} A_{kl} l_{jm} n_m = l_{ik} A_{kl} n_l \equiv l_{ik} c_k \tag{1.27b}$$

와 같이 변환 규칙 (1.8)을 따르므로, 아무 방향에 내린 텐서의 앞 투영과 뒤 투영은 모두 벡터이다. 구배 연산자 위에 내린 텐서의 투영도

$$\vec{\nabla} \cdot \tau \equiv \frac{\partial \tau_{ji}}{\partial x_j} \vec{e}_i, \quad \tau \cdot \vec{\nabla} \equiv \vec{e}_i \tau_{ij} \frac{\partial}{\partial x_j} \tag{1.28}$$

와 같이 두 가지로 정의되는데, 이들도 벡터이다. 이런 의미에서, 텐서는 한 방향마다 두 개의 벡터를 만들어 내는 점 함수라 볼 수 있다(그림 1.3). 이에 비해 벡터는 한 방향마다 한 개의 스칼라 투영을 만들어 내는 점 함수이다.

1.2 물질 도함수와 물질 적분

1.2.1 궤도 함수의 야코비안

그 위치가 한 벡터로 표시되고 그의 한 성질이 한 값으로 대표될 만큼 작은 덩어리의 공기를 공기 덩이 또는 간단히 덩이라 한다. 그런 덩이의 위치와 그 성질들을 시간에 따라 추적하며 탐구하는 서술을 '라그랑즈식' 서술이라 한다. 주어진 덩이를 확인할 추적자(追跡子, tracer)로서 흔히 선택되는 온위나 수증기 혼합비와 같은, 이른바 보존적 성질들은 실제로 가열과 응결로 변하기 때문에, 이상적인 추적자가 아니다. 우리는 가장 엄격한 의미에서 한 덩이의 초기 위치 $\vec{a}$를 그 덩이의 추적자로 선택할 것이다. 이처럼 추적되는 덩이는 간단히 덩이 $\vec{a}$라 불린다. 이때 덩이의 궤도 함수 $\vec{F}$는 시각 t에 덩이 $\vec{a}$가 놓이는 위치 $\vec{x}$을 결정할 것이다:

$$\vec{x} = \vec{F}(\vec{a}, t) \text{ 또는 } x_i = F_i(a_1, a_2, a_3, t):\ i = 1, 2, 3 \tag{1.29}$$

덩이 $\vec{a}$의 궤도 위에서 미소 변위는

$$d\vec{x} = dt \frac{\partial \vec{F}}{\partial t} + d\vec{a} \cdot \frac{\partial \vec{F}}{\partial \vec{a}}{}^{9} \text{ 또는 } dx_i = dt \frac{\partial F_i}{\partial t} + da_j \frac{\partial F_i}{\partial a_j} \tag{1.30}$$

와 같다. 현재 위치에 대한 초기 위치의 민감도 $\partial a_j / \partial x_k$는 (1.30)에서 $dt = 0$

으로 놓을 때 얻어지는

$$\frac{\partial \vec{F}}{\partial \vec{a}} \cdot \frac{\partial \vec{a}}{\partial \vec{x}} = \delta^{10} \quad \text{또는} \quad \frac{\partial F_i}{\partial a_j} \cdot \frac{\partial a_j}{\partial x_k} = \delta_{ik} \tag{1.31}$$

을 풀면 추정될 수 있다. 어떤 시각 t에 위치 $\vec{x}$에 놓인 덩이 $\vec{a}$의 초기 위치를 안다는 것은

$$\vec{a} = \vec{G}(\vec{x}, t) \quad \text{또는} \quad a_j = G_j(x_1, x_2, x_3, t) \tag{1.32}$$

과 같이 함수 $\vec{G}(\vec{x}, t)$가 결정될 수 있음을 뜻한다. 이는 모든 $j, k = 1, 2, 3$에 대해 $\partial a_j / \partial x_k \equiv \partial G_j / \partial x_k$가 존재한다는 말과 같다. 이때 미분 계수들은 (1.31)로 결정될 것이다. 그러나 (1.31)은 $\vec{a}$에 대한 $\vec{F}$의 야코비안(Jacobian)이 0이 아닐 때, 곧

$$J(\vec{a}, t) \equiv \begin{vmatrix} \frac{\partial F_1}{\partial a_1} & \frac{\partial F_1}{\partial a_2} & \frac{\partial F_1}{\partial a_3} \\ \frac{\partial F_2}{\partial a_1} & \frac{\partial F_2}{\partial a_2} & \frac{\partial F_2}{\partial a_3} \\ \frac{\partial F_3}{\partial a_1} & \frac{\partial F_3}{\partial a_2} & \frac{\partial F_3}{\partial a_3} \end{vmatrix} \neq 0 \tag{1.33a}$$

일 때에만, 풀릴 수 있다. 만일 $J = 0$이라면, 이는 무슨 상황을 표현할 것인가?

먼저 궤도 함수의 야코비안

$$J = \frac{\partial \vec{F}}{\partial a_1} \cdot \left(\frac{\partial \vec{F}}{\partial a_2} \times \frac{\partial \vec{F}}{\partial a_3} \right) \equiv \left| \frac{\partial \vec{F}}{\partial \vec{a}} \right| \tag{1.33b}$$

의 의미를 알아보자. 초기 공간 $\vec{a}$에서 부피가

$$\delta V(0) = \delta a_1 \delta a_2 \delta a_3 = \delta a_1 \vec{e}_1 \cdot [\delta a_2 \vec{e}_2 \times \delta a_3 \vec{e}_3] \tag{1.34}$$

이었던 한 직육면체가 움직여, 그림 1.4에 보인 바와 같이, 시각 t에 $\vec{x}$에서 부

---

9. $\frac{\partial \vec{F}}{\partial \vec{a}} \equiv \vec{e}_i \frac{\partial F_i}{\partial a_j} \vec{e}_j$는 벡터 $\vec{F}$의 공간 $\vec{a}$에 대한 도함수를 다이애드로 나타낸 것이며, 한 텐서이다.

10. $\delta \equiv \vec{e}_i \delta_{ij} \vec{e}_j$는 단위 텐서이다. 아무 텐서 A에 대해 $A \cdot \delta = \delta \cdot A = A$이다.

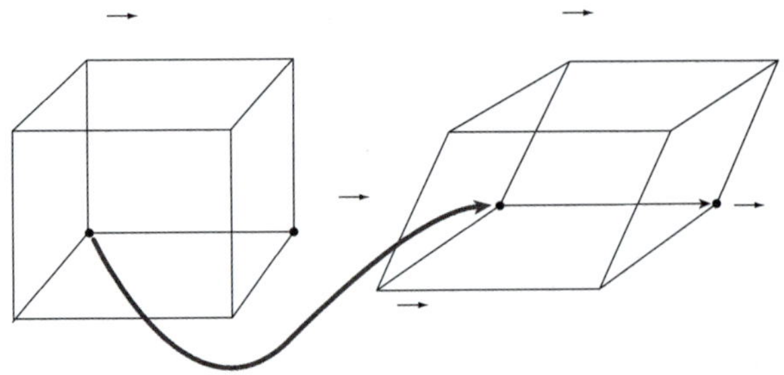

| 그림 1.4 | 초기에 직육면체였던 공기 덩어리가 잠시 후 시각 δt 에 평행육면체로 변모된다.

피가

$$\delta V(\vec{x}, t) = \delta\vec{x}^{(1)} \cdot [\delta\vec{x}^{(2)} \times \delta\vec{x}^{(3)}] \tag{1.35}$$

인 평행육면체로 변했다 하자. 여기서 이 평행육면체의 세 변 $\delta\vec{x}^{(i)}(i=1,2,3)$ 은 초기에 세 좌표축의 하나에 각각 놓였었던 작은 물질 화살 $\delta a_{\underline{i}}\vec{e}_{\underline{i}}$ 이[11] 이동한 것이다. 한 물질 화살 위의 모든 점들은 같은 시각에 정의된 점들이므로, (1.30)[12]에서 $\delta t=0$ 으로 두고 얻어지는

$$\delta\vec{x} = \delta\vec{a} \cdot \frac{\partial\vec{F}}{\partial\vec{a}} = \delta a_i \frac{\partial\vec{F}}{\partial a_i} \equiv \delta a_1 \frac{\partial\vec{F}}{\partial a_1} + \delta a_2 \frac{\partial\vec{F}}{\partial a_2} + \delta a_3 \frac{\partial\vec{F}}{\partial a_3} \tag{1.36}$$

은 그 물질 화살을 나타낼 것이다. 그런데 화살 $\delta\vec{x}^{(1)}$ 의 모든 점들은 초기에 똑같은 a_2와 a_3을, 화살 $\delta\vec{x}^{(2)}$ 의 모든 점들은 똑같은 a_3와 a_1을, 그리고 화살 $\delta\vec{x}^{(3)}$ 의 모든 점들은 똑같은 a_1과 a_2을 각각 가졌던 점들이므로, (1.36)은

$$\delta\vec{x}^{(1)} = \delta a_1 \frac{\partial\vec{F}}{\partial a_1}, \quad \delta\vec{x}^{(2)} = \delta a_2 \frac{\partial\vec{F}}{\partial a_2}, \quad \delta\vec{x}^{(3)} = \delta a_3 \frac{\partial\vec{F}}{\partial a_3} \tag{1.37}$$

을 준다. 식 (1.37)을 (1.35)에 대입하고, (1.34)와 야코비안의 정의를 이용하면

11. 여기서, 그리고 앞으로, 밑줄 쳐진 지수는 쌍을 이루더라도 합산 지수가 아니다.
12. 원래 (1.30)은 덩이의 미소 변위에 대한 것이지만, 여기서는 고정된 시각에 주변 점들 사이의 미소한 차이들 사이의 관계를 나타내는 것으로 해석된다.

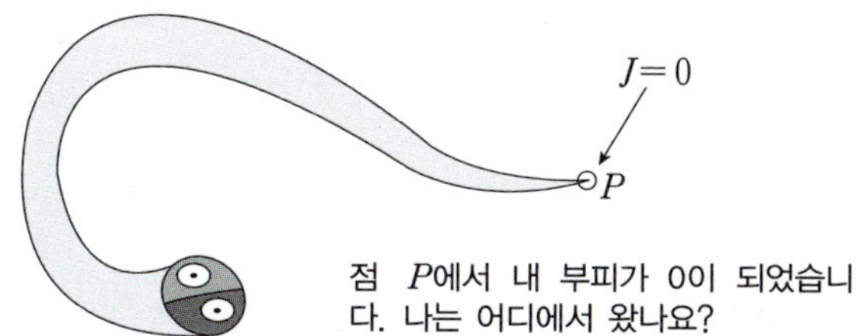

| 그림 1.5 | 시각 t에 부피 절멸이 한 점 P에서 일어났다. 이 지점에 있는 부피 0의 물질은 어디서 온 것인가? 그 초기 위치를 알 길이 없다.

$$\begin{aligned}\delta V(\vec{x}, t) &= \frac{\partial \vec{F}}{\partial a_1} \cdot \left(\frac{\partial \vec{F}}{\partial a_2} \times \frac{\partial \vec{F}}{\partial a_3} \right) \delta a_1 \delta a_2 \delta a_3 \\ &= J(\vec{a}, t)\, \delta V(\vec{a}, 0) \end{aligned} \tag{1.38}$$

이 얻어진다. 식 (1.38)에 따라, 야코비안은 한 평행육면체의 부피를 그것의 초기 부피로 나눈 값이다.

또한 (1.38)에 따르면, $J=0$인 점에서 $\delta V(t)=0$이 발생한다. 이는 시각 t에 그 점에 도달할 초기 덩이가 사라질 것임, 곧 부피 절멸(volumetric annihilation)을 경험할 것임을 말한다. 아무리 작다 하더라도 유한한 부피의 덩이는 부피 절멸이 일어나는 시공 점에서 고찰될 수 없다. 그런 덩이의 초기 위치는 결정될 수 없다. 왜냐하면 아무리 작은 부피를 생각해도 그것이 유한한 크기를 갖는 한 $J=0$인 상황에서 그에 대응할 초기 부피가 무한히 커져서 그 부피의 대표 위치가 오차 없이 결정될 수 없기 때문이다. 그림 1.5에 보인 바와 같이, 초기에 두 점으로 구별된, 그러나 인접한 어떤 두 덩이도 야코비안이 0인 시공 점에 이르면 한 점으로 절멸되어, 그 시공 점에 놓일 무한소 물질조차 그것이 초기에 그 두 점 중 어느 곳에 있었던 것인가를 결정할 수 없게 된다.

1.2.2 장의 의미

한 시공 점 $(\vec{x}, t)$에 있는 덩이 $\vec{a}$의 한 성질 $P(\vec{a}, t)$를 생각하자. 그 덩이의 성질을 안다는 것은 그 덩이가 있는 시공 점 $(\vec{x}, t)$에서 그 성질을 안다는 것이다. 이 약정은 다음과 같이 표현될 수 있다:

$$P(\vec{a}, t) \equiv P[\vec{G}(\vec{x}, t), t] \equiv p(\vec{x}, t) \tag{1.39}$$

여기서 $p(\vec{x}, t)$는 시각 t에 $\vec{x}$에 놓인 덩이 $\vec{a}$의 성질이지만, 그 덩이를 확인하지 않고 t와 $\vec{x}$의 확인만으로 결정되는 것이므로, 성질 P의 장(場, field)이라 불린다. 이 책에서 장의 의미는 모두 이와 같다. 덩이들의 개별적 확인 없이 모든 성질들을 위치와 시간의 함수로 보는 서술은 **오일러식**(Eulerian) 서술이라 불린다. 식 (1.39)는 한 성질의 라그랑즈식 표현과 오일러식 표현의 동등성을 말한다.

1.2.3 물질 도함수

이제 덩이 $\vec{a}$의 성질 P의 시간 변화율은, (1.39)에 따라,

$$\begin{aligned}\left[\frac{\partial P}{\partial t}\right]_a &= \frac{\partial p}{\partial t}\left[\frac{\partial t}{\partial t}\right]_a + \frac{\partial p}{\partial x_k}\left[\frac{\partial x_k}{\partial t}\right]_a \\ &\equiv \frac{\partial p}{\partial t} + u_k\frac{\partial p}{\partial x_k} = \frac{\partial p}{\partial t} + \vec{u}\cdot\vec{\nabla}p\end{aligned} \tag{1.40}$$

와 같이 표현될 수 있다. 여기서 x_k는 (1.29)에 따라 $a_{1,}\, a_{2,}\, a_{3,}\, t$의 함수로 보았으며, 속도와 그 성분의 정의

$$\vec{u} \equiv u_i\vec{e}_i\text{:}\ \ u_i \equiv \left[\frac{\partial x_i}{\partial t}\right]_a$$

가 사용되었다. $[\partial P/\partial t]_a$는 물질 도함수 또는 이 책에서 애칭으로 '물도'라 불리고, 관례적으로 dp/dt로 표기된다. 이 약정으로

$$\frac{dp}{dt} = \frac{\partial p}{\partial t} + \vec{u}\cdot\vec{\nabla}p \tag{1.41}$$

이 얻어진다.

1.2.4 물질 적분

덩이들의 한 집합이 그 덩이들의 운동에 따라 시시각각 차지하는 영역 $R(t)$에

대해 수행되는 성질 P의 공간 적분은 물질 적분 또는 이 책에서 애칭으로 '물적'이라 불린다. 그 집합이 초기에 차지했던 공간 영역을 $R(0)$이라 하면, 성질 P의 물적은 (1.38)과 (1.39)에 따라

$$\int_{R(t)} p(\vec{r},t)\rho(\vec{r},t)dV(\vec{r},t)$$
$$= \int_{R(0)} P(\vec{a},t)\rho(\vec{a},t)J(\vec{a},t)dV(\vec{a},0) \tag{1.42}$$

와 같이 초기 영역에서의 적분으로 교체될 수 있다. 여기서 밀도는 양쪽에서 같은 기호 ρ로 표시되었지만 오른쪽에서는 덩이와 시간의 함수이고, 왼쪽에서는 장이다. 오른쪽 표현은, 그 적분 영역이 초기 영역으로 시간에 무관하기 때문에, 뒤에 제2장에서 물적의 물도를 취할 때 쓸모 있는 것이 될 것이다.

1.3 곡면 좌표의 복습

1.3.1 좌표계의 규모 인자

직각 좌표 (x_1, x_2, x_3)의 한 연속 함수 $\xi(x_1, x_2, x_3)$가 주어질 때, $\xi = c$(상수)는 3차원 공간 안에서 한 집합의 곡면들을 나타낸다. 공간의 한 점을 지정할 목적으로 ξ를 사용할 때, ξ는 **일반화된 좌표**(generalized coordinate)라 불리고, $\xi = c$는 좌표 면이라 불린다.

한 점 P에서 아무 방향으로 취한 무한소 변위 $\vec{dx}$에 걸친 변화 $d\xi$는

$$d\xi = dx_i \frac{\partial \xi}{\partial x_i} = \vec{dx} \cdot \vec{\nabla}\xi \tag{1.43}$$

와 같다. 특히 이 점을 지나는 좌표 면 $\xi = c$ 위에서, $d\xi = 0$이므로 (1.43)은

$$\vec{dx} \cdot \vec{\nabla}\xi = 0 \tag{1.44}$$

을 주고, $\vec{dx}$은 이 면에 접한 아무 방향을 가리킬 것이므로, (1.44)는 $\vec{\nabla}\xi$가

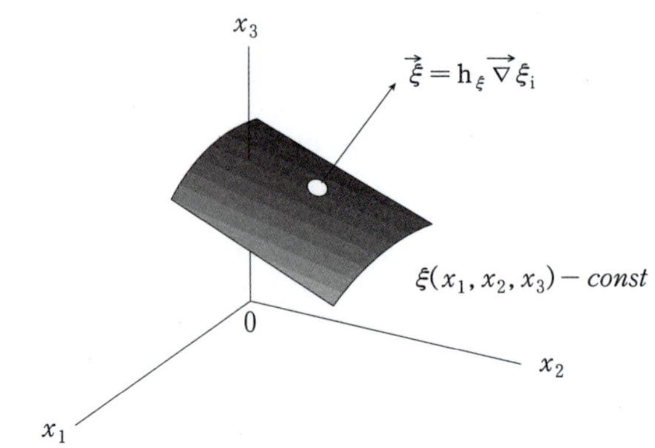

| 그림 1.6 | 단위 벡터 $\vec{\xi}$는 좌표 면 $\xi=$ const.에 직교하고, 규모 인자 h_ξ는 '인접한' 좌표 면 사이의 거리를 나타낸다.

이 면의 정접 평면에 직교함을 말한다. 이제 (1.43)으로 돌아가서 변위 $d\vec{x}$를 정접 평면에 직교하는 방향, 곧 $\vec{\nabla}\xi$의 방향으로 잡으면 이 변위에 걸친 ξ의 변화는 $\vec{\nabla}\xi$의 크기에 비례함을 알 수 있다. 따라서 만일 인접한 좌표 면 사이의 좌표 값 차이를 일정하게 두어 공간 안에 좌표 면들을 그려 넣는다면 $|\vec{\nabla}\xi|$는 이들의 밀집 정도를 나타낼 것이다. 앞으로 $\vec{\nabla}\xi$를 '좌표 경도'라 부를 것이다.

세 개의 일반화된 좌표 $\xi_1(x_1, x_2, x_3)$, $\xi_2(x_1, x_2, x_3)$, $\xi_3(x_1, x_2, x_3)$을 생각하자. 모든 점에서 $C_i\xi_i \equiv 0$을 초래하는 0이 아닌 상수 C_i는 없고, $\vec{\nabla}\xi_i \neq 0\,(i=1,2,3)$이라 하자. 편의로 우리는

$$\vec{\nabla}\xi_i \cdot \vec{\nabla}\xi_j = 0\,;\ i \neq j\ (\text{직교 조건}) \tag{1.45}$$

이 만족되는 이른바 직교 좌표를 생각한다. 좌표 경도 방향에 놓인 단위 벡터를

$$\vec{\xi}_i \equiv h_i \vec{\nabla}\xi_i \tag{1.46}$$

라 하면, 직교 조건 (1.45)에 따라

$$\vec{\xi}_1 = \vec{\xi}_2 \times \vec{\xi}_3,\ \ \vec{\xi}_2 = \vec{\xi}_3 \times \vec{\xi}_1,\ \ \vec{\xi}_3 = \vec{\xi}_1 \times \vec{\xi}_2 \tag{1.47}$$

와 같이 순위(循位, cyclic order)를 갖도록 각 좌표 방향에 한 번호를 부여할 수

있다. (1.46)에 도입된 승수(乘數, multiplier) h_1, h_2 및 h_3는 일반화된 좌표계의 규모 인자(規模因子, scale factor)라 불린다. 정의에 따라, h_i의 크기는 좌표 면 $\xi_i = c$ 들의 조밀도를 나타내는 $\vec{\nabla}\xi_i$의 크기의 역수와 같다. 좌표 면들이 밀집될수록 해당 규모 인자는 작아진다. 따라서 한 좌표계의 규모 인자는 해당 좌표 면들 사이의 거리를 나타낼 지표이다.

예제 직각 좌표

직각 좌표 x_1, x_2, x_3에 대해, 미소 변위와 규모 인자들은 각각

$$\delta\vec{x} \equiv \delta x_1 \vec{e}_1 + \delta x_2 \vec{e}_2 + \delta x_3 \vec{e}_3 \tag{1.48}$$

$$\vec{e}_1 \equiv h_1 \vec{\nabla} x_1, \quad \vec{e}_2 \equiv h_2 \vec{\nabla} x_2, \quad \vec{e}_3 \equiv h_3 \vec{\nabla} x_3 \tag{1.49}$$

을 통해서 정의된다. 식 (1.48)을 $\vec{e}_1$으로 내적(內積, inner product)하고 (1.49)의 첫 식을 이용해 정리하면

$$\delta x_1 = \vec{e}_1 \cdot \delta\vec{x} = h_1 \vec{\nabla} x_1 \cdot \delta\vec{x} = h_1 \delta x_1 \quad \therefore \quad h_1 = 1 \tag{1.50}$$

이 얻어진다. 다른 두 방향에 대해서 마찬가지 방법으로 우리는

$$h_2 = h_3 = 1 \tag{1.51}$$

을 얻는다.

예제 구면 극 좌표

경도 λ, 위도 ϕ, 반경 r에 대해, 미소 변위와 규모 인자들은 각각

$$\delta\vec{x} \equiv r\cos\phi\, \delta\lambda\, \vec{e}_\lambda + r\delta\phi\, \vec{e}_\phi + \delta r\, \vec{e}_r \tag{1.52}$$

$$\vec{e}_\lambda \equiv h_\lambda \vec{\nabla} \lambda, \quad \vec{e}_\phi \equiv h_\phi \vec{\nabla} \phi, \quad \vec{e}_r \equiv h_r \vec{\nabla} r \tag{1.53}$$

을 통해서 정의된다. 식 (1.52)를 $\vec{e}_\lambda$로 내적하고 (1.53)의 첫 식을 이용해 정리하면

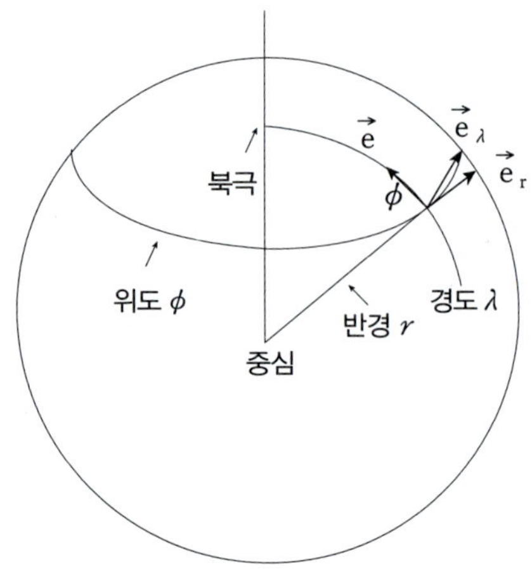

| 그림 1.7 | 구면 극 좌표는 경도 λ, 위도 ϕ 및 반경 거리 r로서, 이들은 하나의 직교 좌표계를 구성한다.

$$r\cos\phi\,\delta\lambda = \vec{e}_\lambda \cdot \delta\vec{r} = h_\lambda \vec{\nabla}\lambda \cdot \delta\vec{r} = h_\lambda \delta\lambda, \quad \therefore\ h_\lambda = r\cos\phi \tag{1.54}$$

이 얻어진다. 다른 두 방향에 대해서 마찬가지 방법으로 우리는

$$h_\phi = r;\ \ h_r = 1 \tag{1.55}$$

을 얻는다.

1.3.2 구배

공간 좌표의 한 함수 a의 구배는 일반화된 좌표계에서

$$\begin{aligned}\vec{\nabla} a \equiv \vec{e}_i \frac{\partial a}{\partial x_i} = \vec{e}_i \frac{\partial \xi_j}{\partial x_i}\frac{\partial a}{\partial \xi_j} \equiv \vec{\nabla}\xi_j \frac{\partial a}{\partial \xi_j} = \vec{\xi}_i \frac{\partial a}{h_{\underline{i}} \partial \xi_{\underline{i}}} \\ = \vec{\xi}_1 \frac{\partial a}{h_1 \partial \xi_1} + \vec{\xi}_2 \frac{\partial a}{h_2 \partial \xi_2} + \vec{\xi}_3 \frac{\partial a}{h_3 \partial \xi_3}\end{aligned} \tag{1.56}$$

와 같이 표현된다. 여기서 그리고 앞으로, 밑줄 쳐진 한 쌍의 지수들은 바보 지수가 아니지만, 이들이 밑줄 없는 똑같은 지수를 만나면 다시 바보 지수가 되어 합산 관례가 회복된다. 식 (1.56)의 마지막 표현은 $h_{\underline{i}}\delta\xi_{\underline{i}}$가 $\delta\xi_i$에 대응하는 $\vec{\xi}_i$ 방향의 미소 거리로 해석될 수 있음을 보인다.

사실, 우리는 (1.43)과 (1.46)에서 다음을 얻을 수 있다:

$$h\delta\xi = \vec{\xi} \cdot \delta\vec{x} \tag{1.57}$$

1.3.3 속도와 와도

일반화된 좌표계에서 $\vec{\xi}_i$ 방향의 속도 성분 v_i의 표현을 구하자. 먼저

$$\vec{u} \equiv v_j \vec{\xi}_j \tag{1.58}$$

의 양변에 $\vec{\xi}_k$을 곱하고, 단위 벡터들의 직교 조건과 (1.57)을 이용해 정리하면,

$$v_k \equiv \vec{\xi}_k \cdot \vec{u} = \vec{\xi}_k \cdot \frac{d\vec{x}}{dt} = h_k \frac{d\xi_k}{dt} \ : \ k = 1, 2, 3 \tag{1.59}$$

이 얻어진다. 특히, 구면 극 좌표계에 대한 (1.54)와 (1.55)를 (1.59)에 이용하면

$$u \equiv h_\lambda \frac{d\lambda}{dt} = r\cos\phi \frac{d\lambda}{dt} \ ; \ v \equiv h_\phi \frac{d\phi}{dt} = r\frac{d\phi}{dt} \ ;$$

$$w \equiv h_r \frac{dr}{dt} = \frac{dr}{dt} \tag{1.60}$$

을 얻는다. 여기서 u, v 및 w는 각각 속도의 방위, 천정 및 반경 성분이라 불린다. 이 좌표계의 한 특이점을 북극에 두면 이들은 동향, 북향 및 상향 또는 동서, 남북 및 연직 성분이라 각각 불린다.

단위 벡터들의 직교성과 규모 인자들의 사용으로 속도는 일반화된 좌표계에서 여러 가지로 표현될 수 있다.

$$\begin{aligned}\vec{u} &\equiv v_i\vec{\xi}_i = v_1\vec{\xi}_2\times\vec{\xi}_3 + v_2\vec{\xi}_3\times\vec{\xi}_1 + v_3\vec{\xi}_1\times\vec{\xi}_2 \\ &= v_1h_1\vec{\nabla}\xi_1 + v_2h_2\vec{\nabla}\xi_2 + v_3h_3\vec{\nabla}\xi_3 \\ &= v_1h_2h_3\vec{\nabla}\xi_2\times\vec{\nabla}\xi_3 + v_2h_3h_1\vec{\nabla}\xi_3\times\vec{\nabla}\xi_1 + v_3h_1h_2\vec{\nabla}\xi_1\times\vec{\nabla}\xi_2\end{aligned} \tag{1.61}$$

특히, 아무 공간 함수 a에 대해 $\vec{\nabla}\times\vec{\nabla}a \equiv 0$임을 새기고, (1.61)의 둘째 줄의 컬을 취해 정리하면 와도(渦度, vorticity)[13]

13. 소용돌이도

$$\vec{\nabla} \times \vec{u} = \frac{\vec{\xi}_1}{h_2 h_3}\left[\frac{\partial}{\partial \xi_2}(v_3 h_3) - \frac{\partial}{\partial \xi_3}(v_2 h_2)\right] + \frac{\vec{\xi}_2}{h_3 h_1}\left[\frac{\partial}{\partial \xi_3}(v_1 h_1) - \frac{\partial}{\partial \xi_1}(v_3 h_3)\right] + \frac{\vec{\xi}_3}{h_1 h_2}\left[\frac{\partial}{\partial \xi_1}(v_2 h_2) - \frac{\partial}{\partial \xi_2}(v_1 h_1)\right] \tag{1.62}$$

가 얻어진다(문제 14).

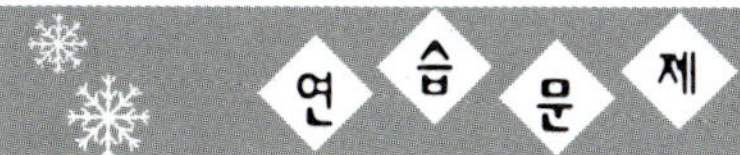

1. 본문의 (1.1)을 증명하라. 힌트: $\vec{e}'_j \equiv b_i \vec{e}_i$로 두고 계수 $b_i = l_{ji}$ 임을 보여라:

2. 단위 벡터들의 직교성과 변환 공식으로부터 방향 여현들의 직교성을 보여라:

$$l_{mi} l_{mj} = \delta_{ij}$$

3. 각운동량의 다이애드 표기와 그 성분의 정의를 이용해 다음 표현을 보여라.

$$L = \frac{1}{2}(\vec{r}\vec{u} - \vec{u}\vec{r})$$

4. 본문의 (1.16) $L' = L - L^0$ 을 증명하고, 각운동량이 S와 S' 모두에서 원점의 일치 여부에 상관없이 반대칭 텐서임을 보여라.

5. 각운동량 텐서의 9개 성분들 가운데 오직 셋만이 독립적임에 유의하고, 이들이 벡터

$$\vec{a} \equiv \frac{1}{2}(\vec{r}\times\vec{u} - \vec{u}\times\vec{r}) = \vec{r}\times\vec{u} \quad (\because \vec{u}\times\vec{r} \equiv -\vec{r}\times\vec{u})$$

의 세 성분임을 보여라. 여기서 $\vec{a}$는 각운동량 벡터라 불린다.

6. 이급 반변 텐서가 일반적으로 대칭 부분과 반대칭 부분의 합임을 보여라.

7. 두 벡터의 내적이 스칼라임을 보여라.

8. 아무 벡터 $\vec{a}$에 대해 $\vec{\nabla}\cdot\vec{a}$와 $\vec{a}\cdot\vec{\nabla}$이 스칼라임을 보여라.

9. 아무 텐서 τ에 대하여 $\vec{\nabla}\cdot\tau$와 $\tau\cdot\vec{\nabla}$이 벡터임을 보여라.

10. 두 텐서 A와 B의 내적

$$A\cdot B \equiv \vec{e}_i A_{ij} \vec{e}_j \cdot \vec{e}_m B_{mn} \vec{e}_n = \vec{e}_i A_{ij} \delta_{jm} B_{mn} \vec{e}_n = \vec{e}_i A_{ij} B_{jk} \vec{e}_k$$

이 또한 텐서임을 보여라.

11. 일반적으로 $B\cdot A \neq A\cdot B$임을 보여라.

12. 다음을 보여라: $\vec{\nabla}\times\vec{\nabla}a \equiv 0$. 여기서 a는 두 번 미분할 수 있는 아무 공간 함수이다.

13. 일반화된 좌표계에서 다음을 보여라:

$$\vec{u} \equiv v_1 h_1 \vec{\nabla}\xi_1 + v_2 h_2 \vec{\nabla}\xi_2 + v_3 h_3 \vec{\nabla}\xi_3$$

14. 문제 12와 문제 13을 참고해 일반화된 좌표계에서 본문의 (1.62)를 보여라.

15. 두 번 미분할 수 있는 아무 공간 함수 a와 b에 대해

$$\vec{\nabla} \cdot (\vec{\nabla} a \times \vec{\nabla} b) \equiv 0$$

을 보여라.

16. 일반화된 좌표계에서 다음을 보여라:

$$\vec{u} \equiv v_1 h_2 h_3 \vec{\nabla} \xi_2 \times \vec{\nabla} \xi_3 + v_2 h_3 h_1 \vec{\nabla} \xi_3 \times \vec{\nabla} \xi_1 + v_3 h_1 h_2 \vec{\nabla} \xi_1 \times \vec{\nabla} \xi_2$$

17. 문제 15와 문제 16을 참고해서 일반화된 좌표계에서

$$\vec{\nabla} \cdot \vec{u} = \frac{1}{h_1 h_2 h_3} \left[\frac{\partial}{\partial \xi_1}(v_1 h_2 h_3) + \frac{\partial}{\partial \xi_2}(v_2 h_3 h_1) + \frac{\partial}{\partial \xi_3}(v_3 h_1 h_2) \right]$$

을 보여라.

제2장

보존 원리

공기 덩이들의 한 닫힌계의 질량, 운동량 및 에너지는 각각 보존된다. 이는 질량, 운동량 및 에너지가 각각 내부적으로 주고받는 과정에서 발생하거나 소멸될 것이 아니기 때문이다. 이 세 가지 보존은 서로 독립적인[1] 원리들로 간주된다.

원래 보존이란 교환 과정들의 부재를 가리키는 개념이지만 실제로 교환 과정들의 존재를 드러내는 개념이기도 하다. 사실, 우리는 닫힌계보다 열린계들에 더 관심을 두며, 특히 운동량과 에너지의 교환 과정들을 지정할 것이다. 이 장에서 우리는 아주 작은 덩이가 아니라 꽤 큰 계에 대한 보존 원리들을 적분 형식으로 세우고, 이들로부터 연속 방정식, 운동 방정식 및 잠재 에너지 방정식을 각각 미분 형식으로 도출한다.

1. 아인슈타인의 특수 상대성 이론은 질량과 에너지의 등가성을 주장하고, 이로써 질량과 에너지의 두 가지 보존은 에너지의 보존이라는 한 원리로 통일되었다. 그러나, 물체들의 속도가 한계 속도인 광속에 비해 매우 작을 때, 질량의 변화는 무시될 만하고, 에너지의 변화는 에너지들 간의 교환 과정에 의해서만 발생한다.

2.1 질량의 보존

2.1.1 물적의 물도

한 계의 공기 덩이들의 질량은 정의에 따라 '상수 1'의 물적과 같다. 시각 t에 영역 $R(t)$을 점유하는 계의 질량은 (1.42)에 따라

$$\int_{R(t)} \rho(\vec{r}, t)\, dV(\vec{r}, t) = \int_{R(0)} \rho(\vec{a}, t)\, J(\vec{a}, t)\, dV(\vec{a}, 0) \tag{2.1}$$

과 같이 두 가지로 표현될 수 있다. 이 물적의 물도를 취하고 계의 질량이 보존된다고 보면,

$$\frac{d}{dt}\int_{R(t)} \rho dV = \int_{R(0)} \left[\frac{\partial}{\partial t}(\rho J)\right]_a dV(0) = 0 \tag{2.2}$$

이 얻어진다. 시간에 따라 변하지 않는 초기 영역 $R(0)$은 크든 작든 마음대로 잡을 수 있는 것이므로, (2.2)의 둘째 적분에서 괄호 부분은 0이 되어

$$\left[\frac{\partial}{\partial t}(\rho J)\right]_a \equiv \frac{d}{dt}(\rho J) = 0 \tag{2.3}$$

이 얻어진다. 식 (2.3)은 질량의 보존을 라그랑즈식으로 표현한다.

이제 (1.42)에 주어진 P의 물적의 물도를 취하고 (2.3)을 이용하면

$$\frac{d}{dt}\int_{R(t)} p\rho dV = \int_{R(t)} \frac{dp}{dt}\rho dV \tag{2.4}$$

이 얻어진다. 식 (2.4)는 (2.3)의 한 결과로서, 물적의 물도는 물도의 물적과 같다.

2.1.2 연속 방정식

공기 덩이들의 질량은 보존되지만 부피는 변할 수 있다. 원리적으로, 공기 덩이들은 그들 사이에 틈이 없이 서로 연속된 것으로 가정된다. 그러면 그런 덩이들의 한 집단의 부피는 그 집단이 차지하는 공간 영역 $R(t)$의 계면 $S(t)$ 위에 놓인 덩이들의 운동에 의해서만 변할 수 있다:

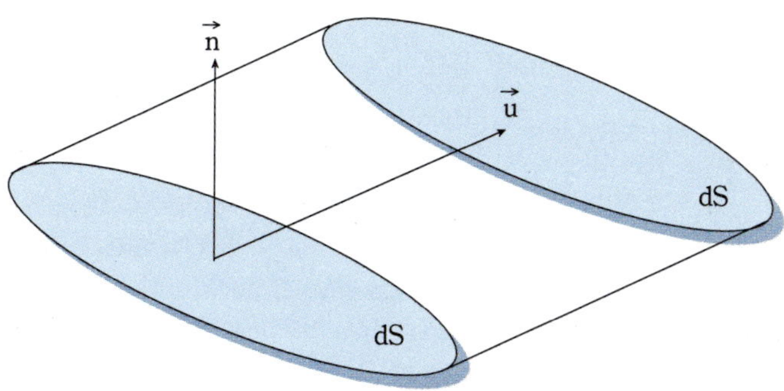

| 그림 2.1 | 주어진 공기 덩어리의 부피는 그 표면의 움직임으로 변할 수밖에 없다.

$$\frac{d}{dt}\int_{R(t)} \alpha\rho\, dV = \int_{S(t)} \vec{u}\cdot\vec{n}\ dS \tag{2.5}$$

여기서 α는 덩이들의 단위 질량당 부피, 곧 비부피(比體積, specific volume), 그리고 $\vec{n}$은 그림 2.1에 보인 계면의 정접 평면에 직교하는 외향 단위 벡터이다. 우리는 유체 질량의 공간적 연속성의 적분적 표현 (2.5)가 한 원리적 주장이지 증명의 대상이 아니라는 점에 유념한다.

이제 (2.5)의 왼쪽을 (2.4)로, 그리고 오른쪽을 가우스의 정리(Gauss's theorem)로 각각 처리해 정리하면, (2.5)는

$$\int_{R(t)}\left(\frac{d\alpha}{dt} - \alpha\vec{\nabla}\cdot\vec{u}\right)\rho\, dV = 0 \tag{2.6}$$

가 된다. 아무 $R(t)$에 대해 위 식이 성립할 것이므로 (2.6)의 괄호 부분은 0이 되어, 연속성의 미분적 표현

$$\frac{d\alpha}{dt} = \alpha\vec{\nabla}\cdot\vec{u} \tag{2.7}$$

이 나온다. 항등 관계 $\alpha \equiv 1/\rho$를 대입한 다음에 (1.41)을 이용하면, 위 식은 이른바 연속 방정식(連續方程式, continuity equation)

$$\frac{\partial \rho}{\partial t} + \vec{\nabla} \cdot (\rho \vec{u}) = 0 \tag{2.8}$$

이 된다. 식 (2.7)과 (2.8)은 용도에 따라 교체적으로 사용되며, (2.7)도 연속 방정식이라 불릴 것이다.

2.2 운동량의 보존

2.2.1 체력과 면력

영역 $R(t)$을 점유하고 속도 $\vec{u}$로 움직이는 덩이들의 한 계의 운동량은

$$\int_{R(t)} \vec{u}(\vec{r}, t)\, \rho(\vec{r}, t)\, dV(\vec{r}, t)$$
$$= \int_{R(0)} \vec{u}(\vec{a}, t)\, \rho(\vec{a}, t)\, J(\vec{a}, t)\, dV(\vec{a}, 0) \tag{2.9}$$

와 같고, 그 계에 작용하는 힘이 없으면 보존될 것이다. 계에 작용하는 힘은 그 계를 구성하는 덩이들 각각에 작용하는 단위 질량당 힘, 곧 **체력**(體力, body force)과 계의 외부로부터 그 계의 경계 면에 작용하는 단위 면적당 힘, 곧 **면력**(面力, surface force)들의 총합이다. 체력은 중력과 코리올리 힘의 합이고, 면력은 경계 면을 통한 교환 과정에서 단위 시간에 발생한 운동량의 증가와 같다. 이제 덩이의 단위 질량에 작용하는 체력을 $\vec{F}$, 그리고 경계 면과 정접 평면의 접점에서 외향 단위 벡터 $\vec{n}$의 머리 쪽이 그 꼬리 쪽에 작용하는 단위 면적당 면력을 $\vec{n} \cdot \tau$라 하자. 그러면 영역 $R(t)$을 점유하는 계의 운동량은 운동량 보존의 적분적 표현

$$\frac{d}{dt} \int_{R(t)} \vec{u}\, \rho\, dV = \int_{R(t)} \vec{F}\, \rho\, dV + \int_{S(t)} \vec{n} \cdot \tau\, dS \tag{2.10}$$

에 따라 변할 것이다. 여기서 τ는 응력 텐서이다. 그의 성분 $\tau_{ij} \equiv \vec{e}_i \cdot \tau \cdot \vec{e}_j$은 $\vec{e}_i$ 방향에 직교하는 면적을 통해 $\vec{e}_i$의 머리 쪽이 그 꼬리 쪽에 작용하는

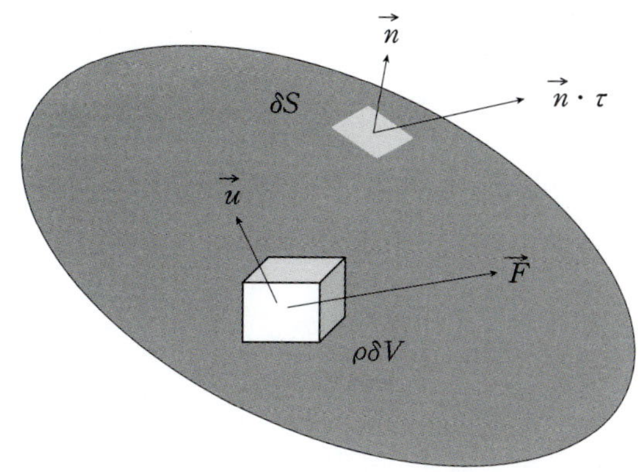

| 그림 2.2 | 주어진 공기 덩어리의 운동량은 그 질량에 연유하는 체력과 응력 텐서에 연유하는 면력의 합으로 변한다.

단위 면적당 힘의 j성분이다. 식 (2.10)은, (2.5)와 마찬가지로, 한 원리적 주장이다.

이제 (2.10)의 오른쪽에 나타난 면 적분을 한 텐서 장에 대한 가우스의 정리

$$\int_{S(t)} \vec{n}\cdot\tau\, dS = \int_{R(t)} \vec{\nabla}\cdot\tau\, dV \tag{2.11}$$

로, 그리고 그 왼쪽을 공식 (2.4)로 각각 처리한 다음에, 영역 $R(t)$의 임의성을 감안하면, 운동량 보존의 한 미분적 표현, 곧 뉴턴의 운동 방정식

$$\frac{d\vec{u}}{dt} = \vec{F} + \frac{1}{\rho}\vec{\nabla}\cdot\tau \tag{2.12}$$

이 얻어진다. 이에 ρ를 곱하고 연속 방정식 (2.8)을 이용하면, 위 식은 운동 방정식의 속 형식(束形式, flux form)

$$\frac{\partial}{\partial t}(\rho\vec{u}) + \vec{\nabla}\cdot(\rho\vec{u}\vec{u} - \tau) = \rho\vec{F} \tag{2.13}$$

을 준다. 뉴턴 법칙의 한 유체역학적 형식인 위 식의 왼쪽에 나타난 $\rho\vec{u}\vec{u}$는 대칭 텐서로서 운동량 속(運動量束, momentum flux)이라 불린다. 위 식의 왼쪽에 몰아 쓴 응력 τ도 운동량 속의 의미를 갖는 것으로 해석되므로, 이 관점에서, 대칭 텐서일 것이 예상된다.

2.2.2 각운동량의 보존

태풍(颱風, typhoon), 구풍(颶風, cyclone) 등 순환 계의 서술에서 덩이의 각운동량은 매우 중요하다. 식 (2.12)를 지구 중심으로부터의 위치 $\vec{r}$와 외적시켜 정리하면 각운동량 방정식

$$\frac{d}{dt}\vec{r}\times\vec{u} = \vec{r}\times\vec{F}_C + \vec{r}\times\left(\vec{F}_G + \frac{1}{\rho}\vec{\nabla}\cdot\tau\right) \tag{2.14a}$$

이 나온다. 여기서 체력의 두 성분인 중력 $\vec{F}_G$와 코리올리 힘 $\vec{F}_C$을 드러낸 것은 이들의 능률이 각기 다른 특성을 갖기 때문이다. 특히 중력의 한 성분인 만유인력은 중심력이므로 능률이 없고, 그 다른 성분인 자전 원심력은 자전 축에 직교한다. 따라서 자전 원심력의 능률은 자전 축 성분을 갖지 않는다. 그러므로 각운동량의 자전 축 성분을 생각하는 것이 편리하다. 식 (2.14a)의 축 성분을 취하면

$$\frac{d}{dt}\vec{n}\cdot\vec{r}\times\vec{u} = \vec{n}\cdot\vec{r}\times\vec{F}_C + \vec{n}\cdot\vec{r}\times\frac{1}{\rho}\vec{\nabla}\cdot\tau \tag{2.14b}$$

이 얻어진다. 여기서 $\vec{n}$은 자전 축 방향의 단위 벡터로서 시간에 무관하다.

이제 코리올리 힘의 능률의 축 성분은, 자전 각 속도를 Ω라 두면,

$$\vec{n}\cdot\vec{r}\times\vec{F}_C = -\Omega\frac{d}{dt}R^2 \tag{2.15}$$

와 같이 쉽게 주어진다(문제 5). 위 식에 나온 ΩR^2은 자전 축에 대한 팔이 R인 덩이의 자전 각운동량이다. 식 (2.14b)와 (2.15)에서, 우리는 코리올리 힘의 능률이 덩이의 자전 각운동량과 상대 각운동량 사이의 교환 과정임을 알 수 있다. 식 (2.15)를 (2.14b)에 대입하면

$$\frac{d}{dt}(\vec{n}\cdot\vec{r}\times\vec{u} + \Omega R^2) = \vec{n}\cdot\vec{r}\times\frac{1}{\rho}\vec{\nabla}\cdot\tau \tag{2.16}$$

이 얻어진다. 위 식은 덩이의 절대 각운동량의 자전 축 성분이 면력의 능률로만 변함을 말한다. 면력의 능률이 없다면, 절대 각운동량의 자전 축 성분은 보존될 것이다.

2.2.3 응력의 대칭성과 각운동량 보존의 정리

면력은 능률을 가질 수 있다. 우리가 다룰 면력은 분자들의 무작위 운동으로 생기는 압력(壓力, pressure)과 전단 응력(剪斷應力, shear stress)이다. 대기 안에 나타나는 압력과 전단 응력은 궁극적으로 중력과 외부 및 내부 계면들과 연관된 구속 조건에 기인할 것이다. 식 (2.13)과 관련해서 잠깐 언급되었지만, 응력의 대칭성

$$\tau_{ji} = \tau_{ij} \tag{2.17}$$

은 그의 기본 성격이다. 이로 말미암아, 그림 2.3에 설명된 바와 같이, 덩이의 자발적 회전은 발생하지 않는다. 또한 이로 말미암아, 우리는 (2.12)에서 각운동량 보존의 한 적분 형식

$$\frac{d}{dt}\int_{R(t)} \vec{r}\times\vec{u}\rho dV = \int_{R(t)} \vec{r}\times\vec{F}\rho dV + \int_{S(t)} \vec{r}\times(\vec{n}\cdot\tau)\, dS \tag{2.18}$$

을 쉽게 얻을 수 있다(문제 6). 여기서 영역 $R(t)$ 을 점유하는 계의 각운동량은

$$\begin{aligned}&\int_{R(t)} \vec{r}\times\vec{u}(\vec{r},t)\,\rho(\vec{r},t)\,dV(\vec{r},t)\\ &= \int_{R(0)} \vec{r}(\vec{a},t)\times\vec{u}(\vec{a},t)\,\rho(\vec{a},t)\,J(\vec{a},t)\,dV(\vec{a},t)\end{aligned} \tag{2.19}$$

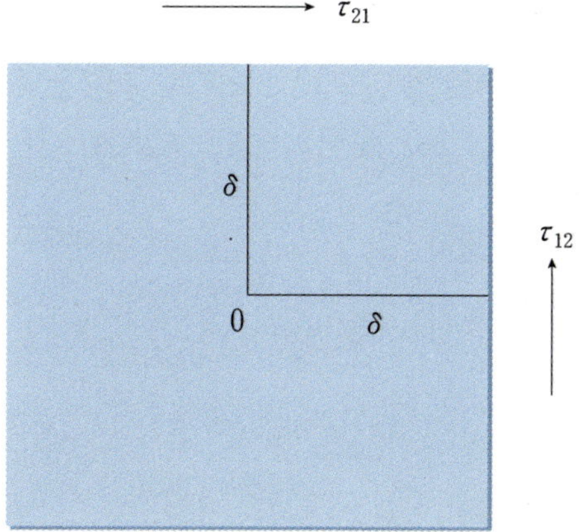

| 그림 2.3 | 자동 회전의 금지로 말미암아 응력은 대칭 텐서여야 된다. 중심 0으로부터 같은 거리 δ에 적용하는 회전 능률은 $\tau_{12} = \tau_{21}$ 이면 서로를 상쇄한다.

과 같다. 역으로, (2.18)을 한 기본 원리로 삼는다면, (2.12)의 도움으로 응력의 대칭성을 나타내는 (2.17)은 필연적이다(문제 7). 이때 (2.18)은 각운동량 보존의 원리라 불릴 것이다. 응력의 대칭성과 각운동량 보존은 결국 한 원리적 경험의 두 가지 표현이다. 물론 그 경험은 운동량 보존과 별개의 것이다. 여기서 우리는 (2.17)을 응력의 한 본질로 보고 (2.18)을 증명의 대상으로 볼 것이다. 이때 (2.18)은 각운동량 보존의 정리라 불릴 것이다.

2.3 뉴턴 유체

2.3.1 정압

앞에서 말한 대칭성 이외에 응력의 성질을 알아보자. 응력 텐서의 자국 τ_{ii}는 스칼라이다. 따라서

$$p \equiv -(\tau_{11} + \tau_{22} + \tau_{33})/3 = -\tau_{ii}/\delta_{jj} \tag{2.20}$$

역시 한 스칼라이다.

먼저, 정지된 유체 안에서 응력이

$$\tau = -p\delta \quad \text{또는} \quad \tau_{ij} = -p\delta_{ij} \tag{2.21}$$

와 같이 표현될 수 있음을 보이자. 여기서 δ는 그 ij성분이 δ_{ij}인 이급 반변 단위 텐서이다. 모든 대칭 텐서는 그 고유의 주축(主軸, principal axis)을 가지므로, 응력의 주축 좌표계 $S(\vec{e}_1, \vec{e}_2, \vec{e}_3)$ 안에서

$$\tau_{ij} = 0: i \neq j \tag{2.22}$$

을 얻는다. 주축 성분 τ_{11}, τ_{22} 및 τ_{33}이 모두 0은 아닌 경우에, 어떤 한 주축 방향 $\vec{e}_i$에 대해 $\tau_{_ii} + p \neq 0$이라 가정하자. 그런데, (2.20)에서

$$\tau_{ii} + p\delta_{ii} = -3p + 3p = 0$$

이다. 그러므로, 만일 i와 같거나 또는 다른 어떤 한 j에 대해 $\tau_{jj}+p>0$이면, 그 j와 다른 어떤 한 k에 대해 반드시 $\tau_{kk}+p<0$이다. 이는 적어도 서로 다른 두 주축 방향 $\vec{e}_j$와 $\vec{e}_k$에 대한 응력 성분 τ_{jj}와 τ_{kk}가, p와 상관없이, 서로 반대 방향에 있음을 말한다. 이 경우에 유체는 변형하고 정지 상태에 있을 수 없다. 이 결과는 정지에 대한 모순이므로 모든 주축 방향 $\vec{e}_i(i=1,2,3)$에 대해 우리는

$$\tau_{ii}+p=0 \tag{2.23}$$

을 얻는다. 식 (2.22)와 (2.23)을 모아 쓰면 (2.21)이 된다. 그러므로, (2.21)은 정지된 유체의 주축 좌표계에서 성립한다. 이제 정지된 유체의 아무 좌표계 $S'(\vec{e}'_1, \vec{e}'_2, \vec{e}'_3)$에서 응력의 성분과 단위 반변 텐서의 성분을 주축 좌표계 $S(\vec{e}_1, \vec{e}_2, \vec{e}_3)$에서 각각 나타내면,

$$\tau'_{ij}=\ell_{mi}\ell_{nj}\tau_{mn}=\ell_{mi}\ell_{nj}(-p\delta_{mn})=-p\ell_{mi}\ell_{mj}=-p\delta_{ij} \tag{2.24}$$

$$\delta'_{ij}=\ell_{mi}\ell_{nj}\delta_{mn}=\ell_{mi}\ell_{mj}=\delta_{ij} \tag{2.25}$$

와 같다. 식 (2.24)와 (2.25)에서 δ_{ij}를 소거하면,

$$\tau'_{ij}=-p\delta'_{ij} \tag{2.26}$$

이 얻어진다. 따라서 정지 유체에 대해 (2.21)은 아무 좌표계에서 성립한다.

p는 양이면 압력 그리고 음이면 장력이라 불린다. 그러면 운동 방정식 (2.12)에 나타난 응력의 발산으로 덩이가 받는 (단위 부피당) 힘은 다음과 같다:

$$\vec{\nabla}\cdot\tau=\vec{\nabla}\cdot(-p\delta)=-\vec{\nabla}p \tag{2.27}$$

위 식의 오른쪽에서 $\vec{\nabla}p$은 $p>0$일 때 압력 경도[2] 그리고 $p<0$일 때 장력 경도라 불린다.

우리는 운동 유체 안에서도 p를 (2.20)으로 정의한다. 하지만, 응력은

2. 덩이가 공기이면 기압 경도이고 물이면 수압 경도이다.

$$\tau = -p\delta + \sigma \tag{2.28}$$

와 같이 표현될 수 있다고 가정된다. 정지 유체 안에서 σ는 0이다. 그러나 σ는 일반적으로 (2.20)으로 말미암아 그 자국이 0인 대칭 텐서일 것이다:

$$\sigma_{ii} = 0 \tag{2.29}$$

2.3.2 p에 나타날 운동의 효과

운동 유체에서 스칼라 p와 텐서 σ에 나타날 운동의 효과를 알아보자. 먼저, 운동이 p에 미칠 영향을 생각하자. 만일 한 덩이와 그에 인접한 주변이 모두 함께 일정한 속도로 움직이면 그 덩이와 주변은 그 속도로 병진하는 좌표계에 대해 정지 상태에 있을 것이다. 따라서 그 병진하는 좌표계에서 그 덩이에 작용할 응력은 완전한 점대칭 텐서일 것이다. 그 덩이와 주변이 함께 움직인다고 보는 좌표계에서도 그 덩이에 작용하는 응력은 그러할 것이다.

일반적으로, 속도 $\vec{u}_0$로 운동하는 한 덩이는 그것과 함께 병진하는 좌표계에서 볼 때 정지하고 있지만, 그 주변은 그 덩이에 대해 상대 속도 $\vec{u}'$로 움직일 것이다. 그 '덩이와 함께 병진하는 좌표계'에서 그 덩이에 작용하는 응력은 점대칭 텐서가 아닐 수 있을 것이다. 이제 그 병진 좌표계에서 그 덩이에 작용할 p를 p'이라 하고 그 상대 속도가 0이었다면 그 덩이에 작용했을 p를 p_e'라 할 때, 우리는 그 둘 사이에

$$p' = p_e' + (B' \cdot \vec{\nabla}') \cdot \vec{u}' \tag{2.30}$$

와 같은 관계가 성립한다고 가정한다. 여기서 비례 계수 B'은 이급 반변 등방 텐서로서 부피 점도(容積粘度, bulk viscosity)라 불리는 한 스칼라 $\varkappa(\neq R/C_p)>0$에 대해

$$B' = -\varkappa\,\delta' \tag{2.31}$$

와 같이 주어진다. 부피 점도는 유체의 성질로서 운동에 관계없다. 이 효과는

흔히 무시되지만, 유체 안 무작위 운동의 주체가 분자들이 아니라 이보다 훨씬 큰 에디(eddy)들일 때, 그것이 무시될 수 있는 것인지에 대해 확실히 알려진 바는 없다. 이제 텐서, 벡터 및 스칼라의 불변성에 따라

$$B = B'; \vec{\nabla} = \vec{\nabla}'; \; p = p'; \; p_e = p_e' \tag{2.32}$$

와 같이 두고, $\vec{u}' = \vec{u} - \vec{u}_0$을 (2.30)에 대입하면, 그 병진 좌표계에서 $\vec{u}_0$가 일정하기 때문에 (2.30)은

$$p = p_e + (B \cdot \vec{\nabla}) \cdot \vec{u} \tag{2.33}$$

으로 변환된다. 여기서 p_e는 덩이와 그 주변이 함께 일정한 속도로 움직였다면 그 덩이에 작용했을 응력에 대해 (2.20)으로 정의되는 p로서, 양일 때 **가상 정압**(virtual static pressure)이라 불린다. 식 (2.31)을 이용해 (2.33)을 다시 쓰면, 우리는

$$p = p_e - \varkappa \vec{\nabla} \cdot \vec{u} \tag{2.34}$$

을 얻는다. 위 식은 속도가 수렴할 때 압력은 가상 정압보다 더 크다고 말한다. 그러함에도 불구하고 대규모 운동 계에서 수렴 구역은 저기압이, 발산 구역은 고기압이 각각 차지한다. 이는 대규모 운동 계에서 p가 가상 정압으로 지배됨을 보인다.

이제 (2.28)과 (2.34)를 이용하면 (2.12)는

$$\frac{d\vec{u}}{dt} = \vec{F}_C - \frac{1}{\rho} \vec{\nabla} p_e + \vec{F}_G + \frac{1}{\rho} \vec{\nabla} \cdot (\sigma + \varkappa \delta \vec{\nabla} \cdot \vec{u}) \tag{2.35}$$

와 같이 표현된다. 식 (2.35)의 오른쪽에서 그 마지막 항은 운동량을 공간적으로 재분배하는 과정이며 흔히 **마찰력**(摩擦力, frictional force)이라 불린다. 그 둘째 항은 **압력 경도력**이라 불리며, 우리는 그것이 p가 아닌 가상 정압의 구배로 표현되었음에 유의한다. 정압의 사용과 관련해서, 압력을 엄격하게 재고자 할 때 가급적으로 바람이 없는 조용한 공간을 만들어 그 안에 안치된 수은 기압계가 이용된다는 사실을 상기하자. 이때 p_e는 실제로 국지적으로 정지된 상태에서 관측되는 압력이다.

한 점과 그 주변에 있는 모든 덩이들이 정지된 상태에서, (2.35)는 그 점에서

$$0 = -\frac{1}{\rho}\vec{\nabla} p_e + \vec{F}_G \tag{2.36a}$$

을 준다. 일반적으로 중력의 방향은 연직 방향이라 불리고 그에 직교하는 곡면은 수평면이라 불린다. 식 (2.36)은 p_e가 수평 방향으로 변할 수 없음을 말한다. 중력의 국지 값을 $g \equiv -\vec{k} \cdot \vec{F}_G$라 두면, (2.36a)는

$$\frac{\partial p_e}{\partial z} = -\rho g \tag{2.36b}$$

와 같고 p_e는 아래로 증가한다. 이때 p_e는 정수압(靜水壓, hydrostatic pressure)이라 불린다. 일반적으로, 정수압은 (2.36b)에 따라 실제 밀도로 결정되는 p_e로 정의된다. 운동이 있는 점에서도 (2.34)에 나타나는 p_e는 정수압에 매우 가깝다.

2.3.3 σ에 나타날 운동의 효과

이제 (2.28)로 도입되어 (2.35)에 나타나는 전단 응력 σ에 보일 운동 효과를 생각하자. 아무 점과 그 주위에 운동이 균일하면 그 점의 병진 좌표계에서 유체는 그 점과 그 주변에서 정지하고 있을 터이므로 σ는 그 점에서 0일 것이다. 따라서 σ에 보일 운동 효과는 $\vec{\nabla}\vec{u} + (\vec{\nabla}\vec{u})^{\dagger}$ 에 의존할 것으로 보인다. 여기서 $(\vec{\nabla}\vec{u})^{\dagger}$ 는 $\vec{\nabla}\vec{u}$의 **전치**(轉置, transpose)로서

$$(\vec{\nabla}\vec{u})^{\dagger} \equiv \vec{e}_i \frac{\partial u_i}{\partial x_j} \vec{e}_j \tag{2.37}$$

와 같이 정의되고 따라서

$$(\vec{\nabla}\vec{u}^{\dagger})^{\dagger} = \vec{\nabla}\vec{u} \equiv \vec{e}_i \frac{\partial u_j}{\partial x_i} \vec{e}_j \tag{2.38}$$

이 성립하고 $\vec{\nabla}\vec{u} + (\vec{\nabla}\vec{u})^{\dagger}$ 는 한 대칭 텐서이다. 우리는 다음 관계

$$\sigma = K \odot \frac{\vec{\nabla}\vec{u} + (\vec{\nabla}\vec{u})^{\dagger}}{2} \tag{2.39}$$

을 가정한다. 여기서 비례 계수 K는 4급 반변 등방 텐서

$$K \equiv \vec{e}_i \vec{e}_j K_{ij;pq} \vec{e}_p \vec{e}_q: \ K_{ij;pq} \equiv \mu_1 \frac{1}{2}(\delta_{iq}\delta_{jp} + \delta_{ip}\delta_{jq}) + \mu_2 \delta_{ij}\delta_{pq};$$
$$K_{ji;pq} = K_{ij;pq}; \ K_{ij;qp} = K_{ij;pq} \tag{2.40}$$

이고, μ_1과 μ_2는 유체의 성질로서 운동에 상관없다. 기호 $\odot$는 4급 텐서와 2급 텐서를 곱하는 연산자로서

$$\begin{aligned} K \odot A &\equiv \vec{e}_i \vec{e}_j K_{ij;pq} \vec{e}_p \vec{e}_q \odot \vec{e}_k A_{kl} \vec{e}_l \equiv \vec{e}_i \vec{e}_j K_{ij;pq} \delta_{qk} \delta_{pl} A_{kl} \\ &\equiv \vec{e}_i K_{ij;pq} A_{qp} \vec{e}_j \end{aligned} \tag{2.41}$$

과 같이 정의된다. 따라서 (2.39)의 ij성분은

$$\sigma_{ij} = K_{ij;pq} \frac{1}{2}\left(\frac{\partial u_p}{\partial x_q} + \frac{\partial u_q}{\partial x_p}\right) = \mu_1 \frac{1}{2}\left(\frac{\partial u_j}{\partial x_i} + \frac{\partial u_i}{\partial x_j}\right) + \mu_2 \delta_{ij} \frac{\partial u_p}{\partial x_p} \tag{2.42}$$

와 같이 얻어진다. 식 (2.42)는 σ가 대칭 텐서임을 보증한다.

더욱 (2.42)는 (2.29)를 만족시켜야 하므로, (2.42)에서 $j = i$로 두면

$$0 = \mu_1 \frac{\partial u_i}{\partial x_i} + \mu_2 \delta_{ii} \frac{\partial u_p}{\partial x_p} = \frac{\partial u_p}{\partial x_p}(\mu_1 + \mu_2 \delta_{ii}) \quad \therefore \ \mu_2 = -\frac{\mu_1}{\delta_{ii}} \tag{2.43}$$

이 얻어진다. 이 결과를 (2.42)에 이용하면, 우리는

$$\sigma_{ij} = \mu_1 \left[\frac{1}{2}\left(\frac{\partial u_j}{\partial x_i} + \frac{\partial u_i}{\partial x_j}\right) - \frac{\delta_{ij}}{\delta_{kk}} \frac{\partial u_p}{\partial x_p}\right]$$

또는

$$\sigma = \mu_1 \left(S - \delta \frac{S_{pp}}{\delta_{qq}}\right) \tag{2.44}$$

을 얻는다. 여기서 **변형**(變形, strain) 텐서 S는 단위 텐서 δ와 함께

$$S \equiv \vec{e}_i S_{ij} \vec{e}_j \equiv \vec{e}_i \frac{1}{2}\left(\frac{\partial u_j}{\partial x_i} + \frac{\partial u_i}{\partial x_j}\right) \vec{e}_i; \ \ \delta \equiv \vec{e}_i \vec{e}_i \tag{2.45}$$

와 같이 정의되었다. 그 변형의 자국은 발산과 같다(문제 11).

압력과 전단 응력이 각각 (2.34)와 (2.44)로 주어지는 유체는 '뉴턴 유체'라 불린다. 이 유체에 대해 (2.35)를 다시 쓰고 $\mu_1 \equiv 2\mu$와 같게 두면, 운동 방정식은

$$\frac{d\vec{u}}{dt} = \vec{F}_C + \vec{F}_G - \frac{1}{\rho}\vec{\nabla} p_e + \frac{1}{\rho}\vec{\nabla}\cdot\left[2\mu S + \left(\varkappa - \frac{2\mu}{\delta_{qq}}\right)S_{pp}\delta\right] \quad (2.46)$$

과 같이 된다. 일반적으로, μ는 역학 점도(力學粘度, dynamic viscosity)라 불린다. 분자들의 무작위 운동에 기인하는 분자 점도(分子粘度, molecular viscosity)는 20℃와 1기압의 건조 공기(乾燥空氣, dry air)에 대해 약 $1.8\times10^{-5}kgm^{-1}s^{-1}$이다. 이에 비해, 에디들의 무작위 운동에 기인하는 에디 점도(eddy viscosity)는 지표 부근에서 $6.0\,kgm^{-1}s^{-1}$ 정도로서 분자 점도의 30만 배에 이른다. 특히 μ와 $\varkappa$가 각각 일정할 경우에, 마찰력은

$$\begin{aligned}&\frac{1}{\rho}\vec{\nabla}\cdot\left[2\mu S + \left(\varkappa - \frac{2\mu}{\delta_{qq}}\right)S_{pp}\delta\right]\\ &= \frac{1}{\rho}\left[\mu\nabla^2\vec{u} + \left(\frac{\mu}{\delta_{qq}} + \varkappa\right)\vec{\nabla}(\vec{\nabla}\cdot\vec{u})\right]\end{aligned} \quad (2.47)$$

과 같고, 발산이 0이면 $\nu\nabla^2\vec{u}$과 같다. 여기서 $\nu\equiv\mu/\rho$는 운동 점도(運動粘度, kinematic viscosity)라 불린다.

2.4 에너지의 보존

2.4.1 에너지의 교환

질량과 운동량 이외에 덩이의 속성인 에너지의 보존 역시 한 기본 원리이다. 에너지 보존의 적분적 표현은 다음과 같다:

$$\begin{aligned}\frac{d}{dt}\int_{R(t)}\left(\frac{1}{2}\vec{u}^2 + e\right)\rho dV &= \int_{R(t)}\vec{F}\cdot\vec{u}\rho dV + \int_{S(t)}(\vec{n}\cdot\tau)\cdot\vec{u}\,dS\\ &+ \int_{R(t)}Q_I\rho dV + \int_{S(t)}\vec{n}\cdot A_H\vec{\nabla}T dS\end{aligned} \quad (2.48)$$

| 그림 2.4 | 잠재 에너지는 운동 에너지의 원천이다. 평지를 달리고 있을 때 위치 에너지가 운동 에너지로 변환될 수 있겠는가?

여기서 $1/2\vec{u}^2$은 덩이의 단위 질량당 운동 에너지(kinetic energy), e는 덩이의 전체 에너지에서 운동 에너지를 뺀 나머지로서 잠재 에너지(potential energy), $\vec{F}\cdot\vec{u}$는 단위 질량당 체력이 하는 일, $(\vec{n}\cdot\tau)\cdot\vec{u}$는 경계 면에 작용하는 단위 면적당 면력이 하는 일, Q_I는 복사 가열과 잠열 가열로써 초래되는 단위 질량당 에너지의 증가율, 그리고 $\vec{n}\cdot A_H\vec{\nabla}T$는 확산 과정으로 경계 면의 단위 면적을 통해 단위 시간에 영역 $R(t)$ 속으로 유입되는 에너지이다.

결합 법칙 $(\vec{n}\cdot\tau)\cdot\vec{u}\equiv\vec{n}\cdot(\tau\cdot\vec{u})$과 가우스의 정리(문제 3)를 이용하여 (2.48)의 오른쪽 둘째 항을 체적 적분으로 바꾸고, 왼쪽에서 (2.4)를 이용하여 물적의 물도를 물도의 물적으로 바꾼 다음에, 영역 R의 임의성을 감안하여 얻어지는 에너지 보존의 미분적 표현은

$$\frac{d}{dt}\left(\frac{1}{2}\vec{u}^2+e\right)=\vec{F}\cdot\vec{u}+\frac{1}{\rho}\vec{\nabla}\cdot(\tau\cdot\vec{u})+Q \tag{2.49}$$

또는 속 형식으로

$$\frac{\partial}{\partial t}\left(\frac{1}{2}\vec{u}^2+e\right)\rho+\vec{\nabla}\cdot\left[\left(\frac{1}{2}\vec{u}^2+e\right)\rho\vec{u}-\tau\cdot\vec{u}\right]$$
$$=\rho\vec{F}\cdot\vec{u}+\rho Q \tag{2.50}$$

와 같다. 여기서 편의적으로 정의된

$$Q \equiv Q_I + \frac{1}{\rho} \vec{\nabla} \cdot A_H \vec{\nabla} T \tag{2.51}$$

는 비단열 가열률이라 불린다. 식 (2.50)에 나타난 바와 같이, 응력은 운동량뿐만 아니라 에너지도 생산하지 않는다. 응력은 에너지의 교환 과정으로 계의 경계를 통해서 투입된 에너지를 유한한 시간에 내부적으로 재분배하는 과정이다. 특히, 에너지의 응력 전달(應力傳達, stress transfer) $-\tau \cdot \vec{u}$은 $\vec{u}$의 방향으로만 에너지를 전달하는 과정이 아님에 유의한다. 뉴턴 유체에 대해, 응력 전달은

$$\begin{aligned} -\tau \cdot \vec{u} &= (p_e - \varkappa \vec{\nabla} \cdot \vec{u})\delta \cdot \vec{u} - 2\mu\left(S - \delta \frac{S_{pp}}{\delta_{qq}}\right) \cdot \vec{u} \\ &= \left[p_e + \left(\frac{2\mu}{\delta_{qq}} - \varkappa\right) S_{pp}\right] \vec{u} - 2\mu S \cdot \vec{u} \end{aligned} \tag{2.52}$$

과 같다. 여기서 압력 전달(壓力傳達, pressure transfer) $p\vec{u}$을 포함한 둘째 줄 첫항은 $\vec{u}$ 방향의 에너지 수송이나, 변형 전달(變形傳達, strain transfer) $-2\mu S \cdot \vec{u}$는 대체로 $\vec{u}$와 직교하는 방향의 에너지 수송이 된다.

2.4.2 에너지 변환

마찰력이 에너지를 생산하는 과정이 아님에도 불구하고, 우리는 마찰에 의한 운동 에너지의 소실과 열 에너지의 생성을 말한다. 이는 마찰이 에너지를 공간적으로 재분배하기 전에 국지적으로 운동 에너지를 감소시키고 잠재 에너지를 같은 율로 증가시키는 변환 과정으로 작용할 수 있음을 말하는 것이다. 이 변환을 보려면 운동 에너지 방정식과 잠재 에너지 방정식은 따로따로 얻어져야 된다. 먼저, 우리는 뉴턴 유체에 대한 운동 방정식 (2.46)과 $\vec{u}$의 내적으로 운동 에너지 방정식

$$\begin{aligned} \frac{d}{dt}\frac{1}{2}\vec{u}^2 = \vec{F}_G \cdot \vec{u} + \frac{1}{\rho}\vec{\nabla} \cdot \left[2\mu(S \cdot \vec{u}) - p_e\vec{u} + \left(\varkappa - \frac{2\mu}{\delta_{qq}}\right) S_{pp}\vec{u}\right] \\ + \frac{1}{\rho} p_e \vec{\nabla} \cdot \vec{u} - \frac{1}{\rho}\left[2\mu(S \cdot \vec{\nabla}) \cdot \vec{u} + \left(\varkappa - \frac{2\mu}{\delta_{pp}}\right) S_{pp} \vec{\nabla} \cdot \vec{u}\right] \end{aligned} \tag{2.53}$$

을 얻는다. 위 식에서 코리올리 힘은 일하지 않는다는 사실이 확인될 것이다.

| 그림 2.5 | 급정거하는 경주용 자동차의 타이어에서 나는 연기는 바퀴의 회전 운동 에너지가 마찰 때문에 내부 에너지로 변환되고, 그에 따라 상승한 타이어의 온도가 발화점을 지나쳐 타이어의 일부가 연소하면서 나타난 것이다.

다음, 우리는 위 식을 이용해 (2.49)에서 $d(\vec{u}^2/2)/dt$를 소거하고 잠재 에너지 방정식

$$\begin{aligned}\frac{de}{dt} &= Q \\ &- \frac{1}{\rho} p_e \vec{\nabla} \cdot \vec{u} + \frac{1}{\rho}\left[2\mu(S \cdot \vec{\nabla}) \cdot \vec{u} + \left(\varkappa - \frac{2\mu}{\delta_{qq}}\right) S_{pp} \vec{\nabla} \cdot \vec{u}\right]\end{aligned} \tag{2.54}$$

을 얻는다. 식 (2.53)과 (2.54)의 모양새로 볼 때, 중력 $\vec{F}_G$가 하는 일과 비단열 가열은 원래 각각 운동 에너지와 잠재 에너지를 생성하는 과정으로 도입된 것인 만큼 그처럼 나타났지만, 응력 τ에 의한 에너지의 공간 재분배는 이제 운동 에너지만을 변화시킬 과정으로 나타난다. 그 대신에 두 에너지 형식 사이의 변환을 표현할 항들이 (2.53)의 둘째 줄과 (2.54)의 둘째 줄에 크기는 같고 부호는 반대로 나타났다. 이 변환은 (2.53)과 (2.54)에서처럼 운동하는 덩이에 대해서 말해도 되고, 오일러식 서술에서처럼 국지 공간에 담긴 에너지에 대해서 말해도 된다. 뉴턴 유체에 대해서 이 변환은, 잠재 에너지의 변화에 대한 기여로 생각할 때,

$$\frac{1}{\rho}(\tau\cdot\vec{\nabla})\cdot\vec{u}=-p_e\frac{d\alpha}{dt}+D \tag{2.55}$$

와 같다. 여기서 $-p_e d\alpha/dt$는 '팽창의 일', 그리고

$$D\equiv\frac{1}{\rho}[(\sigma+\varkappa S_{pp}\delta)\cdot\vec{\nabla}]\cdot\vec{u} \tag{2.56}$$

는 '마찰 가열'이라 각각 불린다. 이 마찰 가열은 비음이다(문제 17). 비단열 과정($Q=0$) 중에 잠재 에너지는 팽창의 일과 마찰 가열로만 변할 것이다. 마찰 가열은 잠재 에너지를 증가시킬 수 있을 뿐이지만, 팽창의 일은 잠재 에너지를 증가시킬 수도 있고 감소시킬 수도 있다. 다른 과정들이 없다면, 덩이의 팽창은 그 잠재 에너지의 감소와 그 운동 에너지의 증가를 함께 초래할 사건이다.

예로, 부력(압력 경도력의 연직 성분과 중력을 합한 힘)을 받아 상승하는 한 덩이를 생각하자. 더욱, 이 덩이는 상승하면서 그 주변과 에너지 및 물질을 교환하지 않고, 주변은 거의 교란되지 않지만 그 압력은 그의 주변 값으로 순간순간 조정된다[3]고 가정된다. 이 단열 과정에서 $\theta_{덩이}\equiv T_{덩이}(p_{00}/p_{덩이})^{R/C_p}$처럼 정의된 덩이의 온위는 변하지 않는다 한다. 그러므로, 덩이의 압력이 상승으로 감소함에 따라, 덩이의 온도는 감소하고 비부피는 $\alpha_{덩이}\equiv\theta_{덩이}R/p_{00}(p_{00}/p_{덩이})^{1-R/C_p}$ 이므로 증가한다. 곧 단열 상승 중에 덩이의 내부 에너지는 감소하고, 덩이는 팽창한다. 한편 덩이가 받을 상향 압력 경도력은 $\alpha_{덩이}(-\partial p/\partial z)_{주변}$과 같으므로 똑같은 주변 기압 배치에서 팽창 없이 상승했을 가상 덩이가 받을 압력 경도력보다 더 클 것이다. 이런 종류의 부력 변화는 이 문제에서 부차적이므로 무시될 것이다. 그러나 덩이가 부력으로 가속될 때 발생할 운동 에너지의 증가는 앞에 언급된 팽창에 동반될 잠재 에너지의 감소와 정확하게 균형을 이룰 것인가? 이를 보기 위해 마찰과 비단열 가열을 모두 제거하고 중력의 일과 정압 항들만을 남기면 (2.53)과 (2.54)는 다음과 같다:

3. 이 압력 조정은 정수 관계가 깨져 발생하는 음파들이 비정수 에너지를 연직 방향으로 분산시킴에 따라 정수 관계가 복원될 때 필연적으로 나타나므로, 흔히 정수 조정(靜水調整, hydrostatic adjustment)이라 불린다. 제8장에서 이 문제가 다루어진다.

$$\frac{d}{dt}\frac{1}{2}\vec{u}^{2}=\vec{F}_{G}\cdot\vec{u}+\frac{1}{\rho}\vec{\nabla}\cdot(-p_{e}\vec{u})+\frac{1}{\rho}p_{e}\vec{\nabla}\cdot\vec{u}$$

$$=\left(\vec{F}_{G}-\frac{1}{\rho}\vec{\nabla}p_{e}\right)\cdot\vec{u}\equiv \text{부력의 일} \tag{2.57}$$

$$\frac{de}{dt}=-\frac{1}{\rho}p_{e}\vec{\nabla}\cdot\vec{u}=-p_{e}\frac{d\alpha}{dt}\equiv-\text{팽창의 일} \tag{2.58}$$

덩이의 운동 에너지는 부력의 일로 증가하고, 잠재 에너지는 팽창의 일로 감소한다. 식 (2.57)과 (2.58)에서, 부력의 일과 팽창의 일이 다를 때 에너지가 변할 수 있음이 확실하다. 곧 (2.57)과 (2.58)을 합하면

$$\frac{d}{dt}\left(\frac{1}{2}\vec{u}^{2}+e\right)=\left(\vec{F}_{G}-\frac{1}{\rho}\vec{\nabla}p_{e}\right)\cdot\vec{u}-p_{e}\frac{d\alpha}{dt}$$

$$=\text{부력의 일}-\text{팽창의 일} \tag{2.59}$$

과 같다. 덩이의 에너지가 상승으로 변하지 않았다면, 우리는 부력의 일과 팽창의 일이 완벽하게 균형을 잡았다고 결론지을 수 있다. 하지만, 여기서 중요한 해석의 문제가 있다. 잠재 에너지의 감소가 팽창의 일로 이루어지는 데 반해서, 이 감소를 완벽하게 상쇄한 운동 에너지의 증가는 부력의 일로 이루어진다는 사실의 해석이다. 따라서 팽창의 일을 에너지 변환 과정으로 보는 것은 대기 역학에서 전혀 유익한 생각이 아니다.

흔히 pw를 에너지의 연직 속으로 볼 때도 해석의 문제가 있다. 한 수평면에서 덩이들이 비교적 저압에서 상승하고 고압에서 하강하면, 이 덩이들의 집합에 대해, 우리는 $\overline{pw}<0$을 얻게 된다. 여기서 $\overline{X}$는 수평면 위에 잡은 한 영역에서 어떤 시간에 취한 X의 평균이다. 이때 우리는 에너지가 아래로 전달된다고 말한다. 물론 에너지의 증감은 에너지 속의 수렴으로 결정될 것이다. 중력 $\vec{F}_{G}\equiv-\vec{\nabla}\Phi$의 지위 Φ를 이용하면, (2.59)는

$$\rho\frac{d}{dt}\left(\frac{1}{2}\vec{u}^{2}+e+\Phi\right)=-\frac{\partial}{\partial z}pw \tag{2.60}$$

가 된다. 따라서 pw로 전달될 에너지는 운동 에너지와 잠재 에너지의 합이 아니라 이 합에 지위를 더한 $1/2\vec{u}^{2}+e+\Phi$이다.

이제 마찰 가열을 생각하자. 이 과정은 잠재 에너지를 증가시키고 운동 에너지를 감소시킬 경향(두 손바닥을 비비면 따뜻해지지만, 두 손바닥이 차가워지면서 저절로 비벼지지는 않음)만 나타내므로 일방적 변환 과정이며, 명백하게 비가역 과정이다. 제3장에서 우리는 이 과정이 단열된 상태에서 덩이의 엔트로피를 일방적으로 증가시킴을 알게 된다.

식 (2.56)과 $\vec{F}_G = -\vec{\nabla}\Phi$을 이용하여 (2.53)과 (2.54)를 다시 쓰면, 에너지 방정식들은

$$\frac{d}{dt}\left(\frac{1}{2}\vec{u}^{\,2}+\Phi\right) = \frac{1}{\rho}\vec{\nabla}\cdot\left[2\mu(S\cdot\vec{u})+\left(\varkappa-\frac{2}{3}\mu\right)S_{ii}\vec{u}\right]-\frac{1}{\rho}\vec{\nabla}p_e\cdot\vec{u}-D \quad (2.61)$$

$$\frac{de}{dt} = Q-\frac{1}{\rho}p_e\vec{\nabla}\cdot\vec{u}+D \quad (2.62)$$

과 같이 된다. 식 (2.56)에 정의된 D를 마찰 가열이라 한 것은 (2.54) 또는 (2.62)에서 D가 e를 일방적으로 증가시킬 과정임을 나타내기 때문이었다. 하지만, (2.53) 또는 (2.61)은 D가 운동 에너지를 일방적으로 감소시킬 과정임을 나타낸다. 따라서 D는 **마찰 소산**(摩擦消散, frictional dissipation)이라 불린다. 여기서 소산은 분산과 구별되어야 할 개념이다. 한 덩이가 마찰 소산으로 잃은 운동 에너지는, 그 덩이가 아무리 작다 해도, 다른 덩이로 옮겨질 것이 아니라 그 덩이의 잠재 에너지로 변환될 것이다.

내연 기관의 작용 유체가 실린더 안에서 팽창과 수축을 반복하면서 피스톤의 운동과 바퀴의 회전을 촉발할 때, 팽창의 일은 연료의 내부 에너지와 기계의 운동 에너지 사이의 에너지 변환을 정의하는 중요한 개념이다. 그러나 팽창의 일이 덩이의 에너지 변환, 특히 덩이의 운동 에너지의 변화를 판단함에 있어서 전혀 유용한 개념이 아닐 수 있음이 앞에서 언급되었다.

응력 τ은 편의적으로 정압 부분 $-p_e\delta$과 마찰 부분 $\sigma+\varkappa S_{ii}\delta$의 합이다. 응력 전달 $-\tau\cdot\vec{u}$도 마찬가지로 정압 부분 $p_e\delta\cdot\vec{u}=p_e\vec{u}$과 마찰 부분 $-(\sigma+\varkappa S_{ii}\delta)\cdot\vec{u}$의 합으로 볼 수 있다. 특히 정압 전달의 수렴과 팽창의 일의 합은 압력 경도력이 하는 일과 같다:

$$-\frac{1}{\rho}\vec{\nabla}\cdot(p_e\vec{u})+p_e\frac{d\alpha}{dt}=-\vec{u}\cdot\frac{1}{\rho}\vec{\nabla}p_e \tag{2.63}$$

압력 경도력이 하는 일은 운동 에너지를 변화시키는 과정으로서 매우 중요한 개념이다. 그래서 (2.61)의 오른쪽에 압력 경도력이 하는 일이 쓰인 것이다. 이제 (2.61)을

$$\begin{aligned}\frac{d}{dt}\frac{1}{2}\vec{u}^2&=\left(\vec{F}_G-\frac{1}{\rho}\vec{\nabla}p_e\right)\cdot\vec{u}\\&+\frac{1}{\rho}\vec{\nabla}\cdot[(\sigma+\varkappa S_{ii}\delta)\cdot\vec{u}]-D\end{aligned} \tag{2.64}$$

과 같이 간추려 쓸 수 있다. 식 (2.64)의 오른쪽 첫째 항은 부력의 일과 압력 경도력의 수평 성분이 하는 일이 합쳐진 것이다:

$$\begin{aligned}\left(\vec{F}_G-\frac{1}{\rho}\vec{\nabla}p_e\right)\cdot\vec{u}&=w\left(-g-\frac{1}{\rho}\frac{\partial p_e}{\partial z}\right)-\frac{1}{\rho}\vec{u}_H\cdot\vec{\nabla}_H p_e\\&\equiv \text{부력의 일}+\text{수평 압력 경도력이 하는 일}\end{aligned} \tag{2.65}$$

덩이의 부력은 그가 받는 압력 경도력의 연직 성분과 중력의 합으로 정의된다. 상향 부력은 밀도가 작고 압력의 연직 구배가 큰 것을, 그리고 하향 부력은 밀도가 크고 압력의 연직 구배가 작은 것을 각각 선호할 것이다. 그러나 부력의 두 성분들이 대체로 같은 크기와 반대 방향을 가지기 때문에, 부력은 상향이든 하향이든 중력에 비해 적어도 한 위수가 낮은 크기를 갖는다. 더욱 대규모 흐름에서 수평 압력 경도력이 하는 일은 중력이 하는 일과 대체로 같은 크기를 가지므로, 대규모 흐름에서 부력의 일은 수평 압력 경도력이 하는 일보다 적어도 한 위수가 낮은 크기를 갖는다. 중규모 흐름에서 부력의 일과 수평 압력 경도력이 하는 일은 서로 비슷한 크기에 접근하고, 그리고 작은 규모의 대류에서 부력의 일은 에너지 수지를 지배하는 과정이 된다.

식 (2.65)에 따르면, 덩이의 운동 에너지는 덩이가 팽창할 때가 아니라 수평 압력 구배에 순응하고 부력에 순응할 때 증가할 것이다. 수평면 위에서 순응은 고압에서 저압 쪽으로의 운동이지만, 연직 방향에서의 순응은 부력이 상향일 때 그러한 운동이지만, 부력이 하향이면 순응하는 덩이는 저압에서 고압 쪽으로 운동한다. 후자의 경우, 운동 에너지의 증가는 수축, 곧 잠재 에너지의 증가를 동

반한다. 다른 경우의 순응에서 운동 에너지의 증가는 잠재 팽창, 곧 잠재 에너지의 감소를 동반한다. 데카르트는 덩이들이 보다 더 쉽게 팽창할 곳을 찾는 성질을 가지고 있기 때문에 운동하게 된다고 말했는데, 모든 덩이들이 그렇게 이동하는 것은 통계적으로 불가능하다. 따라서 덩이들이 수축하면서 운동할 수밖에 없는 경우를 만나게 될 터인데, 이 경우에도 부력이 하향이면 운동은 순응이 된다.

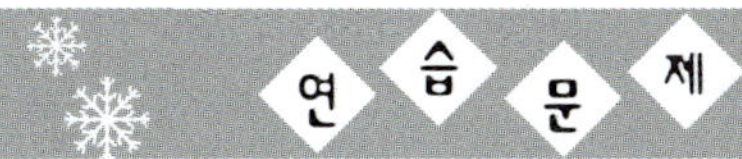

1. 속도의 발산이 야코비안의 상대 변화율과 같음을 보여라:

$$\vec{\nabla}\cdot\vec{u}=\frac{1}{J}\frac{dJ}{dt}$$

2. 질량 보존의 원리를 표현하는 수식

$$\frac{d}{dt}\int_{R(t)}\alpha\rho dV=\int_{S(t)}\vec{u}\cdot\vec{n}\ dS$$

을 말로 설명해 보아라.

3. 텐서 τ에 대한 가우스의 정리를 보여라:

$$\int_{S(t)}\vec{n}\cdot\tau\, dS=\int_{R(t)}\vec{\nabla}\cdot\tau\, dV$$

4. 중력 $\vec{F}_G$에 대하여 다음을 보여라:

$$\vec{n}\cdot\vec{r}\times\vec{F}_G\equiv 0$$

여기서 $\vec{n}$은 자전 축 방향의 단위 벡터이고, $\vec{r}$은 지구의 중심을 원점으로 잡은 위치이다.

5. 코리올리 힘 $\vec{F}_C$에 대해 다음을 보여라:

$$\frac{d}{dt}\Omega R^2=-\vec{n}\cdot\vec{r}\times\vec{F}_C$$

여기서 Ω는 지구의 평균 자전 각 속도, R은 덩이의 팔, $\vec{n}$은 자전 축 방향의 단위 벡터, 그리고 $\vec{r}$은 지구의 중심을 원점으로 잡은 위치이다. 힌트: $\vec{\Omega}\equiv\Omega\vec{n}$, 자전 축에서 덩이에 이르는 크기 R의 외향 벡터를 $\vec{R}$, 그리고 지구 중심에서 자전 축을 따라 덩이의 팔이 시작되는 점까지의 거리를 r_0이라 두면, $\vec{r}=r_0\vec{n}+\vec{R}$, 그리고 $\vec{F}_C=2\vec{\Omega}\times\vec{u}$.

6. 응력의 대칭성과 (2.12)로부터 각운동량 보존의 정리

$$\frac{d}{dt}\int_{R(t)}\vec{r}\times\vec{u}\rho dV=\int_{R(t)}\vec{r}\times\vec{F}\rho dV+\int_{S(t)}\vec{r}\times(\vec{n}\cdot\tau)dS$$

을 증명하라.

7. 본문의 (2.12)와 (2.18)로부터

$$\tau_{ji} = \tau_{ij}$$

을 증명하라.

8. 모든 대칭 텐서가 그 고유의 주축을 가짐을 보여라.

9. 한 직각 좌표계의 원점에 주어진 대칭 텐서

$$S \equiv \begin{bmatrix} 1 & 2 & 3 \\ 2 & 0 & 0 \\ 3 & 0 & 1 \end{bmatrix}$$

의 주축을 결정하고, 그 주축 좌표계에서 본 그 텐서를 구하라.

10. 정지 유체에 작용하는 체력이 보존력일 때 이 보존력의 지위가 일정한 면이 등압 면임을 보여라.

11. 변형 텐서 S_{ij}의 자국이 발산임을 보여라. 곧 $S_{ii} = \vec{\nabla} \cdot \vec{u}$.

12. 아무 텐서 A에 대해 다음 항등식을 증명하라:

$$\vec{\nabla} \cdot (A \cdot \vec{u}) = (\vec{\nabla} \cdot A) \cdot \vec{u} + (A^{\dagger} \cdot \vec{\nabla}) \cdot \vec{u}$$

여기서 $A^{\dagger}$ 는 A 의 전치이다.

13. 텐서 τ와 벡터 $\vec{u}$에 대해 다음 가우스의 정리를 보여라:

$$\int_{S(t)} (\vec{n} \cdot \tau) \cdot \vec{u}\, dS = \int_{R(t)} \vec{\nabla} \cdot (\tau \cdot \vec{u})\, dV$$

14. 뉴턴 유체의 압력 p에 대해 다음을 보여라:

$$\frac{1}{\rho}(-p\delta \cdot \vec{\nabla}) \cdot \vec{u} = -p_e \frac{d\alpha}{dt} + \frac{\varkappa}{\rho}(\vec{\nabla} \cdot \vec{u})^2$$

15. 변형에 대해 다음을 보여라:

$$\left(S_{ij} - \delta_{ij}\frac{S_{pp}}{\delta_{qq}}\right)\delta_{ij} \equiv 0$$

16. 뉴턴 유체의 전단 응력 $\sigma = 2\mu\left(S - \delta\frac{S_{pp}}{\delta_{qq}}\right)$에 대하여 다음을 보여라:

$$D = \frac{1}{\rho}\left[2\mu\left(S_{ij} - \delta_{ij}\frac{S_{pp}}{\delta_{qq}}\right)\left(S_{ij} - \delta_{ij}\frac{S_{rr}}{\delta_{ss}}\right) + \varkappa S_{pp}{}^2\right] \geq 0$$

여기서 D는 본문의 (2.56)으로 정의된 것이다.

제3장

열역학의 항등식과 상태 방정식

식(2.62)에 유도된 잠재 에너지 방정식

$$\frac{de}{dt} = Q + D - p_e \frac{d\alpha}{dt}$$

는 한 유체 덩이의 잠재 에너지 e가 어떻게 변할 것인지를 말할 뿐, 그 에너지 자체에 관해서는 말하지 않는다. 이는 당연하다. 왜냐하면 잠재 에너지의 형식은 우리가 다룰 운동 계에 따라 정해질 것이기 때문이다.

앞에서 체력은 중력과 코리올리 힘에 한정되었다. 뒤에서 우리는 비슷한 맥락으로 비단열 가열의 한정에 언급할 것이다. 우리가 다룰 운동 계는 구체적으로 규정될 것이다. 달리 말하면, 이 장의 목표는 e의 지정에 관한 고찰이다.

3.1 자연 과정과 가역 과정

자연 과정(自然過程, natural process)의 본질은 그 과정에 따르는 무한소 상태 변화의 필연성, 유일성, 그리고 비가역성이다:

> 한 여건 아래 나타나는 무한소 상태 변화는 그 여건에서 그렇게 나타나야만 하고(필연성), 그밖에 달리 나타날 수가 없고(유일성), 특히 그 반대로 나타날 수는 없다(비가역성).

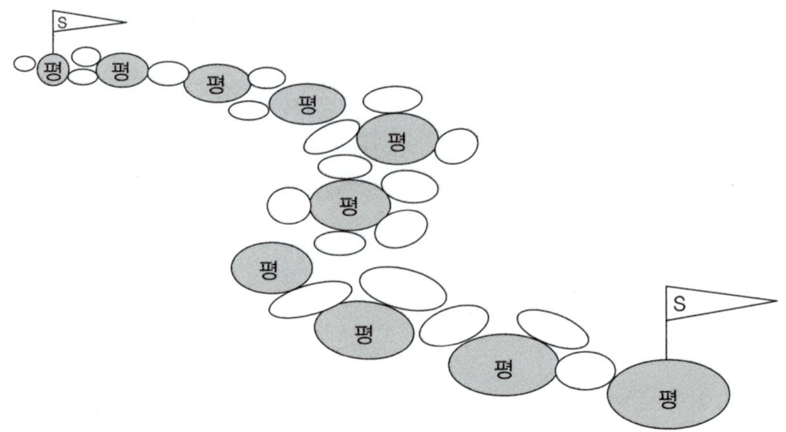

| 그림 3.1 | 평형 상태들만을 딛고 가는 길은 반자연 과정이다. 이 길에 아주 가까운 길들은 모두 준정지 과정이다. 반자연 과정을 밟으면 같은 여건에서 원래 상태로 돌아올 수 있다.

주어진 여건 아래 한 과정의 상태 변화가 필연적이고 유일함은 그 과정이 결정론적임을 말하고, 비가역적임은 그 과정이 일방적임을 말한다.

자연 과정이 비가역 과정(非可逆過程, irreversible process)임은 원리적인 약정이다. 한 계가 '한 여건 아래' 한 상태에서 다른 상태로 한 무한소 과정으로 옮길 때 그 계의 나중 상태에서 처음 상태를 뺀 값,[1] 곧 무한소 변화는 개념적으로 그 두 상태들의 지정만으로 주어지며 그 무한소 과정에 상관없다. '그 여건 아래' 그 변화에 반대되는 무한소 변화를 줄 자연 과정은 없다. 달리 말하면, 한 여건 아래 무한소 '폐회로'[2]를 만들 자연 과정은 없다. 왜냐하면, 만일 있었다면 그 폐회로의 한 상태와 그것의 어떤 다른 상태는 한 여건 아래 서로 반대인 변화를 만들 두 무한소 과정으로 연결되었을 것이기 때문이다.

한 여건 아래 서로 다른 두 상태를 서로 반대 방향으로 연결할 수 있는 과정은 가역 과정(可逆過程, reversible process)이라 불린다. 논리적으로 자연 과정의 비가역성은 자연 과정이 가역 과정이 아님을 말할 뿐 가역 과정의 존재를 부인하는 것은 아니다. 실제로 무한소로 가까운 두 열역학적 평형 상태들을 연결하는 가역 과정들이 존재한다는 것은 우리들의 경험이다. 가역 과정의 존재와 관

1. 값은 상태의 성질(스칼라, 벡터 또는 텐서)에 따른다. 예로, 속도를 생각한다면 변화의 값은 벡터일 것이다.
2. **폐회로**(閉回路, closed circuit)는 상태 공간 안에 만들어진 닫힌 곡선을 말한다. 따라서 폐회로의 한 점에서 출발하여 이 곡선을 따라 옮겨 다시 그 점에 도착했을 때 나타날 변화는 0이다.

련된 많은 논지들이 있다. 예로, 한 이는 가역 과정을 준정지 과정(準停止過程, quasi-static process)의 극한으로 본다; 다른 이는 가역 과정을 반자연 과정(反自然過程, antinatural process)이라 하고 그것이 자연 과정은 아니지만 불가능한 과정도 아님을 암시한다.

우리는 앞에서 가역 과정이 열역학적 평형 상태들 사이 무한소 변화에 언급했음을 상기해

가역 과정은 열역학적 평형 상태들 사이 변화를 주는 과정이다

라는 약정을 세운다. 한 여건 아래 나타난 상태 변화들이 열역학적 평형 상태들 사이 변화로 근사하게 설명된다면, 이 약정은 유용할 것이다.

3.2 엔트로피의 증가

3.2.1 카르노 순환

이상기체(理想氣體, ideal gas)는 열역학적 평형 상태에서 가역 과정만을 밟고, 그 상태 변수들 사이 관계는 Boyle-Charles의 법칙

$$p\alpha = RT \tag{3.1}$$

을 따른다. 여기서 R은 **비기체상수**(比氣體常數, specific gas constant)[3]라 불리는 이상기체의 한 상수이다. 이상기체는 한 가상적 물질이다. 이에 비해, **완전기체**(完全氣體, perfect gas)는 열역학적 평형 상태에서 이상기체와 같이 행동하는 실제 물질이다.

이제 온도가 T_1이고 비부피가 α_1인 한 덩이의 완전기체가 밟을 **카르노 순환**(Carnot cycle)을 생각하자: 카르노 순환은 아래 네 개의 순차적 과정들로 구성된다.

3. '비'는 영문 단어 *specific*의 번역어로서 '단위 질량당'이라는 뜻의 수식어로서 접두어로 쓰인다. 다른 예로 비부피, 비열 등이 있다.

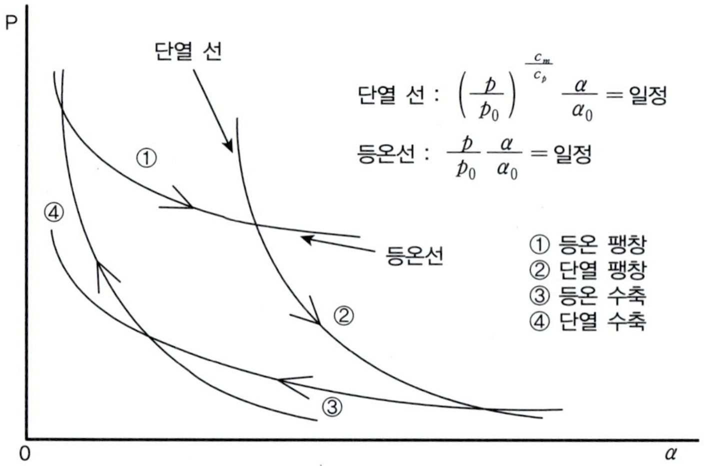

| 그림 3.2 | 두 개의 단열 선과 두 개의 등온선으로 구성된 카르노 순환

과정 ① (등온 팽창): 비부피 α_1과 온도 T_1에서 같은 온도 T_1의 무한 열원에 접촉되어 열량 Q_1을 받고 팽창한다.

과정 ② (단열 팽창): 그 열원에서 단열되어 팽창해 비부피는 $\alpha_2(>\alpha_1)$가 되고 온도는 $T_2(<T_1)$로 감소한다.

과정 ③ (등온 수축): 비부피 α_2와 온도 T_2에서 같은 온도 T_2의 무한 냉원에 접촉되어 열량 Q_2을 잃고 수축한다.

과정 ④ (단열 수축): 이 냉원에서 단열되어 수축해 비부피는 α_1이 되고 온도는 T_1으로 증가한다.

그림 3.2에 보인 바와 같이, p-α 평면 위에서 두 개의 등온선과 두 개의 단열 선으로 구성되는 4변형 폐곡선으로 표현된 카르노 순환을 따르는 공기 덩이는 높은 압력에서 팽창하고 낮은 압력에서 수축하기 때문에 외부에 일 $W>0$을 하게 된다. 곧 이 순환에서 그 덩이는 제자리에 돌아왔지만 그 주변과 에너지를 주고받은 것이다. 이때 그 덩이가 외부에 한 일 W는, 경험적으로, $Q_1(1-T_2/T_1)$보다 더 크지 않으며, 물론 카르노 순환 중에 열원에서 받은 열량보다 더 크지 않다:

$$W \leq Q_1\left(1-\frac{T_2}{T_1}\right) \tag{3.2}$$

여기서 부등호와 등호는 각각 자연 과정과 가역 과정에 대해 성립한다. 물론 에너지 보존에 따라

$$Q_1 = Q_2 + W \tag{3.3}$$

이 성립한다.

식 (3.2)는 에너지의 보존이 아닌 다른 차원의 원리적 내용을 담으며, 자연 과정의 제약을 드러낸다. 카르노 순환 과정들 중에 발생한 $\delta Q/T$의 합 곧 $\sum(\delta Q/T)_i$은, 과정 ② 와 ④에 대해 $\delta Q = 0$임과 (3.2)와 (3.3)을 이용하면,

$$\sum_{i=1}^{4}\left(\frac{\delta Q}{T}\right)_i = \frac{Q_1}{T_1} - \frac{Q_2}{T_2} = \frac{1}{T_2}\left[W - Q_1\left(1 - \frac{T_2}{T_1}\right)\right] \le 0 \tag{3.4}$$

과 같이 0보다 더 클 수 없음을 알 수 있다.

3.2.2 자연 과정으로 변하는 상태들의 순환

작은 카르노 순환의 폐곡선은 평행사변형으로 보일 것이다. 일반적으로 p-α 평면 위에서 임의의 순환을 표현하는 한 폐곡선으로 둘러싸인 면적은, 그림 3.3에 보인 바와 같이, 작은 카르노 순환들의 평행사변형들로 '빈틈 없이' 채워질 수 있다. 이때 이 순환의 면적은 이를 채운 모든 평행사변형 면적들의 합으로, 그리고 이 순환의 폐곡선은 이 모든 평행사변형들의 중첩되지 않은 외부 경계들만의 합으로 각각 어림될 것이다. 인접된 두 카르노 순환을 표현하는 두 평행사변형들의 중첩된 공통 경계 위에서 이 카르노 순환들은 크기가 거의 같고 부호가 반대인 $\delta Q/T$를 산출하고, 그 (두 $\delta Q/T$의) 합은 두 평행사변형들이 한없이 작아짐에 따라 한없이 0에 접근할 것이다. 따라서 이 순환의 면적을 채우고 있는 모든 무한소 평행사변형들의 $\sum \delta Q/T\,(\le 0)$들을 합하면, 중첩되지 않은 외부 경계들에 대한 $\delta Q/T$의 합만이 무한소 오차를 가지고 남을 것이다. 그러므로, 아무 순환에 대해

$$\oint \frac{\delta Q}{T} \le 0 \tag{3.5}$$

이 얻어진다. 앞에서 언급된 바와 같이, (3.5)의 등호는 가역 과정을 밟는 열역학

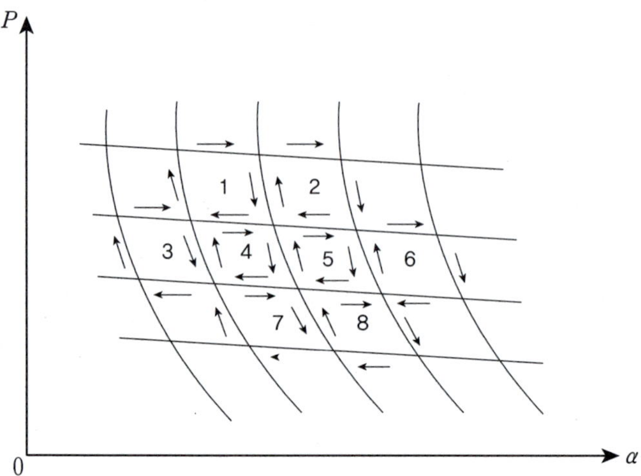

| 그림 3.3 | p-α 평면 위에서 8개의 작은 카르노 순환들의 합으로 표현된 한 작은 순환이 보인다. 각 카르노 순환은 일련번호를 단 작은 평행사변형과 그것의 면적으로 표현된다. 이 작은 평행사변형들의 중첩된 경계들을 모두 제외시키고 남는 외부 경계들의 합이 고찰 대상의 순환을 정의한다.

적 평형 상태들의 한 순환에 대해 성립한다.

가역 과정을 밟는 한 덩이의 행로(行路, path)의 한 무한소 부분에서 그 덩이의 온도를 T, 그리고 그 덩이가 받을 열량을 δQ라 하자. 식 (3.5)의 등호는 이 행로 위에서 그 무한소 변화가 $dS_{rev} = \delta Q/T$와 같은 그런 상태 변수 S_{rev}가 존재함을 암시한다. 역으로 $dS_{rev} = \delta Q/T$이면, 아무 순환에 대해 (3.5)의 등호가 성립하기 때문에 S_{rev}의 변화는 없다. 그 상태 변수 S_{rev}는 엔트로피(entropy)라 불린다.

우리는 경험적 사실 (3.5)를 토대로 열역학의 둘째 원리를 다음과 같이 세운다:

> 어떤 무한소 과정 중에 온도 T에서 덩이가 받을 열량 δQ는 그 온도 T와 그 과정 중에 나타날 엔트로피의 변화 dS로 결정되는 열량 $\delta Q_0 \equiv TdS$보다 더 크지 않고, 가역 과정일 때 δQ_0와 같다. 곧 $\delta Q \le TdS$.

식 (3.5)는 이 원리로부터 아무 덩이의 한 순환 과정의 결과로서 도출된다.

3.2.3 엔트로피

열역학의 둘째 원리에 따라 가역 과정을 밟는 덩이의 엔트로피는

$$dS_{rev} = \delta Q / T \tag{3.6}$$

에 따라 변할 것이다. 이 식은 덩이가 열역학적[4] 평형 상태에 있음을 전제한다. 엄격한 의미에서, 덩이는 자연 과정을 밟는 물체이지 가역 과정을 밟는 것은 아니다. 그렇다면 덩이의 상태는 열역학적 평형 상태가 아닐 개연성이 있다. 실제로, 덩이는 어떤 상태에 있는가? 통계 역학은 덩이를 구성하는 원자들이 집합적으로 열역학적 평형 상태에 있다고 말한다. 이 기본적 입장에서 한 덩이의 엔트로피 S는 그 덩이를 구성하는 원자들의 집합에 접근할법한 모든 양자 상태들의 수효 g의 대수(對數, logarithm)와 같게 정의된다(Kittel & Kroemer, 2002). 곧

$$S \equiv \log g \tag{3.7}$$

그러므로, 각각에 접근할법한 양자 상태들의 수효가 g_1과 g_2인 두 덩이들의 엔트로피 S_1과 S_2는 위 식에 따라 $S_1 = \log g_1$과 $S_2 = \log g_2$과 같다. 그런데 이 두 덩이들이 개념적으로 합쳐진 계에 접근할법한 양자 상태들의 수효는 $g_1 g_2$이다. 따라서 그 계의 엔트로피는

$$S_3 \equiv \log(g_1 g_2) = S_1 + S_2 \tag{3.8}$$

와 같다. 위 식은 (3.7)로 정의된 엔트로피가 '합의 원리'를 좇는 상태 변수임을 말한다.

덩이의 엔트로피 S는 덩이에 접근할법한 양자 상태들의 수효가 변함에 따라 변할 것이다. 하지만, 이 변화는 (3.6)으로 기대되는 변화보다 더 작을 수 없다(문제 3). 앞에 언급된 바와 같이, 덩이는 실제로 열역학적 평형 상태에 있기 때문에 그것의 엔트로피의 변화 dS는 그 기대 변화와 같다.

식 (3.6)에 주어진 엔트로피의 무한소 변화는 T에 반비례한다. 달리 말하면,

4. 덩이의 구성 요소를 전기적으로 중성인 분자로 볼 때, 그런 분자들의 집합적 평형은 덩이의 열역학적 평형이라 불린다. 만일 덩이를 구성하는 요소들이 전기와 스핀으로 부하된 전자들과 양성자들 또는 중성자들이면, 그런 요소들의 집합적 평형은 다른 이름으로 불린다.

한 덩이의 온도는 비단열적 열 교환으로 발생할 엔트로피의 변화에 저항하는 그 덩이의 한 관성이다. 가열률, 엔트로피의 변화 및 온도를 각각 힘, 속도의 변화 및 질량에 비유하면 (3.6)은 뉴턴의 운동 방정식에 비유될 것이다. 이때 덩이의 엔트로피는 그 덩이의 속도에 비유된다. 힘을 받아 속도가 변하듯이 열을 받아 엔트로피가 변한다. 변화에 대한 덩이의 관성은 그 덩이의 질량과 온도로 나타난다.

한 덩이의 무한소 자연 과정에 대해 열역학의 둘째 원리는

$$T\,dS \geq \delta Q \tag{3.9}$$

을 말한다. 단열 과정 $\delta Q = 0$에 대해, 그 덩이의 엔트로피는 감소할 수 없다. 이때 그 덩이는 한 닫힌계로서, 그것에 대한 접근할법한 양자 상태들의 수효는 (3.7)과 (3.9)에 따라 감소할 수 없다.

$$dg = e^{S} dS \geq 0 \tag{3.10}$$

위 식은 한 닫힌계가 가역 과정으로 발전할 때 그 계에 접근할법한 양자 상태들의 수효가 변할 수 없음을 말한다. 한 닫힌계의 가역 과정은 그 계의 엔트로피를 변화시킬 수 없다.

식 (3.9)에서 부등호는 엔트로피의 증감에 상관없이 성립할 것이다. 한 계의 엔트로피가 증가할 때($dS > 0$), 그 계는 가열될 수도 있고 냉각될 수도 있다. 가열($\delta Q > 0$)은 제한되지만 냉각($\delta Q < 0$)은 크기로 제한되지 않는다. 반대로, 그 엔트로피가 감소할 때($dS < 0$), 그 계는 반드시 냉각될 것이다: 그 냉각($\delta Q < 0$)은 이 경우에도 크기로 제한되지 않는다. 열량의 첨가($\delta Q > 0$)나 제거($\delta Q < 0$)는 항상 에너지 보존의 원리를 만족할 것이므로, 냉각이 크기로 제한되지 않는다는 말은 오해의 소지를 준다. 그렇다 하더라도, 열역학의 둘째 원리는 가열과 냉각이 엄밀한 대칭적 개념이 아님을 말한다. 그러나 우리는 실제로 덩이가 밟을 자연 과정이, 열역학적으로, 가역 과정과 다르지 않음을 보았고, 그때 엔트로피의 증가는 냉각으로 나타날 수 없기 때문에 가열과 냉각은 실제로 대칭적 개념이다.

3.3 열역학의 항등식

정압 비열 C_p와 정압 열팽창 계수 β는

$$C_p \equiv \left(\frac{\delta Q}{\delta T}\right)_P \quad \text{및} \quad \beta \equiv \frac{1}{\alpha}\left(\frac{\partial \alpha}{\partial T}\right)_P \tag{3.11}$$

와 같이 정의된다. 열역학의 둘째 원리로부터 출발해 우리는

$$C_p = T\left(\frac{\partial S}{\partial T}\right)_P \quad \text{및} \quad \beta = -\rho\left(\frac{\partial S}{\partial p}\right)_T \tag{3.12}$$

을 쉽게 얻는다. 식 (3.12)의 첫째 식은 S를 p, T의 함수로 볼 때 (3.6)에서 곧 얻어진다. 둘째 식은 다음과 같이 유도된다. 먼저, 덩이의 무한소 가역 과정을 생각하자. 이 과정 중에 마찰 가열은 없고 압력과 정압의 차이는 0이다. 따라서 이 과정에서 받을 열량을 δQ라 두면, (2.62)에서 무한소 가역 과정에 대해

$$de + p\,d\alpha = \delta Q \tag{3.13}$$

이 나온다. 식 (3.6)에서 $\delta Q = T\,dS$을 얻어 (3.13)에 대입하면, Kittel과 Kroemer(1980)의 이른바 열역학의 항등식, 또는 Iribarne과 Godson(1981)의 이른바 열역학의 기본 관계

$$de + p\,d\alpha = T\,dS \tag{3.14}$$

가 나온다. Batchelor(1970)는 (3.14)가 비록 가역 과정의 생각에서 도출된 것이긴 하지만, 열역학적 평형 상태들 사이에 성립할 미분 관계로서 그것들을 이어줄 과정에 무관하게 성립할 것으로 보았다. 이 견해는 운동하는 덩이가 실제로 열역학적 평형 상태에 있다고 보는 견해이다. 이제 p, T의 함수로 본 깁스(Gibbs) 함수

$$G \equiv H - TS \equiv e + p\alpha - TS \tag{3.15}$$

의 무한소 변화를 취하고 그 결과에 (3.14)를 이용하면, 우리는

$$\alpha = \partial G/\partial p; \quad S = -\partial G/\partial T \tag{3.16}$$

을 얻는다. 하지만, 깁스 함수는 p와 T에 대해 두 번 미분할 수 있는 연속 함수이고, 그래서 (3.16)에서 막스웰 관계(Maxwell relation)

$$\left(\frac{\partial \alpha}{\partial T}\right)_P = -\left(\frac{\partial S}{\partial p}\right)_T \tag{3.17}$$

가 나온다. 이를 이용하면 (3.11)의 둘째 식은 (3.12)의 둘째 식이 된다.

3.3.1 지배 방정식들의 유사성

열역학의 항등식 (3.14)를 덩이의 잠재 에너지 방정식 (2.62)에 적용하면

$$T\frac{dS}{dt} = Q + D \text{ (가열)} \tag{3.18}$$

이 나온다. 이 식은 뉴턴의 운동 방정식과 닮은꼴이다: (2.12)에 밀도 ρ를 곱해 다시 쓰면

$$\rho\frac{d\vec{u}}{dt} = \rho\vec{F} + \vec{\nabla}\cdot\tau \text{ (힘)} \tag{3.19}$$

식 (3.18)과 (3.19)에서 T와 ρ, S와 $\vec{u}$, Q와 $\rho\vec{F}$, 그리고 D와 $\vec{\nabla}\cdot\tau$가 각각 대응한다.

식 (3.18)은 운동하는 덩이의 엔트로피를 변화시킬 과정들을 비단열 가열과 마찰 가열로 지정하고 있다. 비단열 가열은 복사 가열과 잠열 가열을 포함한다. 덩이의 복사 가열은 태양 복사 에너지의 흡수와 산란, 그리고 장파 복사 에너지의 흡수와 방출로 결정되고, 잠열 가열은 덩이 안에서 일어나는 수증기의 응결과 구름 물의 증발과 승화, 그리고 덩이에 잡힌 지나가던 강수의 증발로 결정된다. 이러한 비단열 가열이 0인 경우에 일어나는 과정은 단열 과정이다. 덩이가 한동안 단열 과정을 밟을 때, 우리는 덩이가 그동안 닫혀 있다고 말한다. 마찰 가열은 덩이의 내부에 편재하는 비가역 가열 과정으로서 덩이가 닫혀 있을 경우에도 작용할 수 있다. 달리 말하면, 닫힌 덩이의 엔트로피는 내부적 마찰로 증가할 수 있다. 이는 닫힌 덩이가 하나의 소우주임을 말한다.

3.3.2 열역학 에너지 방정식

이제 엔트로피 S를 p와 T의 함수로 보아 (3.18)의 왼쪽을 풀고 (3.12)를 이용하면 이른바 열역학 에너지 방정식(thermodynamic energy equation)

$$C_p \frac{dT}{dt} - \alpha\beta T \frac{dp_e}{dt} = Q + D \tag{3.21}$$

이 얻어진다. 식 (3.21)은 에너지 보존의 원리에서 직접 도출된 잠재 에너지 방정식이 아니다. 식 (3.21)은 (3.18)에서 나온 만큼 열역학의 둘째 원리를 나타낸다. 하지만, (3.21)은 (3.18)이 (2.62)에서 나온 만큼 에너지 보존의 원리를 나타낸다.

3.4 열역학의 상태 방정식

3.4.1 열역학적 평형

우리는 앞에서 덩이의 열역학적 평형을 두 가지로 생각했다. 한 생각은 가역 과정을 밟는 덩이들의 상태가 열역학적 평형에 있다고 약정한 것이다. 다른 생각은, **기체 운동론**(氣體運動論, kinetic theory of gases)의 입장에서, 실제 덩이가 상당한 정밀도로 열역학적 평형에 있다고 본 것이다. 여기서 덩이가 열역학적 평형에 있다 함은 덩이를 이루는 모든 원자들의 집합이 거시적으로 구별되지 않는 $g \equiv \exp S$개의 확률적 양자 상태를 가지며 이것들의 통계적 성질들(예로 온도와 압력)이 안정된 것임을 말한다. 어느 생각도 열역학적 평형에 있는 덩이가 가역 과정만을 밟아야 된다고 말하지는 않는다. 예로, 열역학적 평형에 있는 덩이가 마찰 가열과 같은 비가역 과정을 밟을 수 있다. 하지만, 중요한 점은 열역학적 평형에 있는 덩이가 밟을 과정들의 '거의 전부'가 가역 과정들이라는 사실이다.

3.4.2 완결된 지배 방정식 계

정리를 위해 우리는 연속 방정식 (2.8), 운동 방정식 (2.46), 그리고 열역학 에너

지 방정식 (3.21)을

$$\frac{d\alpha}{dt} = \alpha\vec{\nabla}\cdot\vec{u} \tag{3.22}$$

$$\frac{d\vec{u}}{dt} = \vec{F}_C - \alpha\vec{\nabla}p_e + \vec{F}_G + \alpha\vec{\nabla}\cdot\left(2\mu S + \left(\varkappa - \frac{2}{3}\mu\right)S_{ii}\delta\right) \tag{3.23}$$

$$C_p\frac{dT}{dt} - \alpha\beta T\frac{dp_e}{dt} = Q + D \tag{3.24}$$

와 같이 다시 쓴다. 여기서 S는 (2.45)로 정의된 변형 텐서(엔트로피가 아님)이고, D는 (2.56)으로 정의된 마찰 가열로서

$$D = \alpha\left[2\mu(S_{ij} - \tfrac{1}{3}S_{kk}\delta_{ij})(S_{ij} - \tfrac{1}{3}S_{mm}\delta_{ij}) + \varkappa S_{pp}^{2}\right] \geq 0 \tag{3.25}$$

와 같이 주어진다. 식 (3.22), (3.23) 및 (3.24)는 비부피, 속도, 온도 및 정압의 네 미지 변수들이 명시적으로 나타난 세 미분 방정식들이다. 우리는 비단열 가열이 이 미지 변수들로부터 알 수 있는 것이고, 또한 μ와 $\varkappa$, 그리고 C_p와 β도 이들로부터 알 수 있는 것으로 가정한다.

그렇다 해도, 한 완결된 지배 방정식 계를 위해 한 식이 더 필요하다. 일반적으로 밀도를 온도와 정압의 한 함수로 나타낸

$$\rho = \hat{\rho}(T, p_e) \tag{3.26}$$

와 같은 꼴의 상태 방정식이 완결의 목적으로 사용된다. 여기서 $\hat{\rho}$는 대수 함수로서 유체의 종류에 따라 다르고, 계에 따라 어림될 것으로 간주된다. 앞으로 (3.23), (3.24) 그리고 (3.26)을 쓸 때 우리는 p_e 대신에 p를 쓰고 정압과 압력을 실제로 구별하지 않을 것이다.

3.5 비압축성 유체의 운동

비압축성 유체(非壓縮性流體, incompressible fluid)는 등온 압축 계수와 정압 열팽창 계수 β가 모두 0인 유체이다:

$$\frac{1}{\alpha}\left(\frac{\partial \alpha}{\partial p}\right)_T = 0 \quad \text{및} \quad \beta \equiv \frac{1}{\alpha}\left(\frac{\partial \alpha}{\partial T}\right)_p = 0 \tag{3.27}$$

상태 방정식에 따라 유체의 비부피 $\alpha \equiv 1/\rho$는 압력 p와 온도 T의 함수일 것이므로, 위 식은 α의 물도가 0임을 뜻할 것이다:

$$\frac{d\alpha}{dt} \equiv \left(\frac{\partial \alpha}{\partial p}\right)_T \frac{dp}{dt} + \left(\frac{\partial \alpha}{\partial T}\right)_p \frac{dT}{dt} = 0 \tag{3.28}$$

이때 연속 방정식 (3.22)는 **무발산**(無發散, nondivergence) 방정식

$$\vec{\nabla} \cdot \vec{u} = 0 \tag{3.29}$$

로 축소된다. 그러므로 (3.28)과 (3.29)는 비압축성 유체의 질량 보존을 표현하는 동등한 조건이다. 운동의 서술을 위해 이 두 조건을 함께 사용할 수는 있지만, 이들이 마치 서로 독립적인 것처럼 사용되어서는 안 될 것이다. 우리는 비압축성 유체의 연속 방정식이 (3.28)이 아니라 (3.29)라는 점에 유의한다.

한편, (3.27)의 둘째 조건 때문에 뉴턴 유체에 대한 열역학 에너지 방정식 (3.24)는

$$C_p \frac{dT}{dt} = Q + D \tag{3.30}$$

와 같이 된다. 열역학적 평형 상태들에 대해 일반적으로 성립하는 **푸아송 관계**(Poisson relation)

$$C_p - C_v = \alpha\beta T\left(\frac{\partial p}{\partial T}\right)_\alpha \quad (\text{문제 3}) \tag{3.31}$$

은, (3.27)의 둘째 조건 때문에,

$$C_p = C_v \tag{3.32}$$

을 준다. 비압축성 유체의 정압 비열과 정적 비열은 같다. 흔히 비압축성 유체의 한 예로 간주되는 물의 비열은 $C_v \simeq C_p \simeq 4190\, JK^{-1}kg^{-1}$이다. 우리는 (3.30)을

$$C_v \frac{dT}{dt} = Q + D \tag{3.33}$$

과 같이 쓰기도 한다.

때때로 잠재 에너지의 정체가 관심의 대상이 된다. 잠재 에너지 방정식 (2.62)는 비압축성 유체에 대해

$$\frac{de}{dt} = Q + D \tag{3.34}$$

가 된다. 식 (3.33)과 (3.34)의 비교에서 곧

$$de = C_v dT \tag{3.35}$$

이 얻어진다. 식 (3.35)의 오른쪽은 내부 에너지(internal energy)

$$I \equiv I_0 + \int_{T_0}^{T} C_v dT \tag{3.36}$$

의 무한소 변화이다. 여기서 I_0는 온도가 T_0인 어떤 기준 상태의 내부 에너지로서 적분 과정에 무관한 상수이다. 그러므로 $dI = C_v dT$이다: 비압축성 유체의 잠재 에너지는 내부 에너지와 같다. 주의할 것은 덩이의 내부 에너지가 (3.36)의 적분으로 결정될 것이므로 덩이가 그 기준 상태로부터 출발해서 밟을 과정에 의존한다는 점이다. 그 과정이 등온 과정이면 덩이의 내부 에너지는 I_0와 같다. 비열이 그 과정에 무관한 상수이면 덩이의 내부 에너지는 $C_v T$와 같다.

연속 방정식 (3.29) 때문에, (2.34)와 (2.44)에서 발산 효과가 사라지고

$$p = p_e \text{ 그리고 } \sigma = 2\mu S \tag{3.37}$$

과 같이 압력은 정압이 되고 전단 응력은 변형에 직접 비례하게 되어, 운동 방정식 (3.23)은

$$\frac{d\vec{u}}{dt} = \vec{F}_C - \alpha \vec{\nabla} p + \vec{F}_G + \alpha \vec{\nabla} \cdot 2\mu S \tag{3.38}$$

이 된다.

3.5.1 균질 유체

균질 유체(均質流體, homogeneous fluid)는 그 밀도와 점성이 일정한 비압축성 유체이다: 그 상태 방정식이

$$\rho = const. \tag{3.39}$$

와 같다. 그러면 (3.38)은 간단하게

$$\frac{d\vec{u}}{dt} = \vec{F}_C - \alpha\vec{\nabla}p + \vec{F}_G + \nu\nabla^2\vec{u} \tag{3.40}$$

이 된다. 식 (3.39) 때문에, (3.29), (3.30) 또는 (3.33), 그리고 (3.40)은 이제 세 상태 변수 $\vec{u}$, T 및 p에 대한 세 미분 방정식들로서, 비단열 가열이 이 상태 변수들의 함수로 주어지면 한 완결된 계를 구성한다.

이 계는 세 가지 특성을 지닌다. 첫째, (3.40)의 발산을 취하고[5] (3.29)를 이용하면 우리는

$$\alpha\nabla^2 p = -\nabla^2\left(\frac{1}{2}\vec{u}^2 + \Phi\right) - \vec{\nabla}\cdot[(\vec{\nabla}\times\vec{u} + 2\vec{\Omega})\times\vec{u}] \tag{3.41}$$

을 얻는다. 식 (3.41)은 p에 대한 한 푸아송 방정식으로서 주어진 속도 장에 대해 압력이 진단될 것임을 말한다. 하지만, p는 경계 조건을 통해 온도에 상관될 수 있다. 둘째, $\vec{F}$가 T에 무관하므로 가속도는 p를 통해서만 온도에 상관될 수 있다. 셋째, 운동을 위해 유체 내부의 일부에서 비단열 냉각이 필요하다. 그렇지 못하면 모든 덩이들은 마찰 가열로 가열될 수밖에 없다. 균질 유체 안에서 ((2.48)의 설명을 참조해) $Q_I \equiv 0$이면 비단열 가열은

$$Q = \frac{1}{\rho}\vec{\nabla}\cdot A_H\vec{\nabla}T \tag{3.42}$$

과 같다. 한 지속적 운동에서, 내부 마찰로 발생하는 열은 확산 과정을 통해 경계 쪽으로 전달되고 결국 경계를 통해 외부로 방출될 것이다. 이때 T의 발전은

---

5. 식 (3.40)의 발산을 취하기 전에 항등 관계 $\frac{d\vec{u}}{dt} \equiv \frac{\partial\vec{u}}{\partial t} + (\vec{\nabla}\times\vec{u})\times\vec{u} + \vec{\nabla}\frac{1}{2}\vec{u}^2$를 (3.40)의 왼쪽에 적용했다.

초기에는 T의 초기 조건에 의존하겠지만, 충분한 시간이 지나면 마찰 가열과 확산, 그리고 이류와 경계 속(境界束, boundary flux)으로 지배될 것이다. 흔히

$$B \equiv \vec{u}^{\,2}/2 + \Phi + p/\rho \tag{3.43}$$

와 같이 정의되는 시공 함수 B는 베르누이 함수라 불린다. 균질 유체에 대해, (3.41)은

$$\nabla^2 B = -\vec{\nabla} \cdot [(\vec{\nabla} \times \vec{u} + 2\vec{\Omega}) \times \vec{u}] \tag{3.44}$$

와 같다. 와도와 지구 자전이 무시될 흐름의 경우[6]에 B는 $\nabla^2 B = 0$을 만족할 것이기 때문에 그 공간 구조는 오직 경계 조건으로써만 생길 수 있다. 대기를 국부적으로 무발산 균질 유체라 본다 해도, 운동에서 와도는 중요하므로 우리는 (3.44)에서 와도로 유발될 B의 구조를 찾아야 된다.

3.5.2 해수

□ 해수의 상태 방정식

해수의 운동은 해파, 조석, 해류 등으로 다양하고, 그 원인도 그만큼 다양하다. 해수는 비압축성 유체로 간주되지만 균질하지 않다. 크게 보아 해양은 연직으로 안정된 **층리**(層理, stratification)를 갖는 유체이다: 하향으로, 해수의 밀도는 결코 감소하지 않고 온도는 대체로 감소한다. 하지만, 수평 방향으로 해수의 밀도와 온도는 변동한다. 해수의 밀도는 수압, 수온 및 염분에 관계되고, 여러 가지 상태 방정식들이 제안되어 있다. 탐색 수준의 연구에서 해수의 밀도는 흔히 부시네스크[7] 방정식

6. 와도와 발산이 함께 0인 흐름은 **잠재류**(潛在流, potential flow)라 불린다. 실제로 흐름은 와도와 발산을 가진다. 한 여건에서 오직 와도와 발산만이 무시된 채 계산된 가상적 흐름은, 정의로, 그 여건에서의 잠재류이다. 공학 문제에서 잠재류는 실제 흐름을 꽤 모사하지만, 와도가 본질적인 대기 흐름의 서술에서 잠재류는 무망한 개념이다.
7. Valentin Joseph Boussinesq(1842~1929)는 1866~1872년에 아그드, 르 비강 및 가프에서 수학을 가르쳤고, 1872~1886년에 릴에서 미적분학 교수, 그리고 1886년부터 1919년 은퇴 때까지 소르본느에서 물리·역학 교수로 재직했다. 1886년에 프랑스 아카데미 회원이 되었다. 전자기학 밖 물리의 모든 분

$$\rho = \rho_0[1+\beta_0(T_0 - T)] \tag{3.45}$$

로 처방된다. 여기서 $\rho_0 = 1.0\times10^3\ kg\,m^{-3}$는 해수의 기준 밀도, T_0는 해수의 기준 온도, 그리고 $\beta_0 = 2\times10^{-3}\ K^{-1}$는 등압 열팽창 계수이다. 식 (3.45)는 일종의 상태 방정식이다.

□ 해수 운동의 지배 방정식

해수의 운동 방정식에서 지위는

$$\Phi = g_0 z \tag{3.46}$$

와 같이 주어져, 중력은 일정한 것으로 어림된다. 압력 경도력의 연직 성분이 이 중력과 균형을 이루는 것으로 가정되어, 정수 방정식

$$\frac{\partial p}{\partial z} = -\rho g_0 \tag{3.47}$$

이 세워진다. 덩이의 모든 궤적 위에서 또는 계의 모든 시공 점에서 위 식이 성립할 때, 우리는 그 덩이 또는 그 계가 정수 균형(靜水均衡, hydrostatic balance)에 있다고 말한다. 이 균형에서 (3.47)은 운동 방정식의 연직 성분을 대체한다. 운동 방정식의 수평 성분은

$$\frac{\partial \vec{V}}{\partial t} + (2\Omega\sin\phi + \zeta)\vec{k}\times\vec{V} + w\frac{\partial \vec{V}}{\partial z} + \vec{\nabla}_H\left(\frac{1}{2}\vec{V}^2 + \frac{p}{\rho_0}\right) = \vec{F}_H \tag{3.48}$$

과 같다. 여기서 $\Omega \equiv 2\pi/86400\ rad\,s^{-1}$는 지구의 자전 각 속도, u와 v는 수평 속도 $\vec{V}$의 동향 성분과 북향 성분, $\vec{\nabla}_H$는 수평 구배 연산자, w는 연직 속도, $\vec{k}$는 연직 상향 단위 벡터, $\vec{F}_H$는 마찰력의 수평 성분, 그리고

$$\zeta \equiv \vec{k}\cdot\vec{\nabla}_H\times\vec{V} = \frac{1}{a\cos\phi}\left[\frac{\partial v}{\partial \lambda} - \frac{\partial}{\partial \phi}(u\cos\phi)\right] \tag{3.49}$$

야에서 중요한 업적들을 이룩했고, 특히 수리학(水理學, hydraulics) 분야에서 큰 업적을 남겼다. Saint Venant은 요란 연구에 대한 그의 기여를, Love는 탄성 이론에 대한 그의 기여를 칭찬했다. 수학에의 접근은 물리 문제들의 해결을 위한 한 방편이었고, 1880년에 그는 유체역학 방정식들의 비해석적 적분을 생각하게 되었다.

는 와도의 연직 성분이다. 식 (3.45), (3.47) 및 (3.48), 그리고 질량 및 에너지의 보존 원리를 각각 표현하는 연속 방정식과 열역학 에너지 방정식

$$\delta + \frac{\partial w}{\partial z} = 0: \ \delta \equiv \vec{\nabla}_H \cdot \vec{V} = \frac{1}{a\cos\phi}\left[\frac{\partial u}{\partial \lambda} + \frac{\partial}{\partial \phi}(v\cos\phi)\right] \quad (3.50)$$

$$C_p\left(\frac{\partial T}{\partial t} + \vec{V}\cdot\vec{\nabla}_H T + w\frac{\partial T}{\partial z}\right) = Q \quad (3.51)$$

은 다섯 상태 변수 $\vec{V}$, w, p, T, ρ 에 대해 완결된 지배 방정식 계를 준다. 식 (3.51)에서 $C_p = 4000\ Jkg^{-1}K^{-1}$는 비열이고, Q는 비단열 가열률이다.

□ 강제 항

식 (3.48)과 (3.51)의 각 오른쪽에 나타난 마찰력과 가열률은 그 지배 방정식 계의 강제 항이라 불리며,

$$\vec{F}_H \equiv \frac{1}{\rho_0}\left(\vec{\nabla}_H \cdot \tau_H + \frac{\partial \vec{\tau}_z}{\partial z}\right) \quad (3.52)$$

$$Q = C_p\left[\vec{\nabla}\cdot(K_H\vec{\nabla}T) + \frac{\partial}{\partial z}\left(K_V\frac{\partial T}{\partial z}\right)\right] \quad (3.53)$$

와 같이 주어진다. 여기서 가열률은 현열의 요란 확산에 의한 엔탈피의 시간 변화율을 나타내고,

$$\tau_H \equiv \vec{e}_\lambda \tau^{\lambda\lambda}\vec{e}_\lambda + \vec{e}_\lambda \tau^{\lambda\phi}\vec{e}_\phi + \vec{e}_\phi \tau^{\phi\lambda}\vec{e}_\lambda + \vec{e}_\phi \tau^{\phi\phi}\vec{e}_\phi$$

$$\vec{\tau}_z \equiv \vec{e}_\lambda \tau^{\lambda z} + \vec{e}_\phi \tau^{\phi z}$$

은 각각

$$\tau_H = 2\rho_0 A_H\left(S_H - \frac{1}{2}S_{ii}\delta_H\right) \quad (3.54a)$$

$$\vec{\tau}_Z = \rho_0 A_V \frac{\partial \vec{V}}{\partial z} \quad (3.54b)$$

와 같이 주어진다. 여기서 A_H과 A_V는 운동량의 수평 확산도와 연직 확산도이다. 수평 변형 S_H와 수평 단위 텐서 δ_H는 부록 2에 자세히 설명되어 있다. 식 (3.54)를 (3.52)에 대입해 정리하면, 마찰력의 동서 성분 F_λ와 남북 성분

F_ϕ는

$$F_\lambda = \frac{1}{a\cos\phi}\left[\frac{\partial\tau^{\lambda\lambda}}{\partial\lambda} + \frac{1}{\cos\phi}\frac{\partial}{\partial\phi}(\tau^{\lambda\phi}\cos^2\phi)\right] + \frac{\partial\tau^{\lambda z}}{\partial z} \tag{3.55a}$$

$$F_\phi = \frac{1}{a\cos\phi}\left[\frac{\partial\tau^{\phi\lambda}}{\partial\lambda} + \frac{1}{\cos\phi}\frac{\partial}{\partial\phi}(\tau^{\phi\phi}\cos^2\phi)\right] + \frac{\partial\tau^{\phi z}}{\partial z} \tag{3.55b}$$

과 같이 얻어진다.

응력의 수평 성분들은 모두 6개로

$$\begin{aligned}\tau^{\lambda\lambda} &= -\tau^{\phi\phi} = \rho_0 A_H D_T \\ &\equiv \rho_0 A_H\left[\frac{1}{a\cos\phi}\frac{\partial u}{\partial\lambda} - \frac{\cos\phi}{a}\frac{\partial}{\partial\phi}\left(\frac{v}{\cos\phi}\right)\right]\end{aligned} \tag{3.56a}$$

$$\begin{aligned}\tau^{\lambda\phi} &= +\tau^{\phi\lambda} = \rho_0 A_H D_S \\ &\equiv \rho_0 A_H\left[\frac{1}{a\cos\phi}\frac{\partial v}{\partial\lambda} + \frac{\cos\phi}{a}\frac{\partial}{\partial\phi}\left(\frac{u}{\cos\phi}\right)\right]\end{aligned} \tag{3.56b}$$

$$\tau^{z\lambda} = \rho_0 A_V\frac{\partial u}{\partial z} \quad \text{및} \quad \tau^{z\phi} = \rho_0 A_V\frac{\partial v}{\partial z} \tag{3.56c}$$

와 같이 수평 속도의 두 가지 변형과 연직 시어에 비례한다(문제 9). 응력은 작용면에 대해 정의되는 힘이기 때문에 작용면의 방향과 힘의 방향을 함께 나타내는 두 지수로써 표현된다. 관례로, 첫째 지수는 작용면의 방향을, 그리고 둘째 지수는 힘의 방향을 각각 나타낸다. 이 약속에 따라, 예로 $\tau^{z\lambda}$는 z면(상향 면 또는 수평 면)에 작용하는 응력의 동향 성분, $\tau^{\lambda\phi}$는 λ면(동향 면 또는 자오면)에 작용하는 응력의 북향 성분, 그리고 $\tau^{\phi\phi}$는 ϕ면(북향 면 또는 위도 원추 면)에 작용하는 응력의 북향 성분을 각각 표시한다. 따라서 $\tau^{\lambda\lambda}$와 $\tau^{\phi\phi}$는 압축 성분이고, $\tau^{\lambda\phi}$, $\tau^{\phi\lambda}$, $\tau^{z\lambda}$ 및 $\tau^{z\phi}$는 전단 (또는 시어) 성분이다.

마찰력과 가열률은 각각 운동량과 엔탈피의 확산을 나타낸다. 이 과정으로 운동량과 엔탈피는 유체 내부에서 소멸될 수 없고 다만 경계 면을 통해 추가되거나 제거될 수 있을 뿐이다.

□ 경계 조건

해수의 운동량은 해면에 작용하는 바람 응력으로 추가되고 해저 응력으로 제거될 수 있다. 그렇다면 운동량은 해면으로부터 해저를 향해 부단하게 확산될 것이다. 하지만, 해저를 통한 각운동량의 그런 제거는 지구의 자전 각 속도의 변화를 가져올 것이므로, 해저는 전체적으로, 그리고 지속적으로, 각운동량을 잃는 경계가 될 수는 없을 것이다. 운동량에 대한 경계 조건은 해면 $z=0$에서

$$w=0 \tag{3.57a}$$

$$\tau^{z\lambda}=\rho_a C_D \mid \vec{V}_a \mid u_a \text{ 및 } \tau^{z\phi}=\rho_a C_D \mid \vec{V}_a \mid v_a \tag{3.57b}$$

그리고 해저에서

$$\vec{V}=0 \text{ 및 } w=0 \tag{3.57c}$$

$$\tau_H=0 \text{ 및 } \vec{\tau}_Z=0 \tag{3.57d}$$

와 같다. 해저를 통해 각운동량이 추가되거나 제거되는 일은 없을 것이다. 그러면 준평형상태의 해양을 생각하면, 해면은 각운동량이 추가되는 부분과 제거되는 부분으로 구성될 것이다.

해수의 열량은 해면을 통과하는 순 열 속으로만 추가되거나 제거될 수 있다: 해저를 통해 열량이 추가되거나 제거되는 일은 일어나지 않을 것으로 가정된다. 준평형 상태의 세계 해양을 생각하면, 해면은 열량이 추가되는 부분과 제거되는 부분으로 구성될 수밖에 없다. 열량은 주로 열대 해양과 여름 반구의 해면을 통해 추가되고, 고위도 해양과 겨울 반구의 해면을 통해 제거된다. 따라서 열량은 추가되는 해면으로부터 소실되는 해면을 향해 해양 내부에서 부단하게 확산될 것이다. 경계 조건은 해면에서

$$\rho_0 C_p K_V \frac{\partial T}{\partial z}=R_S-R_L-H_L-H_S \text{ (노이만 조건)} \tag{3.58a}$$

그리고 해저에서

$$\rho_0 C_p K_H \vec{\nabla} T=0 \text{ 및 } \rho_0 C_p K_V \frac{\partial T}{\partial z}=0 \text{ (노이만 조건)} \tag{3.58b}$$

와 같다. 여기서 R_S는 순 단파 복사 속, R_L는 순 장파 복사 속, H_L은 잠열

속, 그리고 H_S는 현열 속이다. R_S는 하향일 때 양이고, 나머지 속들은 상향일 때 양이다.

□ **적분적 구속**

식 (3.51)을 세계 해양 전체에 대해 적분하고 경계 조건 (3.58)을 이용하면,

$$\frac{\partial}{\partial t}\int_V C_p T\rho_0 dV = \int_S (R_S - R_L - H_L - H_S)dS \tag{3.59}$$

이 얻어진다. 이는 세계 해양의 전체 열량이 세계 해면을 통한 전체 열 속의 결과로만 변할 수 있음을 말한다.

식 (3.48)의 동서 성분에 $a\cos^2\phi$를 곱하고 정리한 다음에 (3.55)와 (3.56)을 이용하면

$$\frac{\partial A}{\partial t}\rho_0 a\cos\phi + \frac{\partial}{\partial\lambda}(\rho_0 uA) + \frac{\partial}{\partial\phi}(\rho_0 v\cos\phi A) + \frac{\partial}{\partial z}(\rho_0 aw\cos\phi A)$$
$$= \frac{\partial}{\partial\lambda}[(p+\tau^{\lambda\lambda})a\cos\phi] + \frac{\partial}{\partial\phi}(\tau^{\phi\lambda}a\cos^2\phi) + \frac{\partial}{\partial z}(\tau^{z\lambda}a^2\cos^2\phi) \tag{3.60}$$

을 얻는다. 여기서 $A \equiv (\Omega a\cos\phi + u)a\cos\phi$는 해수 덩이의 단위 질량당 절대 각운동량이다. 식 (3.60)은 덩이의 절대 각운동량이 내부에서 소멸되거나 발생할 수 없음을 말한다.

3.6 이상기체의 운동

완전 기체의 열역학적 평형에서

$$\beta \equiv \frac{1}{\alpha}\left(\frac{\partial\alpha}{\partial T}\right)_P = \frac{1}{T} \tag{3.61}$$

이 성립하고, 열역학 에너지 방정식 (3.24)는

$$C_p\frac{dT}{dt} - \alpha\frac{dp_e}{dt} = Q + D \tag{3.62}$$

가 된다. 앞으로 혼돈되지 않을 경우에, p_e를 편의로 p로 바꾸어 쓸 터인데, 물론 이때 p는 정압을 의미한다. $\vec{F}$와 Q가 α, p, T, $\vec{u}$의 함수로 주어진다면, 우리는 완전 기체의 열역학적 평형에서 한 완결된 계

$$\frac{d\alpha}{dt} = \alpha\vec{\nabla}\cdot\vec{u} \tag{2.7}$$

$$\frac{d\vec{u}}{dt} = \vec{F} - \alpha\vec{\nabla}p + \alpha\vec{\nabla}\cdot\left[2\mu S + (\varkappa - \frac{2}{3}\mu)S_{ii}\delta\right] \tag{3.63}$$

$$C_p\frac{dT}{dt} - \alpha\frac{dp}{dt} = Q + D \tag{3.64}$$

$$p\alpha = RT \tag{3.1}$$

을 얻게 된다. 여기서 p는 정압이다. 덩이의 운동은 $Q = 0$일 때 **단열 운동**, 그리고 $\mu = \varkappa = 0$일 때 **무마찰 운동**이라 각각 불린다. 식 (3.62)를 T로 나누고 (3.1)을 이용해 정리하면 이상기체의 한 덩이에 대해

$$C_p\frac{d\ln\theta}{dt} = \frac{Q + D}{T} \tag{3.65}$$

이 얻어진다. 여기서 $\theta \equiv T(p_0/p)^{R/c_p}$는 덩이의 온위이다. 무한소 시간 dt에 받는 열량을 $\delta Q = (Q + D)dt$, 그리고 $dS = C_p d\ln\theta$라 각각 두면 (3.65)는 $TdS = \delta Q$, 곧 열역학 둘째 원리를 나타낸다. 그러므로 dS는 이 무한소 시간에 일어난 엔트로피 변화이고, (3.65)는 흔히 **엔트로피 방정식**이라 불린다. 온위의 물도가 0인 운동은 등엔트로피 또는 **등온위 운동**(等溫位運動, isentropic motion)이다. 무마찰 운동의 경우에 단열 운동과 등온위 운동은 구별되지 않지만, 마찰 효과가 나타나는 경우에 단열 운동과 등온위 운동은 구별된다.

이상 기체에 대해 그 푸아송 관계 (3.31)은

$$C_p - C_v = R \tag{3.66}$$

이 된다. 식 (3.1)과 (3.66)을 이용하면 (3.64)는

$$C_v\frac{dT}{dt} + p\frac{d\alpha}{dt} = Q + D \tag{3.67}$$

와 같이 변형될 수 있고, 이 결과를 잠재 에너지 방정식 (2.62)에 비교하면

$$de = C_v dT \tag{3.68}$$

이 얻어진다. 이상기체의 잠재 에너지는 그것의 내부 에너지와 같다.

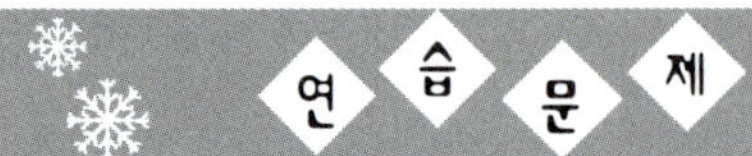

1. 아무 순환은 무한히 많은 작은 카르노 순환들의 조합으로 만들어질 수 있다. 이를 보여라.
2. 열역학의 둘째 원리를 이용해 평형 상태들을 연결하는 순환 과정에 대해

$$\oint \frac{\delta Q}{T} \leq 0$$

을 보여라.
3. 아무 무한소 과정을 밟는 한 덩이의 엔트로피의 변화는 그 과정이 가역 과정일 때 얻어질 변화보다 더 작을 수 없다. 열역학의 둘째 원리를 이용해 이를 보여라.
4. 푸아송 관계

$$C_p - C_v = T\left(\frac{\partial \alpha}{\partial T}\right)_p \left(\frac{\partial p}{\partial T}\right)_\alpha$$

을 유도하라. 흔히 $(\partial \alpha/\partial T)_p/\alpha$는 등압 팽창 계수, 그리고 $(\partial p/\partial T)_\alpha/p$는 등적 압축 계수라 각각 불린다.
5. 그 상태 방정식이 $p\alpha = RT$로 주어지는 한 이상기체에 대해 푸아송 관계가

$$C_p - C_v = R$$

와 같음을 증명하라.
6. 비압축성 균질 유체의 한 고정된 경계 면에서 $\vec{n} \cdot \vec{u} = 0$와 같이 운동학적 경계 조건이 주어질 때, 거기서

$$\vec{n} \cdot \vec{\nabla}\left(\frac{p}{\rho} + \frac{1}{2}\vec{u}^{\,2} + \Phi\right) = -\vec{n} \cdot [\,(\vec{\nabla} \times \vec{u} + 2\vec{\Omega}\,) \times \vec{u} - \nu \nabla^2 \vec{u}\,]$$

이 성립함을 보여라. 여기서 $\vec{n}$은 경계 면에 직교하는 단위 벡터이고, 운동 방정식은 경계 면에서도 성립한다.
7. 비압축성 균질 유체의 **비점성**(非粘性, inviscid) 정체 운동에 대한 베르누이 정리 $\frac{d}{dt}\left(\frac{1}{2}\vec{u}^{\,2} + \Phi + \frac{p}{\rho}\right) = 0$을 보여라.
8. 비압축성 유체 그리고 완전 기체의 엔트로피가 각각 $S = C_p \int^T d(\ln T)$ 그

리고 $S = C_p \int^{\theta} d(\ln\theta)$로 표현될 수 있음을 보여라.

9. 본문의 (3.54)로부터 (3.56)을 유도하라.

10. 건조 공기의 성분과 그 **질량 비**(質量比, mass ratio)는

N_2	분자량 = 28	75.52%
O_2	분자량 = 32	23.15%
Ar	분자량 = 40	1.28%
CO_2	분자량 = 44	0.05%

이다. 건조 공기가 완전 기체임을 보이고 그것의 평균 분자량을 구하라.

힌트 건조 공기는 완전 기체인 성분들의 한 혼합체이다. 건조 공기의 부피와 기온이 각각 V와 T일 때, i째 성분의 **분압**(分壓, partial pressure) p_i는

$$p_i V = n_i R^* T \quad (R^* \equiv 8314.3 \text{ JK-1kmol-1})$$

를 만족시킨다. 여기서 n_i는 V 안에 든 그 성분의 몰(=그램 분자 mol) 수이다. 그 성분의 질량과 분자량이 각각 m_i과 M_i일 때, 몰 수는 $n_i \equiv m_i / M_i$와 같다. 이제 V 안에 들어 있는 건조 공기의 질량은 $m \equiv \sum_i m_i$이다: m_i / m는 i째 성분의 질량 비이다. i째 성분의 비기체상수는 전칭 기체상수 R^*와 분자량 M_i에 대해

$$R_i \equiv R^* / M_i$$

와 같이 정의된다. 그러면 i째 성분에 대한 상태 방정식은

$$p_i V = m_i R_i T$$

와 같이 표현될 수 있다. 모든 성분 기체들에 대해 더하고 달톤8의 분압 법칙

$$p \equiv \sum_i p_i$$

을 이용하면

$$pV = \sum_i m_i R_i T$$

이 얻어진다. 이제 건조 공기의 비기체상수를

$$R_d \equiv \sum_i \frac{m_i}{m} R_i$$

와 같이 정의하면 건조공기의 상태 방정식은

$$pV = mR_d T \quad \text{또는} \quad p\alpha = R_d T$$

8. John Dalton(1766~1844)은 영국의 화학·물리학자. 하지만, 그는 기상학을 강의했다. 그의 사후에 그의 형이 그에 관해 쓴 글이 부록에 실려 있다.

와 같이 얻어진다. 건조 공기의 평균 분자량은 $M_d \equiv R^*/R_d$와 같이 정의된다. 이 정의는 아무 완전 기체에 대해 그 분자량과 비기체상수가 $M_i = R^*/R_i$을 만족함을 따른 것이다. 그러면

$$M_d = \frac{R^*}{\sum_i \frac{m_i}{m} R_i} = \frac{1}{\sum_i \frac{m_i}{m} \frac{1}{M_i}} = \frac{m}{\sum_i \frac{m_i}{M_i}}$$

와 같이 얻어질 수 있다. 성분 기체들 각각의 질량 비와 분자량을 알면 혼합 기체의 평균 분자량이 얻어진다.

제2부

원리의 어림

제4장 운동 방정식의 기하학적 어림

제5장 수평 등방 운동 계의 규모 분석

제6장 섭동론

제1부에서 에너지 보존의 원리와 열역학의 항등식은 열역학 에너지 방정식으로 결합되었다. 그로써 우리는 연속 방정식, 운동량 방정식, 열역학 에너지 방정식 그리고 상태 방정식으로 구성되는 한 완결된 방정식 계를 얻을 수 있었다. 우리가 다룰 운동 계들의 다양성이나 복잡성에 비해 이 네 기본 방정식들은 보편적일 뿐만 아니라 놀랍게 간단한 형식을 취하고 있다. 하지만, 아무리 복잡한 역학도 이들의 해석과 풀이로 해결될 수밖에 없다.

제2부는 그런 해결의 첫걸음으로서, 그 완결된 방정식 계의 어림을 다룬다. 이때 가장 중요한 지침은 기본 원리들의 형태론적 유지이다. 제4장은 각운동량 보존의 원리가 유지되도록 운동 계의 영역에 따라 운동 방정식을 어림하는 방법을 제시한다. 제5장은 한 운동 계의 잘 알려진 특징들을 기반으로 삼아 그 계를 어림하는 방법으로서 규모 분석을 소개한다. 우리는 구체적 풀이 없이 한 계의 간단한 규모 분석으로 그 계의 다양한 특성들이 도출될 수 있음을 배우게 될 것이다. 제6장은 그 완결된 계를 다룰 주요 방법으로서 섭동론을 소개한다. 이 책은 선형 섭동론에 제한되고, 비선형 계의 섭동론*은 이 책의 범위를 넘는 것이다. 지균 조절은, 선형 섭동론에서 다루어질 수 있는 문제였지만, 이 책에 들어가지 못했다. 실제로 그것은 대규모 비선형 계인 지균계에 이르는 일시 과정으로서 이 책의 범위를 넘어서는 주제였다.

* 노의근 교수(2001: 난류론, (주)시그마프레스)는 비선형 섭동론을 설명한다.

제4장

운동 방정식의 기하학적 어림

4.1 어림 불변 형식

앞으로 우리가 생각할 운동 방정식의 어림들은 (구면 어림과 천층 어림에서처럼) 연직 범위가 작든지, 또는 (f-평면 어림과 β-평면 어림에서처럼) 남북 범위가 작든지 하는 식으로 운동 계의 공간적 제한성 때문에 지위 Φ와 행성 와도 $2\Omega \sin\phi$의 효과를 간단하게 다룰 수 있다는 확신에서 출발한다.

지위와 행성 와도(또는 소용돌이도)의 개념을 잠깐 복습하자. 회전 준거의 한 좌표계에서 볼 때 대기의 한 덩이에 작용하는 체력은 만유인력, 지구 자전의 원심력 그리고 코리올리 힘이다. 압력 경도력과 마찰력도 체력이지만 이들은 원천적으로 면력에서 나오는 힘들이므로 여기서 말하는 체력에서 제외될 것이다. 지구 중심으로부터의 반경 $\vec{r}$과 지구 자전 축 방향의 단위 벡터 $\vec{n}$을 이용하면, 체력은 각각

$$만유인력 \equiv -(GM/r^2)\vec{r}/r$$

$$지구\ 자전의\ 원심력 \equiv -\Omega^2\vec{n}\times(\vec{n}\times\vec{r})$$

$$코리올리\ 힘 \equiv -2\Omega\,\vec{n}\times\vec{u}$$

와 같이 표현될 수 있다. 여기서 $G = 6.673\times10^{-11}Nm^2kg^{-2}$, $M = 5.988$

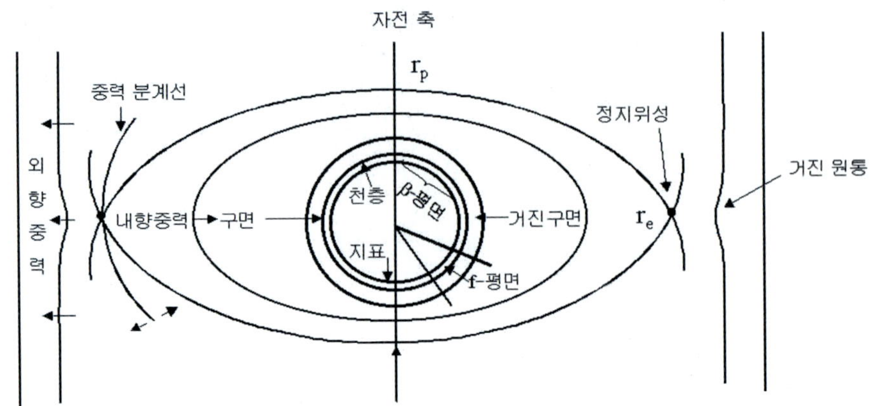

| 그림 4.1 | 본문 (4.2)로 주어지는 중력의 지위가 일정한 값을 갖는 곡면, 곧 등지위 면들의 배치를 보인 것이다. 지표 부근의 등지위 면들이 거의 동심 구면인 데 반하여, 정지 위성 궤도를 훨씬 벗어난 외계 공간에서의 그것들은 거의 동축 원통이다. 중력의 방향이 어디에서나 지구의 중심을 향하고 있는 것이 아님도 이 그림에 나타내었다.

$\times 10^{24}\,kg$ 및 $\Omega = 7.292\times 10^{-5}s^{-1}$ 은 각각 만유인력 상수, 지구 질량 및 자전 각 속도이다. 특히 만유인력과 원심력의 합으로 정의되는 중력 $\vec{F}_G$은, 구면 극 좌표계의 단위 벡터들과 그것들 사이 직교 관계를 이용하면,

$$\vec{F}_G \equiv -\frac{GM}{r^2}\vec{e}_r - \Omega^2 r\vec{n}\times(\vec{n}\times\vec{e}_r) = -\vec{\nabla}\Phi \tag{4.1}$$

과 같이 지위 $\Phi \equiv const - \left(\frac{GM}{r} + \frac{1}{2}\Omega^2 r^2 \cos^2\phi\right)$의 구배로 표현될 수 있다. 지구의 평균 반경 a 에 있는 적도에서 지위의 값을 0이라 두면, 앞에 정의된 지위는

$$\Phi = \frac{GM}{a}\left[1 - \frac{a}{r} + \frac{1}{2}\frac{\Omega^2 a^3}{GM}\left(1 - \frac{r^2}{a^2}\cos^2\phi\right)\right] \tag{4.2}$$

가 된다. 한편, 지구의 자전 선 속도 $\vec{u}_e \equiv \Omega r cos\phi \vec{e}_\lambda$에 대하여 $\vec{\nabla}\times\vec{u}_e = 2\Omega\vec{n}$을 쉽게 보일 수 있으므로(문제 1), 코리올리 힘은

$$-2\Omega\vec{n}\times\vec{u} = -(\vec{\nabla}\times\vec{u}_e)\times\vec{u} \tag{4.3}$$

과 같이 쓰일 수 있다.

이제 항등 관계

$$\frac{d\vec{u}}{dt} \equiv \frac{\partial \vec{u}}{\partial t} + (\vec{u} \cdot \vec{\nabla})\vec{u} \equiv \frac{\partial \vec{u}}{\partial t} + (\vec{\nabla} \times \vec{u}) \times \vec{u} + \vec{\nabla}\ \frac{1}{2}\vec{u}^2$$

를 이용해 가속도를 오일러 형식으로 쓰고 마찰 항을 잠시 무시하면, (4.1)과 (4.3)의 이용으로, (3.23) 또는 (2.35)는

$$\frac{\partial \vec{u}}{\partial t} + [\vec{\nabla} \times (\vec{u} + \vec{u}_e)] \times \vec{u} + \vec{\nabla}\left(\frac{1}{2}\vec{u}^2 + \Phi\right) + \alpha \vec{\nabla} p = 0 \tag{4.4}$$

가 된다. 식 (4.4)는 운동 방정식의 한 불변 형식(不變形式, invariant form)[1]이다. 성분별로 풀어 쓰면, (4.4)는

$$\frac{du}{dt} - \frac{uv}{r}\tan\phi + \frac{uw}{r} + 2\Omega(w\cos\phi - v\sin\phi) = -\frac{\alpha}{r\cos\phi}\frac{\partial p}{\partial \lambda} \tag{4.5}$$

$$\frac{dv}{dt} - \frac{u^2}{r}\tan\phi + \frac{vw}{r} + 2\Omega\, u\sin\phi = -\frac{\alpha}{r}\frac{\partial p}{\partial \phi} - \Omega^2 r\cos\phi\sin\phi \tag{4.6}$$

$$\frac{dw}{dt} - \frac{u^2 + v^2}{r} - 2\Omega u\cos\phi = -\alpha\frac{\partial p}{\partial r} - \frac{GM}{r^2} + \Omega^2 r\cos^2\phi \tag{4.7}$$

와 같이 표현될 수 있다. 여기서 속도의 세 성분들과 물도 연산자는 각각

$$u \equiv h_\lambda \frac{d\lambda}{dt};\ v \equiv h_\phi \frac{d\phi}{dt};\ w \equiv h_r \frac{dr}{dt} \tag{4.8}$$

$$\frac{d}{dt} \equiv \frac{\partial}{\partial t} + \frac{u}{h_\lambda}\frac{\partial}{\partial \lambda} + \frac{v}{h_\phi}\frac{\partial}{\partial \phi} + \frac{w}{h_r}\frac{\partial}{\partial r} \tag{4.9}$$

과 같이 정의된 것이고, 규모 인자들은 (1.54)와 (1.55)에 주어진 바와 같다. 뒤에 나올 여러 어림들에서 (4.5)~(4.7)의 모양새는 변하지만, (4.4)의 그것은 그대로 유지될 것이다. 왜냐하면 그것은 (4.4)가 좌표 변환에 대해 불변하는 스칼라와 벡터만을 포함하기 때문이다. 운동 방정식 (4.4)에서 유도되는 형식들 가운데서, $(\vec{n} \times \vec{r}) \cdot (4.4) \equiv h_\lambda \vec{e}_\lambda \cdot (4.4)$ 로 얻어질 각운동량 방정식

$$\rho\left(\frac{\partial}{\partial t} + \vec{u} \cdot \vec{\nabla}\right)\left[h_\lambda \vec{e}_\lambda \cdot (\vec{u} + \vec{u}_e)\right] = -\frac{\partial p}{\partial \lambda} \tag{4.10}$$

1. 어림에 대해 불변하는 형식을 뜻한다. 이 말은 좌표 변환에 대해 불변하는 형식을 뜻하기도 한다. 문맥에 따라 뜻을 달리하므로 주의가 요구된다.

그리고 $\vec{u}\cdot(4.4)$로 얻어질 운동 에너지 방정식

$$\rho\left(\frac{\partial}{\partial t}+\vec{u}\cdot\vec{\nabla}\right)\left(\frac{1}{2}\vec{u}^{\,2}+\Phi\right)=-\vec{u}\cdot\vec{\nabla}p \tag{4.11}$$

은 기억해 둘 만한 (어림) 불변 형식들이다.

특히 이 장에서 고려될 모든 어림들은 행성 와도의 모양새 관계

$$\vec{\nabla}\times\vec{u}_e\equiv\vec{\nabla}\times(V_e\vec{e}_\lambda)\equiv 2\Omega(COS\phi\,\vec{e}_\phi+SIN\phi\,\vec{e}_r) \tag{4.12}$$

을 지킬 것이다. 여기서 V_e, $COS\phi$와 $SIN\phi$는 각각 $\Omega rcos\phi$, $\cos\phi$와 $\sin\phi$의 어림 불변 형식이다. 구면 극 좌표계에 대해 쓴 (1.62)를 이용해 행성 와도를 성분별로 구하면 (4.12)의 모양새 관계는

$$\frac{1}{h_\lambda h_r}\frac{\partial}{\partial r}(V_e h_\lambda)\equiv 2\Omega\, COS\phi \tag{4.13a}$$

$$-\frac{1}{h_\lambda h_\phi}\frac{\partial}{\partial\phi}(V_e h_\lambda)\equiv 2\Omega\, SIN\phi \tag{4.13b}$$

과 같이 두 성분으로 분리될 수 있다. 규모 인자와 더불어 V_e, $COS\phi$ 및 $SIN\phi$가 어떻게 어림되든지 간에 (4.13)의 모양새 관계는 불변할 것이다.

어림이 없는 경우에 규모 인자, $COS\phi$와 $SIN\phi$, 그리고 자전 속도 V_e는 각각

$$h_\lambda\equiv r\cos\phi;\ \ h_\phi\equiv r;\ \ h_r\equiv 1 \tag{4.14a}$$

$$COS\phi\equiv\cos\phi;\ \ SIN\phi\equiv\sin\phi \tag{4.14b}$$

$$V_e\equiv\Omega\, r\cos\phi \tag{4.14c}$$

이고 지위는 (4.2)로 주어진다. 이에 비해 뒤에 다룰 여러 어림들에서 그것들은 다음과 같이 어림된다.

□ 구면 어림(球面近似, spherical approximation): 오직 지위만이 어림된다.

$$h_\lambda\equiv r\cos\phi;\ \ h_\phi\equiv r;\ \ h_r\equiv 1 \tag{4.15a}$$

$$COS\phi\equiv\cos\phi;\ \ SIN\phi\equiv\sin\phi \tag{4.15b}$$

$$V_e \equiv \Omega r \cos\phi \tag{4.15c}$$

$$\Phi \equiv \frac{GM}{a}\left(1-\frac{a}{r}\right) \tag{4.15d}$$

□ **천층 어림(淺層近似, shallow layer approximation)**

$$h_\lambda \equiv a\cos\phi;\quad h_\phi \equiv a;\quad h_r \equiv 1 \tag{4.16a}$$

$$COS\phi \equiv 0;\quad SIN\phi \equiv \sin\phi \tag{4.16b}$$

$$V_e \equiv \Omega a\cos\phi \tag{4.16c}$$

$$\Phi \equiv gz;\ g \equiv GM/a^2 \simeq 9.81\,ms^{-2} \tag{4.16d}$$

□ **위직각 어림(僞直角近似, pseudo-rectangular approximation)**

위직각 어림은 f-평면 어림과 β-평면의 두 가지로 구별된다. f-평면 어림에서

$$h_\lambda \equiv r_0\cos\phi_0;\quad h_\phi \equiv r_0;\quad h_r \equiv 1 \tag{4.17a}$$

$$COS\phi \equiv const;\quad SIN\phi \equiv \sin\phi_0 \tag{4.17b}$$

$$V_e \equiv \Omega r_0\cos{}_0 + 2z\Omega\, COS\phi - 2y\Omega\sin\phi_0 \tag{4.17c}$$

$$\Phi \equiv g(z-z_0) \tag{4.17d}$$

그리고 β-평면 어림에서

$$h_\lambda \equiv r_0\cos\phi_0;\quad h_\phi \equiv r_0;\quad h_r \equiv 1 \tag{4.18a}$$

$$COS\phi \equiv const;\quad SIN\phi \equiv \sin\phi_0 + \cos\phi_0 y/r_0 \tag{4.18b}$$

$$V_e \equiv \Omega r_0\cos\phi_0 + 2z\Omega\, COS\phi - 2y\Omega\sin\phi_0 - \Omega r_0\cos\phi_0(y/r_0)^2 \tag{4.18c}$$

$$\Phi \equiv g(z-z_0) \tag{4.18d}$$

와 같다. 여기서 $y \equiv a(\phi-\phi_0)$는 중심 위도로부터 북향으로 잰 거리이다. f-평면의 중심 위도 ϕ_0는 극점이나 중위도에 있고, β-평면의 그것은 적도나 중위도에 있다. 위직각 어림에서 $COS\phi = 0$의 가정으로 행성 와도의 수평 성분이 흔히 무시된다.

4.2 구면 어림

등지위 면(= 지위 값이 일정한 면)은 개념적으로 두 곡면이 합쳐진 것으로 해석될 수 있다: 하나는 만유인력의 등포텐셜면인 구면

$$1 - a/r \equiv const$$

이고, 다른 하나는 원심력의 등포텐셜면인 원통

$$1 - (r^2/a^2)\cos^2\phi \equiv \mathrm{const}$$

이다. 중력은 등지위 면의 법선 방향, 곧 연직 방향에 있고, 마찬가지로 만유인력과 원심력은 앞의 구면과 원통의 각 법선 방향에 있다. 중력의 남북 및 반경 성분은 각각 다음과 같다:

$$-\frac{1}{r}\frac{\partial \Phi}{\partial \phi} = -g\frac{\Omega^2 a^3}{\mathrm{GM}}\frac{\mathrm{r}}{a}\cos\phi\sin\phi \tag{4.19a}$$

$$-\frac{\partial \Phi}{\partial r} = -g\frac{a^2}{r^2}\left[1 - \frac{\Omega^2 a^3}{GM}\left(\frac{\mathrm{r}}{a}\right)^3\cos^2\phi\right] \tag{4.19b}$$

남북 성분은 어디에서나 적도 쪽을 향하지만, 반경 성분은 충분히 낮은 고도에서 하향이고 높은 고도에서 상향이다. 남북 성분이 적도 쪽을 향하는 것은 한 중력장에 놓인 자유 물체들(예로 외행성들의 고리들)이 적도 평면에 집결된 근본 원인이다.

식 (4.19a)와 (4.19b)에서 중력이 0인 곳으로 두 가지를 알 수 있다: 하나는 자전 축 위에 놓인 무한히 먼 곳($\phi \equiv \pm\pi/2$ 와 $r \simeq \infty$)이고 다른 것은 적도 평면에 놓인 정지 위성 궤도[$\phi \equiv 0$ 과 $r = r_e \equiv (GM/\Omega^2)^{1/3} \simeq 42200\,km$]이다. 정지 위성 궤도를 지나는 등지위 면이 자전 축과 만나는 점의 반경을 r_p라 하면 우리는

$$r_p = \frac{2}{3}r_e \simeq 28000\,km \tag{4.20}$$

를 얻는다. 균질 권의 영역은 $a \leq r \lesssim 100\,km \ll r_p$이고, $\Omega^2 a^3/GM \ll 1$ 이므로 그 안에서 등지위 면은 대략적으로 구면이다.

균질 권 안 덩이에 대해 흔히 선택되는 운동 방정식의 구면 어림에서 지위는 (4.15d)와 같이 어림된다. 이는 원심력을 무시하고 반경 방향과 연직 방향의 차이를 또한 무시한다. 이 어림에서 구면 극좌표를 이용해 (4.4)를 성분별로 쓰고 정리하면

$$\frac{du}{dt} - \frac{uv}{r}\tan\phi + \frac{uw}{r} + 2\Omega(w\cos\phi - v\sin\phi) = -\frac{\alpha}{r\cos\phi}\frac{\partial p}{\partial\lambda} \tag{4.21}$$

$$\frac{dv}{dt} - \frac{u^2}{r}\tan\phi + \frac{vw}{r} + 2\Omega\, u\sin\phi = -\frac{\alpha}{r}\frac{\partial p}{\partial\phi} \tag{4.22}$$

$$\frac{dw}{dt} - \frac{u^2+v^2}{r} - 2\Omega u\cos\phi = -\alpha\frac{\partial p}{\partial r} - \frac{GM}{r^2} \tag{4.23}$$

이 얻어진다. 여기서 속도 성분들과 물도 연산자는 각각 (4.8)과 (4.9)로 표현된다. 앞에 쓴 (4.21)~(4.23)은 운동 방정식 (4.5)~(4.7)의 구면 어림이라 불린다. 여기서 (4.5)~(4.7)의 어느 항들이 누락되었는지 확인하는 것이 유익하다.

4.2.1 각운동량과 운동 에너지

동서 성분 방정식 (4.21)에 $r\cos\phi$를 곱하고 정리하면 각운동량 방정식

$$\rho\frac{d}{dt}\Big[r\cos\phi(u + r\cos\phi)\Big] = -\frac{\partial p}{\partial\lambda} \tag{4.24}$$

이 얻어진다. 여기서 단위 질량당 각운동량을 $h_\lambda \vec{e}_\lambda\cdot(\vec{u}+\vec{u}_e) = r\cos\phi$ $(u + r\cos\phi)$로 두면 각운동량 방정식의 어림 불변 형식 (4.10)이 나온다. 중력은 지구의 자전 축을 향하는 힘이기 때문에 자전 축에 대한 능률을 갖지 않고 따라서 (4.24)에 나타나지 않는다.

식 (4.21), (4.22) 및 (4.23)의 각각에 u, v 및 w를 곱한 다음에 그 결과들을 더하고 정리하면 운동 에너지 방정식

$$\rho\frac{d}{dt}\left[\frac{1}{2}(u^2+v^2+w^2) + \Phi\right] = -\left(\frac{u}{r\cos\phi}\frac{\partial p}{\partial\lambda} + \frac{v}{r}\frac{\partial p}{\partial\phi} + w\frac{\partial p}{\partial r}\right) \tag{4.25}$$

이 얻어진다. 여기서 단위 질량당 운동 에너지를 $\vec{u}^2/2 \equiv (u^2+v^2+w^2)/2$로 두고 속도와 구배 연산자의 정의를 쓰면 운동 에너지 방정식의 어림 불변 형

식 (4.11)이 나온다. 코리올리 힘과 곡률 항들은 운동 에너지를 생산하지 못하기 때문에 (4.25)에 나타나지 않는다.

4.2.2 중력장의 에너지와 덩이의 위치 에너지

지위 Φ는 흔히 덩이의 (단위 질량당) 위치 에너지라 불린다. 그 덩이에 작용하는 중력이 단위 시간에 하는 일이 $-d\Phi/dt$이므로 지위의 감소와 위치 에너지의 감소는 동일한 사건의 두 가지 표현이다. 이런 뜻으로 Φ를 덩이의 위치 에너지로 보느냐 또는 덩이가 놓인 점에서의 중력장의 에너지로 보느냐의 선택은 동등한 선택이다.

중력장의 에너지는 중력을 받는 덩이의 운동 에너지 또는 내부 에너지로 변환될 수 있다. 특히 압력 경도력 없이 자유로 낙하하는 덩이에 대해 (4.25)는 일종의 보존 법칙을 보이기 때문에, 덩이의 운동 에너지의 증가가 중력장의 에너지가 감소하기 때문이라고 보기보다 덩이의 위치 에너지가 감소하기 때문이라고 보는 편이 오히려 편하다. 이 경우는 운동 에너지의 원천이 오직 중력장의 에너지뿐인 특이한 경우이며, 운동 에너지와 위치 에너지의 합으로 정의되는 역학적 에너지(mechanical energy)는 이 경우에 유용한 개념이다. 식 (4.25)의 오른쪽에 보인 압력 경도력이 하는 일은 대체로 어떤 에너지 형식의 물도로 표현될 수 없다. 그에 비해 중력이 하는 일은 지위의 물도로 표시된다. 이런 관점에서 중력은 매우 특별한 힘으로 흔히 **보존력**(保存力, conservative force)이라 불린다.

그러나 자유로 낙하하는 덩이의 에너지가 보존된다고 말할 때 자칫 오해의 소지가 있다. 원래 에너지의 보존이란 에너지를 생산하는 과정들, 곧 힘 $\vec{F}$와 비단열 가열 Q가 모두 없든지 또는 어떤 이유로 이들에 의한 에너지 생산이 중지되었을 때 에너지가 보존됨을 말하는 것으로서 제1장에서 도입된 한 원리이다. 사실, 자유 낙하의 경우에 압력 경도력이 없으므로 중력이 한 일은 모두 덩이의 운동 에너지를 증가시킬 뿐이다. 달리 말하면, 덩이의 에너지는 운동 에너지와 잠재 에너지의 합일 뿐이며, 이른바 위치 에너지는 잠재 에너지의 한 형식이 아니라 앞에 정의된 역학적 에너지의 보존을 말하기 위해 편의로 도입된 개념일 뿐이다. 따라서 우리는 덩이의 위치 에너지보다 중력장의 에너지를 더 선호할 개념으로 본다. 이 경우에 중력이 덩이에 한 일은 중력장의 에너지로부터 나온 것으로 해석된다. 이 관점에서 중력장의 에너지는 덩이의 운동 에너지로 변환될 수는 있지만 덩이의 에너지는 아니다.

4.3 천층 어림

일반적으로, 좌표계의 단위 벡터와 구배 연산자는 어림 불변 형식

$$\vec{i} \equiv h_\lambda \vec{\nabla} \lambda \ ; \ \vec{j} \equiv h_\phi \vec{\nabla} \phi \ ; \ \vec{k} \equiv h_r \vec{\nabla} r$$
$$\vec{\nabla} \equiv \frac{\vec{i}}{h_\lambda} \frac{\partial}{\partial \lambda} + \frac{\vec{j}}{h_\phi} \frac{\partial}{\partial \phi} + \frac{\vec{k}}{h_r} \frac{\partial}{\partial r} \tag{4.26}$$

으로 표현될 수 있다. 여기서 $(\vec{i}, \vec{j}, \vec{k}) \equiv (\vec{e}_\lambda, \vec{e}_\phi, \vec{e}_r)$이다.

운동 계가 지표 부근의 균질 권에 제한되어 계의 반경 범위가

$$0 \le z \equiv r - a \ll a$$

과 같이 지구의 평균 반경에 비해 아주 작을 때, 규모 인자들과 지위는 각각

$$h_\lambda \equiv r \cos\phi \simeq a \cos\phi; \ h_\phi \equiv r \simeq a \, ; h_r \equiv 1 \tag{4.27}$$

$$\Phi \simeq \frac{GM}{a}\left(1 - \frac{a}{r}\right) = \frac{GM}{a}\left(1 - \frac{1}{1 + z/a}\right) \simeq gz \tag{4.28}$$

과 같이 어림될 수 있을 것이다. 여기서 $g \equiv GM/a^2 \simeq 9.81 ms^{-2}$는 중력 가속도(重力加速度, acceleration of gravity)라 불린다. 특히 규모 인자들의 어림에 따라 속도 성분들은

$$u \equiv h_\lambda \frac{d\lambda}{dt} \simeq a \cos\phi \frac{d\lambda}{dt} \ ; \ v \equiv h_\phi \frac{d\phi}{dt} \simeq a \frac{d\phi}{dt} \ ;$$
$$w \equiv h_r \frac{dr}{dt} = \frac{dz}{dt} \tag{4.29}$$

과 같이 어림되고, 속도의 와도는

$$\vec{\nabla}\times\vec{u} \simeq \vec{i}\left(\frac{\partial w}{a\partial\phi}-\frac{\partial v}{\partial z}\right)+\vec{j}\left(\frac{\partial u}{\partial z}-\frac{\partial w}{a\cos\phi\partial\lambda}\right)$$
$$+\vec{k}\left(\frac{\partial v}{a\cos\phi\partial\lambda}-\frac{\partial u\cos\phi}{a\cos\phi\partial\phi}\right) \tag{4.30}$$

과 같이 어림된다. 자전 선 속도 $\vec{u}_e$와 그것의 와도 역시 각각

$$V_e \equiv \Omega\ r\cos\phi \simeq \Omega a\cos\phi;\ \ V_e h_\lambda \simeq \Omega a^2\cos^2\phi \tag{4.31}$$

$$\begin{aligned}\vec{\nabla}\times\vec{u}_e &\equiv \frac{\vec{j}}{h_\lambda h_r}\frac{\partial}{\partial r}(V_e h_\lambda)-\frac{\vec{k}}{h_\lambda h_\phi}\frac{\partial}{\partial\phi}(V_e h_\lambda) \simeq 2\Omega\sin\phi\vec{k}\\ &\equiv f\vec{k}\end{aligned} \tag{4.32}$$

와 같이 어림된다.

우리는 앞에서 운동 방정식의 어떤 어림도 불변 형식 (4.4)로 표현되어야 한다는 점을 언급했다. 구면 어림에서 어림된 것은 다만 지위 Φ이었기에 문제가 너무 사소해서 우리는 이 점을 지나쳤을 뿐이다. 이제 (4.4)에 나타나는 여러 항들을 앞에 제시한 어림 표현들을 이용해

① $$\frac{\partial\vec{u}}{\partial t}=\frac{\partial u}{\partial t}\vec{i}+\frac{\partial v}{\partial t}\vec{j}+\frac{\partial w}{\partial t}\vec{k} \tag{4.33a}$$

② $$[\vec{\nabla}\times(\vec{u}+\vec{u}_e)]\times\vec{u} \simeq (\vec{\nabla}\times\vec{u})\times\vec{u}+f\vec{k}\times\vec{u} \simeq$$
$$\vec{i}\left[w\left(\frac{\partial u}{\partial z}-\frac{\partial w}{a\cos\phi\partial\lambda}\right)-v\left(\frac{\partial v}{\partial\lambda}-\frac{\partial u\cos\phi}{\partial\phi}\right)-fv\right]$$
$$+\vec{j}\left[u\left(\frac{\partial v}{a\cos\phi\partial\lambda}-\frac{\partial u\cos\phi}{a\cos\phi\partial\phi}\right)-w\left(\frac{\partial w}{a\partial\phi}-\frac{\partial v}{\partial z}\right)+fu\right]$$
$$+\vec{k}\left[v\left(\frac{\partial w}{a\partial\phi}-\frac{\partial v}{\partial z}\right)-u\left(\frac{\partial u}{\partial z}-\frac{\partial w}{a\cos\phi\partial\lambda}\right)\right] \tag{4.33b}$$

③ $$\vec{\nabla}\left(\frac{1}{2}\vec{u}^2+\Phi\right)$$
$$\simeq\left(\vec{i}\frac{\partial}{a\cos\phi\partial\lambda}+\vec{j}\frac{\partial}{a\partial\phi}+\vec{k}\frac{\partial}{\partial z}\right)\frac{1}{2}(u^2+v^2+w^2)+g\vec{k} \tag{4.33c}$$

④ $$\vec{\nabla}p \simeq \vec{i}\frac{\partial p}{a\cos\phi\partial\lambda}+\vec{j}\frac{\partial p}{a\partial\phi}+\vec{k}\frac{\partial p}{\partial z} \tag{4.33d}$$

와 같이 쓰고, 이들을 대입해 성분별로 모아 쓰면 (4.4)는

$$\frac{\partial u}{\partial t}+w\left(\frac{\partial u}{\partial z}-\frac{\partial w}{a\cos\phi\partial\lambda}\right)-v\left(\frac{\partial v}{a\cos\phi\partial\lambda}-\frac{\partial u\cos\phi}{a\cos\phi\partial\phi}\right)$$
$$=-\frac{\partial}{a\cos\phi\partial\lambda}\frac{1}{2}(u^2+v^2+w^2)-\frac{\alpha}{a\cos\phi}\frac{\partial p}{\partial\lambda}+fv \tag{4.34}$$

$$\frac{\partial v}{\partial t}+u\left(\frac{\partial v}{a\cos\phi\partial\lambda}-\frac{\partial u\cos\phi}{a\cos\phi\partial\phi}\right)-w\left(\frac{\partial w}{a\partial\phi}-\frac{\partial v}{\partial z}\right)$$
$$=-\frac{\partial}{a\partial\phi}\frac{1}{2}(u^2+v^2+w^2)-\alpha\frac{\partial p}{a\partial\phi}-fu \tag{4.35}$$

$$\frac{\partial w}{\partial t}+v\left(\frac{\partial w}{a\partial\phi}-\frac{\partial v}{\partial z}\right)-u\left(\frac{\partial u}{\partial z}-\frac{\partial w}{a\cos\phi\partial\lambda}\right)$$
$$=-\frac{\partial}{\partial z}\frac{1}{2}(u^2+v^2+w^2)-\alpha\frac{\partial p}{\partial z}-g \tag{4.36}$$

을 준다. 여기서

$$\frac{d}{dt}\equiv\frac{\partial}{\partial t}+\frac{u}{h_\lambda}\frac{\partial}{\partial\lambda}+\frac{v}{h_\phi}\frac{\partial}{\partial\phi}+\frac{w}{h_r}\frac{\partial}{\partial r}$$
$$\simeq\frac{\partial}{\partial t}+\frac{u}{a\cos\phi}\frac{\partial}{\partial\lambda}+\frac{v}{a}\frac{\partial}{\partial\phi}+w\frac{\partial}{\partial z} \tag{4.37}$$

을 이용해 정리하면, 앞에 주어진 성분 방정식 (4.34), (4.35) 및 (4.36)들은 모두 간단하게 각각

$$\frac{du}{dt}-\frac{uv}{a}\tan\phi-fv=-\frac{\alpha\,\partial p}{a\cos\phi\partial\lambda} \tag{4.38}$$

$$\frac{dv}{dt}+\frac{u^2}{a}\tan\phi+fu=-\frac{\alpha\,\partial p}{a\partial\phi} \tag{4.39}$$

$$\frac{dw}{dt}=-\alpha\frac{\partial p}{\partial z}-g \tag{4.40}$$

이 된다. 식 (4.38), (4.39) 및 (4.40)은 운동 방정식 (4.5), (4.6) 및 (4.7)의 천층 어림이라 불린다. 어림 불변 형식 (4.4)는 같지만, 천층 어림의 (4.38)~(4.40)은 구면 어림의 (4.21)~(4.23)과 확실히 구별된다.

4.3.1 각운동량과 운동 에너지

식 (4.38)에 $a\cos\phi$를 곱한 다음에 $v \equiv a\,d\phi/dt$를 이용해 정리하면, 우리는

$$\rho\frac{d}{dt}\left[a\cos\phi\,(u+\Omega a\cos\phi)\right] = -\frac{\partial p}{\partial\lambda} \tag{4.41}$$

을 얻는다. 이 형식은 구면 어림의 경우에 얻은 각운동량 방정식에서 r을 a로 바꾸면 나온다. 따라서 천층 어림에서 자전 축의 팔과 자전 속도는 각각 고도에 상관없이 $a\cos\phi$와 $\Omega a\cos\phi$인 것으로 해석될 것이다.

식 (4.38), (4.39) 및 (4.40)에 각각 u, v 및 w를 곱한 다음에 모두 더하고 정리하면 우리는

$$\rho\frac{d}{dt}\left[\frac{1}{2}(u^2+v^2+w^2)+\Phi\right] = -\vec{u}\cdot\vec{\nabla}p \tag{4.42}$$

을 얻는다. 이 식의 모양새는 이미 구면 어림에서 얻었던 불변 형식의 그것과 같다. 하지만, 속도 성분, 지위, 구배 연산자, 물도 연산자 등의 내용은 구면 어림에서의 그것과 다르다.

우리는 이미 제1장에서 스칼라, 벡터, 텐서 등과 같이 좌표계의 변환에 대해 불변하는 성질들을 보았으며, 그와 같은 불변성을 보장하기 위해 벡터와 텐서의 성분들은 좌표 변환에 대해 정해진 규칙들을 각각 따라야 했다. 더욱, 좌표계에 대해 불변하는 것은 스칼라, 벡터, 텐서 등 좌표 변환에 대해 불변하는 성질들뿐만 아니라 이들로 구성되는 형식들이었다. 우리는 근본적으로 동일한 형식 논리를 제2부에서 다시 만나고 있다: 다른 점은 좌표계의 변환 대신에 관계의 어림이라는 것이다. 관계의 어림에 대한 불변성을 보장하기 위해 규모 인자들, 자전 속도 그리고 지위 내용이 어림에 대해 정해진 규칙을 따라야 한다. 벡터와 텐서의 성분들이 좌표 변환에 따라 변하듯이 운동 방정식의 성분들도 관계의 어림에 따라 변한다. 벡터와 텐서의 어떤 성격(예로, 벡터의 길이, 텐서의 자국, 텐서의 대칭성 등)이 좌표 변환에 대해 불변하듯이 운동 방정식의 어떤 성격(예로, 각운동량 방정식의 특정 형식, 운동 에너지 방정식의 특정 형식 등)도 관계 어림에 대해 불변한다.

4.4 위직각 어림: f-평면 어림과 β-평면 어림

사용되는 좌표들이 직각 좌표들이 아님에도 불구하고 좌표계의 규모 인자들을 모두 상수로 보는 f-평면 어림과 β-평면 어림을 생각하자. 이 위직각 어림들은 운동 계의 연직 범위와 위도 범위가 모두 제한된 상황에서 운동 방정식에 적용된다.

규모 인자들은 모두 상수이다:

$$h_\lambda \simeq r_0 \cos\phi_0;\ h_\phi \simeq r_0;\ h_r = 1 \tag{4.43}$$

여기서 r_0와 ϕ_0는 운동 영역의 평균 지구 반경과 평균 위도이다. 이제 우리는 위직각 좌표(僞直角座標, pseudo-rectangular coordinates)

$$x \equiv r_0 \cos\phi_0(\lambda - \lambda_0) :\ y \equiv r_0(\phi - \phi_0) :\ z \equiv r - r_0 \tag{4.44}$$

을 도입해 다음을 얻을 수 있다:

$$\vec{i} = \vec{\nabla} x;\ \vec{j} = \vec{\nabla} y;\ \vec{k} = \vec{\nabla} z \tag{4.45}$$

$$\vec{\nabla} = \vec{i}\frac{\partial}{\partial x} + \vec{j}\frac{\partial}{\partial y} + \vec{k}\frac{\partial}{\partial z} \tag{4.46}$$

$$\vec{u} = \vec{i}u + \vec{j}v + \vec{k}w :\ u = \frac{dx}{dt};\ v = \frac{dy}{dt};\ w = \frac{dz}{dt} \tag{4.47}$$

$$\vec{\nabla}\times\vec{u} = \vec{i}\left(\frac{\partial w}{\partial y} - \frac{\partial v}{\partial z}\right) + \vec{j}\left(\frac{\partial u}{\partial z} - \frac{\partial w}{\partial x}\right) + \vec{k}\left(\frac{\partial v}{\partial x} - \frac{\partial u}{\partial y}\right) \tag{4.48}$$

이들은 위직각 좌표들이 직각 좌표들과 같은 기능을 가지고 있음을 나타낸다.

위직각 어림에서 자전 속도 V_e와 지위 Φ는 어떻게 처방될 것인가? 지위는 연직 범위가 제한된 것으로부터 천층 어림에서와 마찬가지이다:

$$\Phi \simeq gz \tag{4.49}$$

자전 속도의 어림은 주의를 요한다. 만일 $V_e = \Omega h_\lambda$로 둔다면, (4.43)으로 h_λ가 상수이기 때문에 $V_e h_\lambda$도 상수이고 $\vec{\nabla}\times\vec{u}_e \equiv \vec{\nabla}\times(V_e h_\lambda \vec{\nabla}\lambda) = 0$이 되어 행성 와도가 운동 방정식에서 사라져 자전의 효과는 나타나지 않을 것이다. 원심력이 무시된 어림에서 자전 효과는 V_e가 고도나 위도, 또는 그 둘의 함수

가 될 때에만 나타날 수 있다. 우리는 V_e가 두 번 미분할 법한 함수라 가정한다. 이제 (4.13)은 (4.43)과 (4.44) 때문에

$$\frac{\partial V_e}{\partial z} = 2\Omega\, COS\phi \tag{4.50a}$$

$$-\frac{\partial V_e}{\partial y} = 2\Omega\, SIN\phi \tag{4.50b}$$

가 된다. 여기서 $COS\phi$와 $SIN\phi$가 y만의 함수들이기 때문에 우리는 (4.50)에서

$$\frac{\partial^2 V_e}{\partial z^2} = 0;\quad \frac{\partial^2 V_e}{\partial z \partial y} = 0;\quad \frac{\partial}{\partial y} COS\phi = 0 \tag{4.51}$$

을 얻을 수 있다. 식 (4.51)의 마지막 식은 (4.50a)를 y로 미분한 것과 (4.50b)를 z로 미분한 것을 합하면 0이 됨에서 얻어지며, $COS\phi$는 상수여야 됨을 말한다. 천층 어림에서 $COS\phi \equiv 0$ 이었음을 상기하면, 위직각 어림에서 $COS\phi$가 상수여야 됨은 오히려 $COS\phi$에 대한 구속이 다소 완화된 것으로 해석될 수 있다. 천층 어림은 북극과 남극을 포함하는 전구를 수평 영역으로 보기 때문에 이 상수가 0일 수밖에 없으나, 위직각 어림은 제한된 위도 범위를 수평 영역으로 보기 때문에 그 상수가 중심 위도의 위치에 따라 다른 값을 가질 수 있을 것이다:

$$COS\phi = \cos\phi_0 \tag{4.52}$$

이제 영역 중심($y=0;\ z=0$)에서 경계 조건 $V_e = \Omega r_0 \cos\phi_0$ 을 주는 (4.50)의 풀이는

$$V_e = \Omega r_0 \cos\phi_0 + 2\Omega\left(z\, COS\phi - \int_0^y SIN\phi\, dy\right) \tag{4.53}$$

이다. 이 풀이는 $SIN\phi$의 처방에 따라 V_e가 결정될 것임을 말한다.

운동 계의 영역이 위도 ϕ_0 부근에 제한되어 있을 때, $SIN\phi$가 그 영역 안에서 변하는 것을 어느 정도 무시할 수 있을 것이다. 그 영역 안에서 $SIN\phi$가 상수인 f-평면 어림과 y의 일차 함수인 β-평면 어림을 소개해 보자:

$$f\text{-평면 어림:}\quad SIN\phi \simeq \sin\phi_0 \tag{4.54a}$$

$$\beta\text{-평면 어림}:\ SIN\phi \simeq \sin\phi_0 + \cos\phi_0\, y/r_0 \tag{4.54b}$$

4.4.1 f-평면 어림

식 (4.54a)를 이용하면, (4.53)은

$$V_e = \Omega\, r_0 \cos\phi_0 + 2\Omega\,(z\,COS\phi - y\sin\phi_0) \tag{4.55}$$

을 준다.

이제 어림된 운동 방정식 성분들을 얻기 위해 우리는

$$\vec{\nabla}\Phi \simeq \vec{\nabla}(gz) = g\vec{k} \tag{4.56}$$

$$(\vec{\nabla}\times\vec{u}_e)\times\vec{u} \simeq 2\Omega(COS\phi\,\vec{j} + \sin\phi_0\,\vec{k})\times\vec{u}$$

$$= \vec{i}\,2\Omega(w\,COS\phi - v\sin\phi_0) + \vec{j}\,2\Omega u\sin\phi_0 - \vec{k}\,2\Omega u\,COS\phi \tag{4.57}$$

$$(\vec{\nabla}\times\vec{u})\times\vec{u} + \vec{\nabla}\frac{1}{2}\vec{u}^2 = \vec{i}\left(u\frac{\partial u}{\partial x} + v\frac{\partial u}{\partial y} + w\frac{\partial u}{\partial z}\right)$$

$$+ \vec{j}\left(u\frac{\partial v}{\partial x} + v\frac{\partial v}{\partial y} + w\frac{\partial v}{\partial z}\right) + \vec{k}\left(u\frac{\partial w}{\partial x} + v\frac{\partial w}{\partial y} + w\frac{\partial w}{\partial z}\right) \tag{4.58}$$

을 쓰고, 물도 연산자를

$$\frac{d}{dt} \equiv \frac{\partial}{\partial t} + u\frac{\partial}{\partial x} + v\frac{\partial}{\partial y} + w\frac{\partial}{\partial z} \tag{4.59}$$

과 같이 정의한다. 이들을 (4.4)에 이용하고 방향별로 모아 쓰면, 운동 방정식의 f-평면 어림

$$\text{동서 성분 방정식}:\ \frac{du}{dt} + 2\Omega\,COS\phi\, w - f_0 v = -\alpha\frac{\partial p}{\partial x} \tag{4.60}$$

$$\text{남북 성분 방정식}:\ \frac{dv}{dt} + f_0 u = -\alpha\frac{\partial p}{\partial y} \tag{4.61}$$

$$\text{연직 성분 방정식}:\ \frac{dw}{dt} - 2\Omega\,COS\phi\, u = -\alpha\frac{\partial p}{\partial z} - g \tag{4.62}$$

가 얻어진다. 여기서

$$f_0 \equiv 2\Omega\sin\phi_0 \tag{4.63}$$

는 그 영역 중심에서의 코리올리 모수이다. 극점을 중심에 둔 구면 원형 영역에 대해 흔히 $COS\phi$는 0이고 f_0는 2Ω이다. 다만 (4.63)에서 $r_0 \cos\phi_0$는 극에서 이 영역의 중간 위도에 이르는 거리로 어림될 것이다. 중위도에 중심을 둔 동서 띠 모양의 영역에 대해 $COS\phi$는 0일 필요가 없다. 이것의 역할이 중요할 수 있는 대기 현상들의 발견을 위해 우리는 $COS\phi$를 (4.52)로 잡아 (4.60)과 (4.62)에 그대로 남겨 둔다. 적도에 중심을 둔 동서 띠 모양의 영역에 대해 $COS\phi$는 1이지만 f_0는 0이다.

이제 (4.60)에 $r_0 \cos\phi_0$를 곱하고 $v \equiv dy/dt$와 $w \equiv dz/dt$, 그리고 $2\Omega\, COS\phi$가 상수임을 각각 감안하면, 각운동량 방정식의 f-평면 어림

$$\rho \frac{d}{dt}[r_0 \cos\phi_0 (u + \Omega r_0 \cos\phi_0 + 2\Omega z\, COS\phi - f_0 y)] = -\frac{\partial p}{\partial \lambda} \quad (4.64)$$

이 나온다. 식 (4.55)의 V_e를 이용하면 (4.64)는 각운동량 방정식의 어림 불변 형식 (4.10)이 된다. 한편, (4.60)에 u를, (4.61)에 v를, 그리고 (4.62)에 w를 각각 곱하고, 그 결과들을 합한 다음에 $w \equiv dz/dt$와 $d\Phi/dt = gw$를 이용하면, 운동 에너지 방정식의 어림 불변 형식 (4.11)이 나온다.

4.4.2 β-평면 어림

f-평면보다 다소 넓은 위도 범위에 걸쳐 일어나는 운동 계에 대해 $SIN\phi$는 (4.54b)에서와 같이 y의 일차 함수로 어림된다. 이 어림을 대입하면 (4.53)은

$$V_e = \Omega r_0 \cos\phi_0 + 2\Omega z\, COS\phi - \left(f_0 y + \frac{1}{2}\beta_0 y^2\right) \quad (4.65)$$

을 준다. 여기서 f_0는 (4.63)에 정의되어 있고 β_0는

$$\beta_0 \equiv 2\Omega \cos\phi_0 / r_0 \quad (4.66)$$

와 같이 정의된 로스비 모수이다. 행성 와도

$$\vec{\nabla} \times \vec{u}_e \equiv 2\Omega(COS\phi\, \vec{j} + SIN\phi\, \vec{k}) = 2\Omega\, COS\phi\, \vec{j} + f\vec{k} \quad (4.67)$$

의 연직 성분은 코리올리 모수로서 (5.54b)에 따라

$$f \equiv 2\Omega SIN\phi = f_0 + \beta_0 y \tag{4.68}$$

와 같이 표현된다.

운동 방정식의 β-평면 어림은

동서 성분 방정식: $\frac{du}{dt} + 2\Omega COS\phi w - fv = -\alpha \frac{\partial p}{\partial x}$ (4.69)

남북 성분 방정식: $\frac{dv}{dt} + fu = -\alpha \frac{\partial p}{\partial y}$ (4.70)

연직 성분 방정식: $\frac{dw}{dt} - 2\Omega COS\phi u = -\alpha \frac{\partial p}{\partial z} - g$ (4.71)

과 같다. 식 (4.69)~(4.71)은 f-평면 어림에 대한 (4.60)~(4.62)에서 f_0을 f로 바꾸어 얻어진다. 극점에 중심을 둔 구면 원형 영역에서 β-평면 어림은 사용되지 않는다. 중위도 β-평면 어림에서 보통 $COS\phi$를 0으로 두지만, 이 선택은 필요한 것이 아니다. 적도 지방에 제한된 영역에서 **적도 잠류**(赤道潛流, Equatorial Undercurrent), 켈빈 파(Kelvin wave) 등을 고찰할 때 $COS\phi$를 1로 두기도 한다(Moore & Philander, 1977).

동서 성분 방정식 (4.69)에 $r_0 \cos\phi_0$를 곱하고 정리하면 각운동량 방정식의 β-평면 어림

$$\rho \frac{d}{dt}\left[r_0 \cos\phi_0 \left(u + \Omega r_0 \cos\phi_0 + 2\Omega z COS\phi - f_0 y - \frac{1}{2}\beta y^2 \right)\right]$$
$$= -\frac{\partial p}{\partial \lambda} \tag{4.74}$$

이 얻어진다. 식 (4.43)과 (4.65)를 이용해 h_λ와 V_e을 쓰면, 각운동량 방정식의 어림 불변 형식 (4.10)이 나온다. 이때 우리는 두 위직각 어림에 대해서 V_e의 내용이 다름에 유의할 것이다. 한편, (4.69), (4.70) 및 (4.71)에 각각 u, v 및 w를 곱하고, 그 결과들을 모두 합한 다음에 $w \equiv dz/dt$와 $d\Phi/dt = gw$를 이용하면, 운동 에너지 방정식의 불변 형식 (4.11)이 나온다.

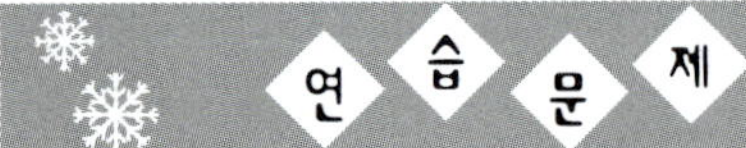

1. 지구 자전의 각속도 Ω와 선속도 $\vec{u}_e \equiv \Omega r \cos\phi \vec{e}_\lambda$에 대해

$$2\Omega \vec{n} \equiv \vec{\nabla} \times \vec{u}_e$$

을 보여라. 여기서 $\vec{n} \equiv \cos\phi \vec{e}_\phi + \sin\phi \vec{e}_r$은 지구의 자전 축 위에 놓인 단위 벡터이다.

2. 임의의 베터 $\vec{a}$에 대해 다음 항등식을 증명하라:

$$\vec{a} \cdot \vec{\nabla} \vec{a} \equiv (\vec{\nabla} \times \vec{a}) \times \vec{a} + \vec{\nabla} \frac{1}{2} \vec{a}^2$$

3. 본문의 (4.11)에 보인 운동 에너지 방정식

$$\rho\left(\frac{\partial}{\partial t} + \vec{u} \cdot \vec{\nabla}\right)\left(\frac{1}{2}\vec{u}^2 + \Phi\right) = -\vec{u} \cdot \vec{\nabla} p$$

을 유도해 보아라.

4. 본문의 (4.10)에 보인 각운동량 방정식

$$\rho\left(\frac{\partial}{\partial t} + \vec{u} \cdot \vec{\nabla}\right)[h_\lambda \vec{e}_\lambda \cdot (\vec{u} + \vec{u}_e)] = -\frac{\partial p}{\partial \lambda}$$

을 유도해 보아라. 이것이 본문의 (4.65)에 쓴

$$\rho \frac{d}{dt}[h_\lambda(u + V_e)] = -\frac{\partial p}{\partial \lambda}$$

와 같음을 보여라.

5. 정지 위성 궤도의 반경을 r_e라 할 때, 이 궤도를 지나는 등지위 면이 자전 축과 만나는 점의 반경 r_p이

$$r_p = \frac{2}{3} r_e$$

과 같음을 보여라.

6. 천층 어림의 경우 다음을 보여라:

$$a\cos\phi \vec{\nabla} \cdot \vec{u} = \frac{\partial u}{\partial \lambda} + \frac{\partial}{\partial \phi}(v\cos\phi) + \frac{\partial}{\partial z}(wa\cos\phi)$$

7. 위직각 어림에 대해

$$\vec{\nabla} \cdot \vec{u} = \frac{\partial u}{\partial x} + \frac{\partial v}{\partial y} + \frac{\partial w}{\partial z}$$

을 보여라.

제5장

수평 등방 운동 계의 규모 분석

5.1 특성 값과 특성 규모

대기 안에서 운동 계들은 **미규모**(微規模, microscale)의 표층 난류에서 지구 규모의 자오 순환과 편서풍 파동에 이르기까지 다양한 모습으로 관측된다(그림 5.1 참조). 이들의 개괄적 특성들은 흔히 이들을 정밀하게 분석하고 이해하는 데 쓸 디딤돌이 된다.

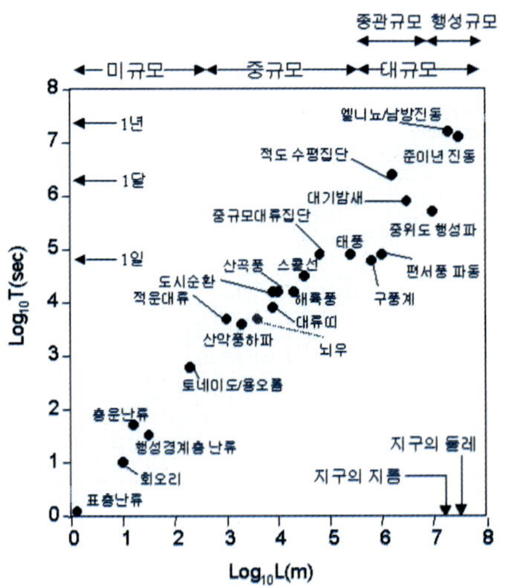

| 그림 5.1 | 여러 가지 규모로 일어나는 대기 운동과 그에 관련된 현상들. 가로축 눈금으로 보인 수평 규모와 세로축 눈금으로 보인 시간 규모가 서로 비례하는 경향이 뚜렷하다.

5.1.1 특성 값

기상 자료는 제한된 시공 영역에 걸쳐 관측되거나 계산된 유한한 값들의 집합이다. 달리 말하면, 아무 시공 점 $(\vec{r}, t)$에서 자료 변수 ψ의 값이 $\psi(\vec{r}, t)$일 때,

$$|\psi(\vec{r}, t)| \lesssim \Psi \tag{5.1a}$$

을 성립시키는 양수 Ψ가 존재한다.[1] 만일 Ψ를 $|\psi|$의 최소 상한으로 잡는다면, 우리는 (5.1a) 대신에

$$|\psi| < \Psi \tag{5.1b}$$

을 쓸 수 있다. 하지만, Ψ의 선택에 관한 한, (5.1a)는 (5.1b)에 비해 다소 약한 조건이다. 식 (5.1a)에서 Ψ는 자료 변수 ψ의 특성 값(characteristic value)이라 불린다. 그 자료 변수를 그 특성 값으로 무차원화하여

$$\psi^* \equiv \frac{\psi}{\Psi} \tag{5.1c}$$

와 같이 무차원 변수 $\psi^*(x, t)$를 정의할 때, 우리는 ψ를 Ψ로 '스케일한다' 또는 ψ가 Ψ로 '스케일된다'고 말한다. 명백히 (5.1a)와 (5.1c)에서 우리는

$$|\psi^*| \lesssim 1 \quad \text{또는} \quad \psi^* \lesssim O(1) \tag{5.1d}$$

을 얻는다. 식 (5.1d)의 둘째 식은 그 첫째 식의 관례적 표현이며, 'ψ^*의 자리 크기는 1이다'라고 읽는다.

5.1.2 특성 규모

자료 변수 ψ는 시공 함수이다. 시공적으로 불연속인 점들이 있을 수는 있으나 유한개일 때, ψ의 자료는 '잴법한(scalable)' 자료라 불린다. 잴법한 자료가 정

1. $|\psi| \lesssim \Psi$ 는 다음과 같이 읽기로 한다: '$|\psi|$는 Ψ보다 대체로 작다.' 이 부등식은 $|\psi|$와 Ψ의 차이, 곧 $|\psi| - \Psi$가 Ψ보다 적어도 한 자리 크기(位數, order of magnitude) 이상으로 작은 한, 곧 $||\psi| - \Psi| \ll \Psi$이 성립하는 한, $|\psi|$가 Ψ보다 다소 큰 경우를 허락한다.

의된 점 $(\vec{r}, t)$들의 집합, 곧 자료 영역은 ψ가 미끈하게 변하는 유한개의 **아영역**(亞領域, subregion)들로 나뉠 수 있다. 그 아영역의 아무 점에서

$$S_i\left|\frac{\partial\psi}{\partial x_i}\right| \lesssim \Psi\ (i=1,2,3);\ \ S_t\left|\frac{\partial\psi}{\partial t}\right| \lesssim \Psi \tag{5.2a}$$

을 성립시키는 양수 $S_i(i=1,2,3)$와 S_t는 반드시 존재한다. 식 (5.2a)는 (5.1a)에 관련된 각주에서처럼 해석될 것이다: $||\partial\psi/\partial x_i|S_i - \Psi| \ll \Psi$이 성립하는 한 $|\partial\psi/\partial x_i|S_i > \Psi$이, 그리고 $||\partial\psi/\partial t|S_t - \Psi| \ll \Psi$이 성립하는 한 $|\partial\psi/\partial t|S_t > \Psi$이 아영역의 아무 점에서 허용된다. 식 (5.2a)에 나타난 S_i와 S_t는 각각 x_i와 t에 대한 ψ의 **특성 규모**(characteristic scale)라 불린다. 앞으로 S_i는 **공간 규모**(space scale), S_t는 **시간 규모**(time scale)라 각각 불릴 것이다.

이제 좌표 x_1과 시간 t를 그들의 각 특성 규모 S_1과 S_t로 스케일하여

$$x_1 \equiv S_1 x_1^*;\ \ t \equiv S_t t^* \tag{5.2b}$$

와 같이 무차원 좌표 x_1^*와 무차원 시간 t^*를 정의하고, (5.1c)와 (5.2b)를 이용하면 (5.2a)는

$$\left|\frac{\partial\psi^*}{\partial x_1^*}\right|,\ \left|\frac{\partial\psi^*}{\partial t^*}\right| \lesssim 1 \quad \text{또는} \quad \frac{\partial\psi^*}{\partial x_1^*},\ \frac{\partial\psi^*}{\partial t^*} \lesssim O(1) \tag{5.2c}$$

과 같이 된다. 식 (5.2c)의 둘째 식은 (5.1d)에서와 같이 그 첫째 식의 관례적 표현이다. 식 (5.1d)에서 $\psi^* \lesssim O(1)$임에 유의하여, 우리는 (5.2c)의 둘째 식을

$$\frac{\partial}{\partial x_1^*},\ \frac{\partial}{\partial t^*} \lesssim O(1) \tag{5.2d}$$

과 같이 쓰기도 한다. 식 (5.2d)는 '무차원 연산자 $\partial/\partial x_1^*$, $\partial/\partial t^*$의 자리 크기는 1이다'라고 읽힌다.

5.1.3 표준 대기

잴법한 자료의 한 예로, 미국 표준 대기(U.S. Standard Atmosphere)에서, 고도의 함수인 기온 $T(z)$ 와 밀도 $\rho(z)$ 는 역시 고도의 함수인 압력 $p(z)$ 에 이상기체의 상태 방정식과 정수 방정식으로 관련되어 있다:

$$p = \rho R T \tag{5.3a}$$

$$\frac{\partial p}{\partial z} = -\rho g \tag{5.3b}$$

아영역의 주어진 한 연직 범위에서 p 와 T 의 특성 값들이 각각 P 와 Θ 라 하자. 이제 p 와 T 를 스케일하면 우리는 무차원 압력과 무차원 온도를 각각

$$p^* \equiv \frac{p}{P} \lesssim O(1) \tag{5.4a}$$

$$T^* \equiv \frac{T}{\Theta} \lesssim O(1) \tag{5.4b}$$

와 같이 얻는다. 지구 대기의 균질 권 안에서 $T(z)$ 는 $190 \sim 290\,\mathrm{K}$ 범위 안에 있고, 이 범위는 대류권의 기온 범위도 된다. 이때 선택되는 특성 기온은 흔히 $\Theta = 250\,\mathrm{K}$ 이다. 하지만, 특성 기온의 의미에 따라, 그 아영역의 아무 z 에서 (5.3a)와 (5.3b)로부터

$$\frac{1}{p}\frac{\partial p}{\partial z} = -\frac{g}{RT} \simeq -\frac{g}{R\Theta} \tag{5.5a}$$

이 얻어진다. 식 (5.5a)의 어림 풀이는

$$p(z) \simeq p(0)\exp\left(-\frac{gz}{R\Theta}\right) \tag{5.5b}$$

과 같이 등온 대기의 압력을 준다. 이 풀이를 상태 방정식에 쓰면 어림으로

$$\rho(z) \simeq \frac{p(0)}{R\Theta}\exp\left(-\frac{gz}{R\Theta}\right) \tag{5.5c}$$

이 얻어진다. 실제로 균질 권 안에서 $p(z)$ 와 $\rho(z)$ 는, (5.5b)와 (5.5c)에 보인 바와 같이, z 의 지수 함수처럼 상향으로 매우 급히 감소한다. 기온이 $T(z) \equiv \Theta$

인 등온 대기에 대해 (5.5b)와 (5.5c)는 (5.3)의 완벽한 풀이이다.

실제 대기는 등온 대기와 차이를 보인다. 하지만, 실제 대기의 압력과 밀도의 연직 변화가 각각 (5.5b)와 (5.5c)로 잘 설명된다는 것은 압력과 밀도의 특성 값을 선택함에 있어 중요하다. 주어진 지수 함수에 대해 아무 고도에서 그 함수의 크기는 그 최대 값으로 지배된다. 그래서 (5.4a)에 나타난 압력의 특성 값은 아영역 하단에서의 값, 곧 $p(0)$으로 선택된다. 마찬가지로, 밀도의 특성 값 역시 아영역 하단에서의 값, 곧 $P(R\Theta)^{-1}$으로 선택된다. 이제 이 특성 값으로 스케일된 무차원 밀도를

$$\rho^* \equiv \frac{\rho}{P(R\Theta)^{-1}} \lesssim O(1) \tag{5.5d}$$

과 같이 정의하고, (5.4)와 (5.5d)를 이용하면 (5.3a)의 스케일된 형식

$$p^* = \rho^* T^* \tag{5.6}$$

이 얻어진다.

자료 변수들의 연직 규모가 (5.2a)에 주어진 의미에서 D라 하자. 그 연직 규모로 연직 좌표를 스케일해서 무차원 연직 좌표를

$$z^* \equiv \frac{z}{D} \tag{5.7a}$$

와 같이 정의하자. 식 (5.4), (5.5d) 및 (5.7a)를 이용하면 (5.3b)의 스케일된 형식

$$\frac{\partial p^*}{\partial z^*} = -\frac{gD}{R\Theta}\rho^* \equiv -\frac{D}{H}\rho^* \tag{5.7b}$$

이 얻어진다. 여기서 $H \equiv R\Theta/g$는 **규모 고도**(規模高度, scale height)라 불리는 상수이다. 압력과 고도의 차원을 회복하고 (5.5d)를 이용하면, (5.7b)는

$$H\left|\frac{\partial p}{\partial z}\right| \lesssim P \tag{5.7c}$$

이 된다. 식 (5.2a)와 같은 의미로, (5.7c)는 H가 정수압의 특성 연직 규모임을 말한다. 이제

$$H_p(z) \equiv RT(z)/g \tag{5.8a}$$

라 두면, 정수 방정식 (5.3b)는

$$H_p \frac{\partial p}{\partial z} = -p \tag{5.8b}$$

와 같이 표현될 수 있고, 따라서 $H_p(z)$는 정수압의 한 국지 압력 규모 고도로 해석될 수 있다. 명백히 H는 $H_p(z)$의 한 특성 값이다.

5.1.4 연속 방정식의 스케일링

특성 값과 특성 규모 등 한 흐름의 개괄적 특성들이 수평 방향에 무관할 때, 우리가 보는 것은 **수평 등방 운동**(水平等方運動, horizontally isotropic motion)이다. 잘 발달한 용오름, 발달하는 적운, 태풍, 열대 밖 구풍 등이 수평 등방 운동 계들임에 반하여, 해풍 계, 제트 기류, 전선 대 등은 수평 등방 운동 계가 아니다. 우리는 이 책에서 달리 말하지 않는 한 수평 등방 운동 계들만을 생각할 것이다.

앞에서 도입된 특성 값과 특성 규모의 기초 개념들을 보다 구체적으로 이해하고자 이제 수평 등방 운동 계에 대한 연속 방정식을 스케일해 보자. 연속 방정식은 밀도에 대해 외관적으로 선형 동차식이므로 밀도의 특성 값을 몰라도 스케일될 수 있다.

운동 계의 자료 변수들은 흔히 어떤 **참고 대기**(參考大氣, reference atmosphere)의 그것들에 대비되어 스케일된다. 한 운동 계의 참고 대기는 그 운동 계의 통계적 성질들의 중요한 일부를 대표하도록 선택되고, 그래서 운동 계는 그것의 참고 대기와 통계적으로 유사할 것으로 기대된다. 그러므로 한 운동 계를 고찰할 적에 그것의 참고 대기가 주어져 있다면 이는 그 운동 계의 통계적 성질들의 상당 부분이 이미 잘 알려져 있음을 뜻한다.

이제 정지 대기를 참고 대기로 삼을 수 있는 어떤 운동 계가 있다 하자. 이 경우에 그 정지 대기의 열 구조는 적어도 통계적으로 이미 잘 알려진 것으로 기대된다. 그 정지 대기의 밀도 $\rho_s(z)$와 그 운동 계의 밀도 ρ의 차이 $\delta\rho(\vec{r}, t) \equiv$

$\rho - \rho_s$는 밀도 **편차**(偏差, deviation)라 불린다. 그 운동 계에 대한 첫째 가정은 $\delta\rho$가 그 계의 아무 점 $(\vec{r}, t)$에서 ρ_s보다 더 작다는 것이다:

$$|\delta\rho| < \rho_s \quad \text{또는 동등하게} \quad 0 < \rho < 2\rho_s \tag{5.9}$$

균질 권 안에서 참고 밀도의 갑절에 가까운 밀도를 보일 자연적 기상 현상은 아마 배수 풍(排水風, drainage wind) 정도가 될 것이다. 이 경우라 하더라도 (5.9)는 거의 깨어지지 않을 것이므로, 이 가정은 '매우 약한' 가정이다. 연속 방정식의 고찰에 관한 한, 우리는 참고 대기의 연직 규모를 그것의 국지 밀도 규모 고도

$$H_\rho(z) \equiv -\rho_s\left(\frac{\partial\rho_s}{\partial z}\right)^{-1} \tag{5.10}$$

로 특징지을 수 있다. 여기서 H_ρ는 기온이 Θ인 등온 대기의 경우에 H, 그리고 온위가 Θ인 등온위 대기의 경우에 γH($\gamma \equiv C_p/C_v \simeq 1.4$)와 같음을 쉽게 보일 수 있다. 균질 권의 기온 감률은 다소 복잡하게 변하지만, 층리가 매우 강한 성층권의 상부를 제외하면 대체로 등온위 대기의 감률과 등온 대기의 그것 사이에 있다. 성층권의 상부에서 기온은 위로 증가하고 H_ρ는 H보다 더 작다. 따라서 균질 권 전체에 대한 H_ρ의 대표 값으로 적당한 값은 γH이다.

이제 연속 방정식 (2.8)은 밀도 편차에 대해

$$\left(\frac{\partial}{\partial t} + \vec{V}\cdot\vec{\nabla} + w\frac{\partial}{\partial z}\right)\delta\rho - \frac{1}{H_\rho}\rho_s w + \rho\left(\vec{\nabla}\cdot\vec{V} + \frac{\partial w}{\partial z}\right) = 0 \tag{5.11}$$

과 같이 표현될 수 있다. 운동의 수평 등방성 때문에 수평 속도 $\vec{V}$의 두 성분들은 명시적으로 구별되지 않았으며, 그러므로 수평 속도의 특성 값은 한 값 V로 표현될 것이다. 연직 속도의 특성 값을 W, 수평 규모를 L, 연직 규모를 D, 그리고 시간 규모를 τ라 하면,

$$\vec{V}^* \equiv \vec{V}/V \lesssim O(1); \quad w^* \equiv w/W \lesssim O(1) \tag{5.12a}$$

$$\vec{\nabla}^* \equiv L\vec{\nabla} \lesssim O(1); \quad \frac{\partial}{\partial z^*} \equiv D\frac{\partial}{\partial z} \lesssim O(1);$$

$$\frac{\partial}{\partial t^*} \equiv \tau\frac{\partial}{\partial t} \lesssim O(1) \tag{5.12b}$$

와 같이 자리 크기가 1인 무차원 속도 성분들과 무차원 연산자들이 정의될 수 있다.

그 운동 계에 대한 둘째 가정은 그 계의 연직 규모 D가 H_ρ의 그 특성 값보다 그리 크지 않다는 것이다:

$$D \lesssim \gamma H \tag{5.13}$$

뒤에 밝혀질 이유로, 운동 계는 $D \simeq \gamma H$이면 **깊은 계**(deep system), 그리고 $D \ll \gamma H$이면 **얕은 계**(shallow system)라 각각 불린다. 그러므로 우리 둘째 가정도 한 약한 가정이다.

식 (5.12)를 이용하면 (5.11)은

$$\begin{aligned} &\frac{L/V}{\tau}\frac{\partial \delta\rho}{\partial t^*} + \vec{V}^* \cdot \vec{\nabla}^* \delta\rho + \rho \vec{\nabla}^* \cdot \vec{V}^* \\ &+ \frac{W/D}{V/L}\left[\left(w^* \frac{\partial \delta\rho}{\partial z^*} + \rho \frac{\partial w^*}{\partial z^*}\right) - \frac{D}{H_\rho}\rho_s w^*\right] = 0 \end{aligned} \tag{5.14}$$

와 같이 스케일된다. 우리는 (5.11)이 밀도에 대해 선형 동차식임에 비추어 $\delta\rho$, ρ 및 ρ_s를 스케일하지 않았다. 더욱, 그 첫째 가정에 따라, 그 밀도 변수들은 하나의 특성 값으로 대표될 수 있을 것으로 기대된다. 그 둘째 가정 (5.13)으로 $D/H_\rho \lesssim O(1)$ 이므로, (5.14)에서 모든 항들은 규모 분석의 견지에서 자리 크기가 $O\left(\frac{L/V}{\tau}\right)$, $O(1)$ 및 $O\left(\frac{W/D}{V/L}\right)$인 세 가지로 구분될 수 있다. 식 (5.14)가 내포하는 특성적 균형은 다음 네 가지뿐이다(문제 5):

$$1 \ll \frac{W/D}{V/L} \simeq \frac{L/V}{\tau};\ \ \frac{\partial \rho}{\partial t} + \frac{\partial}{\partial z}(\rho w) \approx 0 \tag{5.15a}$$

$$\frac{W/D}{V/L} \ll \frac{L/V}{\tau} \simeq 1;\ \ \frac{\partial \rho}{\partial t} + \vec{\nabla} \cdot \rho \vec{V} \approx 0 \tag{5.15b}$$

$$\frac{L/V}{\tau} \ll \frac{W/D}{V/L} \simeq 1;\ \ \vec{\nabla} \cdot \rho \vec{V} + \frac{\partial}{\partial z}(\rho w) \approx 0 \tag{5.15c}$$

$$\frac{\mathrm{L/V}}{\tau} \ll 1 \ \text{ 및 }\ \frac{W/D}{V/L} \ll 1;\ \ \vec{\nabla} \cdot (\rho \vec{V}) \approx 0 \tag{5.15d}$$

식 (5.15a), (5.15b) 및 (5.15c)의 각 균형은 한 항이 나머지 두 항들보다 매우 작을 때 나타날 것이고, (5.15d)의 균형은 수평 발산의 두 방향 성분들이 나머지 모든 항들보다 훨씬 더 큰 상태에서 서로 반대 부호를 가질 수밖에 없는 경우이다.

운동 계에 대한 셋째 가정은 그 운동 계의 시간 규모가 **이류 시간**(移流時間, advective time)보다 적지 않다는 것이다:

$$\frac{L/V}{\tau} \lesssim O(1) \tag{5.16}$$

이 조건은 (5.15a)의 경우를 제외시킨다. 이 경우의 대표적 예는 연직으로 전파하는 음파이다. 이제 그 세 가정들을 모두 만족시키는 (5.15b), (5.15c) 및 (5.15d)의 세 가지 구분들은

$$\frac{W/D}{V/L} \lesssim O(1) \tag{5.17}$$

에 포함된다. 식 (5.17)은 연직 속도의 특성 값을 제한하는 조건이며 W의 한 값으로 VD/L을 제시하고 있다. 수평 등방 운동 계에 대한 연속 방정식의 규모 분석으로 우리가 얻은 것은 다음 정리이다:

$$|\delta\rho| \le \rho_s\ ,\ \ D \lesssim \gamma H\ \ \text{및}\ \ \tau \gtrsim \frac{L}{V}\ \text{이면},\ \ W \lesssim V\frac{D}{L}\ \text{이다} \tag{5.18}$$

이 정리는 규모 분석이 매우 유용한 논리 과정으로서 지배 방정식의 명시적 풀이 없이 흐름 구조에 관한 구속 관계들을 줄 수 있음을 시사한다.

5.2 특성 편차

앞 절에서 정지 대기를 참고 대기로 도입한 바 있다. 앞으로도 한 운동 계를 고찰할 때 우리는 그것의 참고 대기가 주어져 있다고 가정할 것이다. 물론 이는 고찰 대상인 운동 계의 특징들이 상당히 알려져 있음을 가정하는 것과 같다.

이제 압력과 기온의 특성 값들이 각각 P와 Θ일 때

$$p^* \equiv \frac{p}{P};\ \ T^* \equiv \frac{T}{\Theta};\ \ \rho^* \equiv \frac{R\Theta}{P}\rho \lesssim O(1) \tag{5.19a}$$

이고, 정지 대기가 참고 대기로 선택될 때

$$p_s^* \equiv \frac{p_s}{P};\ T_s^* \equiv \frac{T_s}{\Theta};\ \rho_s^* \equiv \frac{R\Theta}{P}\rho_s \lesssim O(1) \tag{5.19b}$$

이다. 그러므로, 무차원 압력 편차, 온도 편차 및 밀도 편차

$$\delta p' \equiv p^* - p_s^*;\ \delta T' \equiv T^* - T_s^*;\ \delta\rho' \equiv \rho^* - \rho_s^* \tag{5.19c}$$

들의 자리 크기는 1이다. 식 (5.19c)에 쓴 '무차원 편차'의 특성 값은 **특성 편차**(characteristic deviation)라 불릴 것이다. 우리는 이 절에서 기초 방정식들의 규모 분석을 통해 특성 편차들을 구할 것이다.

5.2.1 운동 방정식의 스케일링

먼저 우리는 운동 방정식의 규모 분석으로 압력의 특성 편차를 구한다. 이를 위해 우리는 정지 대기를 참고 대기로 삼는다. β-평면 어림으로 그 운동 방정식의 세 성분들은 (4.69), (4.70) 및 (4.71)과 같다. 이제 $COS\phi=0$으로 두고, 그 참고 대기가 정수 균형에 있음을 감안하면, 압력 편차와 밀도 편차를 사용할 때 그것들은

$$\rho\left(\frac{du}{dt} - fv\right) = -\frac{\partial}{\partial x}\delta p \tag{5.20a}$$

$$\rho\left(\frac{dv}{dt} + fu\right) = -\frac{\partial}{\partial y}\delta p \tag{5.20b}$$

$$\rho\frac{dw}{dt} = -g\delta\rho - \frac{\partial}{\partial z}\delta p \tag{5.20c}$$

와 같이 표현될 수 있다.

먼저 우리는 무차원 물도 연산자를

$$\frac{d}{dt^*} \equiv \frac{L}{V}\frac{d}{dt} \tag{5.21a}$$

와 같이 정의한다. 그러면

$$\frac{L}{V}\frac{d}{dt} \equiv \frac{L}{V}\left(\frac{\partial}{\partial t} + \vec{V}\cdot\vec{\nabla} + w\frac{\partial}{\partial z}\right)$$
$$= \frac{L}{\tau V}\frac{\partial}{\partial t^*} + \vec{V}^*\cdot\vec{\nabla}^* + \frac{W/D}{V/L}w^*\frac{\partial}{\partial z^*} \qquad (5.21b)$$

이므로, (5.18)의 정리 때문에 연속 방정식을 스케일할 때 세운 세 가정 아래에서

$$\frac{d}{dt^*} \lesssim O(1) \qquad (5.21c)$$

이 얻어진다. 다음에 우리는 코리올리 모수를

$$f = f_0 + \beta y = f_0\left(1 + \frac{\beta L}{f_0}y^*\right) \equiv f_0(1+\beta^* y^*) \equiv f_0 f^* \qquad (5.22a)$$

와 같이 스케일한다. 그러면 무차원 코리올리 모수 f^*와 무차원 로스비 모수 β^*의 자리 크기가 모두 1이다:

$$f^* \lesssim O(1) \quad 및 \quad \beta^* \lesssim O(1) \qquad (5.22b)$$

마지막으로 우리는 운동 계의 로스비 수(Rossby number) Ro, 프루드 수(Froude number) Fr 및 수정된 로스비 수(Modified Rossby number) $[Ro]$를

$$Ro \equiv \frac{V}{f_0 \mathrm{L}}\ ;\ Fr \equiv \frac{V^2}{gD}\ ;\ [Ro] \equiv \min(Ro, 1) \leq Ro \qquad (5.23)$$

와 같이 정의한다.

식 (5.12), (5.19c), (5.21a) 및 (5.22a)를 (5.20)에 대입하고 그 결과를 정리해 얻어지는 스케일된 운동 방정식은

$$\frac{D}{H}\frac{Fr}{[Ro]}\rho^*\left([Ro]\frac{du^*}{dt^*} - \frac{[Ro]}{Ro}f^*v^*\right) = -\frac{\partial}{\partial x^*}\delta p' \qquad (5.24a)$$

$$\frac{D}{H}\frac{Fr}{[Ro]}\rho^*\left([Ro]\frac{dv^*}{dt^*} + \frac{[Ro]}{Ro}f^*u^*\right) = -\frac{\partial}{\partial y^*}\delta p' \qquad (5.24b)$$

$$\frac{D}{H}\frac{Fr}{[Ro]}\rho^*\frac{W/D}{V/L}\frac{D^2}{L^2}[Ro]\frac{dw^*}{dt^*} = -\frac{D}{H}\delta\rho' - \frac{\partial}{\partial z^*}\delta p' \qquad (5.24c)$$

와 같다. 여기서 오른쪽들의 자리 크기는 모두 다 1이다. 스케일된 연직 운동

방정식 (5.24a)에 나타난 D/L은 외관 비(aspect ratio)라 불린다. 대기 운동 계들의 외관 비는 서로 상당히 다를 수 있지만, 성층 때문에 대체로

$$D/L \lesssim O(1) \tag{5.25}$$

이 성립한다. 식 (5.25)가 성립하는 수평 등방 운동 계에 대해, 정리 (5.18)은 우리에게

$$\frac{W/D}{V/L}\frac{D^2}{L^2}[Ro] \lesssim O(1) \tag{5.26}$$

을 준다. 식 (5.24)에서 $(D/H)Fr/[Ro]$을 제외하면 모든 것들의 자리 크기가 1이므로 운동의 기본 모드는 이 모수의 크기와 관련해서 두 가지로 구분될 것이다:

$$\frac{D}{H}\frac{Fr}{[Ro]} \gg O(1) \tag{5.27}$$

$$\frac{D}{H}\frac{Fr}{[Ro]} \lesssim O(1) \tag{5.28}$$

□ 관성 운동

식 (5.27)이 성립하면 (5.24a), (5.24b) 그리고 (5.24c)는 각각

$$[Ro]\frac{du^*}{dt^*} - \frac{[Ro]}{Ro}f^*v^* = 0 \tag{5.29a}$$

$$[Ro]\frac{dv^*}{dt^*} + \frac{[Ro]}{Ro}f^*u^* = 0 \tag{5.29b}$$

$$\frac{W/D}{V/L}\frac{D^2}{L^2}[Ro]\frac{dw^*}{dt^*} = 0 \tag{5.29c}$$

을 요구할 것이다. 여기서 오른쪽 0들은 그 자리 크기가

$$O(1) \times \{(D/H)Fr/[Ro]\}^{-1} \ll O(1)$$

임을 나타낸 것이다. 이 운동 계에서 압력 편차 경도나 부양력은 운동에 영향을 줄 수 없다. 식 (5.29a)와 (5.29b)는 수평 운동이 코리올리의 힘만으로 결정되는 관성 운동(inertial motion)임을 보인다. 식 (5.29c)의 해석은 주의를 요구한다. 이

식은 연직 가속도가 0이 될 것을 직접적으로 요구하지는 않는다. 만일 그 연직 운동이 무시될 수 없음을

$$\frac{W/D}{V/L}\frac{D^2}{L^2}[Ro] \simeq 1 \tag{5.30a}$$

으로 표현하면, (5.29c)는

$$\frac{dw^*}{dt^*} = 0 \tag{5.30b}$$

을 뜻할 것이다. 이때 연직 속도는 일정하게 나타날 것이다. 실제로 관성 운동은 관성계 안에서 일어나는 등속도 직선 운동이다. 우리는 지금 회전 좌표계 안에서 $COS\phi = 0$인 베타 평면 어림으로 운동을 다루고 있다: 이 경우에 코리올리 힘의 연직 성분은 0으로 나타나고 연직 가속도는 (5.30b)에 보인 바와 같이 0이 된다. 만일 그 연직 운동이 매우 작아 그 작음을

$$\frac{W/D}{V/L}\frac{D^2}{L^2}[Ro] \ll 1 \tag{5.31a}$$

으로 표현하면, (5.29c)는

$$\frac{dw^*}{dt^*} \lesssim O(1) \tag{5.31b}$$

을 뜻할 수 있다. 그런 경우에도 연직 속도가 매우 작으므로 그 가속도는 무시될 것이다.

□ 기압 경도력과 부양력이 함께 중요한 운동

식 (5.28)이 성립하면, 기압 편차 경도력과 부양력이 모두 중요할 수 있다. 이 경우에 (5.24a)와 (5.24b)로부터 우리는

$$\delta p' \lesssim O\left(\frac{D}{H}\frac{Fr}{[Ro]}\right) \tag{5.32}$$

을 얻는다. 이제 무차원 압력 편차 $\delta p'$을 그 특성 값으로 스케일해

$$\delta p' \equiv \frac{D}{H}\frac{Fr}{[Ro]}\delta p^* \tag{5.33}$$

와 같이 δp^*를 정의하면, 우리는

$$\delta p^* \lesssim O(1) \tag{5.34}$$

을 얻는다. 이 새 무차원 압력 편차 δp^*을 이용해 (5.24)를 다시 쓰면

$$\rho^*\left([Ro]\frac{du^*}{dt^*} - \frac{[Ro]}{Ro}f^*v^*\right) = -\frac{\partial \delta p^*}{\partial x^*} \tag{5.35a}$$

$$\rho^*\left([Ro]\frac{dv^*}{dt^*} + \frac{[Ro]}{Ro}f^*u^*\right) = -\frac{\partial \delta p^*}{\partial y^*} \tag{5.35b}$$

$$\frac{Fr}{[Ro]}\frac{W/D}{V/L}\left(\frac{D}{L}\right)^2\rho^*[Ro]\frac{dw^*}{dt^*} = -\delta\rho' - \frac{Fr}{[Ro]}\frac{\partial \delta p^*}{\partial z^*} \tag{5.35c}$$

이 얻어진다. 이 경우에 압력 경도력은 중요한 힘으로 수평 운동에 기여한다. 우리는 (5.35c)에 나타난 부양력의 역할이 무시되지 않는 경우만을 다룬다. 왜냐하면 부양력이 무시되는 경우에(제9장에서 다루어질 연직으로 전파하는 음파의 경우로) (5.18)의 정리가 성립하지 않기 때문이다. 이제 밀도 편차가 무시될 수 없는 경우에 (5.35c)는

$$\frac{Fr}{[Ro]} \lesssim O(1);\quad \delta\rho' \lesssim O\left(\frac{Fr}{[Ro]}\right) \tag{5.36}$$

을 암시할 것이다. 무차원 밀도 편차 $\delta\rho'$를 그 특성 값으로 스케일해

$$\delta\rho' \equiv \frac{Fr}{[Ro]}\delta\rho^* \tag{5.37}$$

와 같이 $\delta\rho^*$를 정의하면, 우리는

$$\delta\rho^* \lesssim O(1) \tag{5.38}$$

을 얻는다. 이 새 무차원 밀도 편차 $\delta\rho^*$을 이용해 (5.35c)를 다시 쓰면

$$\frac{W/D}{V/L}\left(\frac{D}{L}\right)^2[Ro]\rho^*\frac{dw^*}{dt^*} = -\delta\rho^* - \frac{\partial \delta p^*}{\partial z^*} \tag{5.39}$$

이 얻어진다.

5.2.2 상태 방정식의 스케일링

압력 편차와 밀도 편차가 운동에서 중요한 경우에, 기온 편차의 특성 값은 상태 방정식의 스케일링에서 구해질 것이다. 정지 대기의 상태 방정식 $p_s^* = \rho_s^* T_s^*$ 을 이용하면 우리는 (5.3a)에서

$$\frac{D}{H}\frac{Fr}{[Ro]}\delta p^* = \frac{Fr}{[Ro]}T_s^*\delta\rho^* + \left(\rho_s^* + \frac{Fr}{[Ro]}\delta\rho^*\right)\delta T' \quad (5.40)$$

을 얻을 수 있다. 여기서 D/H의 값은 (5.13)에 따라 $\gamma = 1.4$보다 훨씬 더 크지는 않지만 아주 작을 수는 있으므로

$$O\left(\frac{D}{H}\frac{Fr}{[Ro]}\right) \lesssim O\left(\frac{Fr}{[Ro]}\right) \quad (5.41)$$

이고, '여러 항들이 균형을 이룰 때 아무 항도 그 가장 클 것 같은 항보다 훨씬 더 클 수는 없다'라는 논리에서 (5.40)은

$$\delta T' \lesssim O\left(\frac{Fr}{[Ro]}\right) \quad (5.42a)$$

을 암시한다. 무차원 기온 편차 $\delta T'$ 을 그 특성 값으로 스케일해

$$\delta T' \equiv \frac{Fr}{[Ro]}\delta T^* \quad (5.42b)$$

와 같이 δT^*를 정의하면, 우리는

$$\delta T^* \lesssim O(1) \quad (5.43)$$

을 얻는다. 이 새 무차원 온도 편차 δT^*을 이용해 (5.40)을 다시 쓰면

$$\frac{D}{H}\frac{\delta p^*}{p_s^*} = \frac{T^*}{T_s^*}\frac{\delta\rho^*}{\rho_s^*} + \frac{\delta T^*}{T_s^*} \quad (5.44a)$$

이 얻어진다. 식 (5.44a)의 상태 방정식은 여러 다른 동등한 변형들

$$\frac{D}{H}\frac{\delta p^*}{p_s^*} = \frac{\delta\rho^*}{\rho_s^*} + \frac{\rho^*}{\rho_s^*}\frac{\delta T^*}{T_s^*} \tag{5.44b}$$

$$\frac{D}{H}\frac{\delta p^*}{\rho^*} = T_s^*\frac{\delta\rho^*}{\rho^*} + \delta T^* \tag{5.44c}$$

$$\frac{D}{H}\frac{\delta p^*}{\rho_s^*} = T^*\frac{\delta\rho^*}{\rho_s^*} + \delta T^* \tag{5.44d}$$

로 표현될 수 있다.

이제 $D/H \ll 1$, 곧 얇은 계를 생각하면, (5.44d)의 상태 방정식은

$$\delta\rho^* \approx -\frac{\rho_s^*}{T^*}\delta T^* \tag{5.45a}$$

와 같이 어림된다. 차원 회복으로 (5.45a)는 부시네스크 방정식(Boussinesq equation)이라 불리는

$$\rho = \rho_s[1-\beta(T-T_s)] \tag{5.45b}$$

이 된다. 여기서 $\beta \equiv 1/T$는 등압 열팽창 계수이다. 식 (5.45b)를 사용할 때, 계가 얇기 때문에, 흔히 등압 열팽창 계수는 등온 대기의 그것으로 어림되고, 참고 밀도 ρ_s와 참고 기온 T_s은 연직 좌표 z에 무관한 상수로 취급된다.

□ 적운 대류

축 대칭 구조로 발달하는 구름 대류는 다음과 같은 특성 값과 특성 규모를 갖는다. 대류의 환경을 중위도로 잡으면 $H = 5\times10^3 m$; $f_0 = 10^{-4}s^{-1}$; $g = 10\,ms^{-2}$ 이고,

$$\begin{gathered} P = 1000hPa;\ \Theta = 300K;\ V = 5ms^{-1}, \\ L = 5\times10^3 m;\ D = 5\times10^3 m;\ \tau = 3\times10^3 s \end{gathered} \tag{5.46}$$

이에 따라 관련된 무차원 모수들은

$$\frac{L}{\tau V} = \frac{5\times10^3}{3\times10^3\times5} \simeq 0.3 < 1;\quad \frac{D}{H} = 1 \tag{5.47a}$$

$$Ro = \frac{5}{10^{-4}\times5\times10^{3}} = 10 \gg 1;\ [Ro] = 1;$$

$$Fr = \frac{5^{2}}{10\times5\times10^{3}} = 5\times10^{-4} \ll 1 \tag{5.47b}$$

$$\frac{Fr}{[Ro]} = \frac{5\times10^{-4}}{1} \ll 1;\ \frac{D}{H}\frac{Fr}{[Ro]} = 1\times5\times10^{-4} \ll 1 \tag{5.47c}$$

와 같고, 적운 대류는 명확히 관성 운동이 아니다. 압력과 기온의 각 특성 편차는

$$P\frac{D}{H}\frac{Fr}{[Ro]} = 1000\,hPa\times5\times10^{-4} = 0.5\,hPa \tag{5.48}$$

$$\Theta\frac{Fr}{[Ro]} = 300\,K\times5\times10^{-4} = 0.15\,K \tag{5.49}$$

와 같다.

ㅁ 중위도 구풍

중위도 **구풍**(颶風, cyclone)의 특성 값과 특성 규모는 다음과 같다:

$$\begin{aligned} &P = 1000\,\text{hPa};\ \Theta = 300\text{K};\ V = 10\,\text{m s}^{-1} \\ &L = 10^{6}\,\text{m};\ \text{D} = 10^{4}\text{m};\ \tau = 10^{5}\text{s} \end{aligned} \tag{5.50}$$

관련된 무차원 모수들은

$$\frac{L}{\tau V} = \frac{10^{6}}{10^{5}\times10} = 1;\ \frac{D}{H} = 2 \tag{5.51a}$$

$$Ro = \frac{10}{10^{-4}\times10^{6}} = 10^{-1};\ [Ro] = 0.1;$$

$$Fr = \frac{10^{2}}{10\times10^{4}} = 10^{-3} \tag{5.51b}$$

$$\frac{Fr}{[Ro]} = \frac{10^{-3}}{10^{-1}} = 10^{-2} \ll 1;\ \frac{D}{H}\frac{Fr}{[Ro]} = 2\times10^{-2} \ll 1 \tag{5.51c}$$

와 같고, 중위도 구풍도 명백히 관성 운동이 아니다. 해풍 같은 강제 진동도 아니고, 구풍은 편서풍계의 **경압 불안정**(傾壓不安定, baroclinic instability)에 기인된 **파동계**(波動系, wave system)로 이해되어 왔다. 압력과 기온의 특성 편차는

$$P\frac{D}{H}\frac{Fr}{[Ro]} = 1000\,hPa \times 2 \times 10^{-2} = 20\text{ hPa} \tag{5.52}$$

$$\Theta\frac{Fr}{[Ro]} = 300\,K \times 10^{-2} = 3\text{ K} \tag{5.53}$$

와 같다. 우리는 지상 일기도에 나타나는 고기압과 저기압 사이의 압력 차이가 보통 이 정도 크기를 가짐에 유의할 것이다.

□ 해풍

잘 발달된 **해풍**(海風, sea breeze)은 수평 등방 운동 계가 아니다. 따라서 이제까지 고찰된 논의의 여러 결과들은 해풍의 특성을 파악하는 데 무차별하게 사용될 수 없다.

하지만, 해안선에 직교하는 연직 면 위에서 해풍 순환계의 특성 값과 특성 규모는 다음과 같다:

$$\begin{aligned} &P = 1000\,\text{hPa};\ \ \Theta = 300\text{K};\ \ V = 5\,\text{m s}^{-1} \\ &L = 10^4\,\text{m};\ \ D = 10^3\,\text{m};\ \ \tau = 1.5\times10^4\text{s} \end{aligned} \tag{5.54}$$

관련된 무차원 모수들은

$$\frac{L}{\tau V} = \frac{10^4}{10^4 \times 5} = 0.2 < 1;\ \ \frac{D}{H} = \frac{10^3}{5\times10^3} = 0.2 \tag{5.55a}$$

$$\begin{aligned} Ro &= \frac{5}{10^{-4}\times10^4} = 5;\ [Ro] = 1; \\ Fr &= \frac{5^2}{10\times10^3} = 2.5\times10^{-3} \end{aligned} \tag{5.55b}$$

$$\begin{aligned} &\frac{Fr}{[Ro]} = \frac{2.5\times10^{-3}}{1} \ll 1; \\ &\frac{D}{H}\frac{Fr}{[Ro]} = 0.2\times2.5\times10^{-3} = 5\times10^{-4} \ll 1 \end{aligned} \tag{5.55c}$$

와 같다. 중위도에서 해풍의 주기는 관성 운동의 그것과 비슷하지만, 명백히 관성 운동의 필요 조건을 만족하지 않는다. 해풍은 **강제 진동**(强制振動, forced oscillation)의 한 위상으로 이해되어 왔다. 압력과 기온의 특성 편차는

$$P\frac{D}{H}\frac{Fr}{[Ro]} = 1000\text{ hPa}\times5\times10^{-4} = 0.5\,\text{hPa} \tag{5.56}$$

$$\Theta\frac{Fr}{[Ro]} = 300\ \mathrm{K}\times 2.5\times 10^{-3} = 0.75\mathrm{K} \tag{5.57}$$

이 정도의 압력 편차는 아네로이드 압력계로 읽어 내기가 쉽지 않지만 온도 편차는 온도계로 확인되기에 충분한 값이다. 실제로 해풍은 압력이나 기온의 변동으로 밝히기 힘들다.

5.2.3 열역학 에너지 방정식의 스케일링

이제까지 우리가 스케일한 것은 연속 방정식, 운동 방정식, 그리고 상태 방정식이었다. 특히 느린 변동 또는 넓은 의미의 대류에 대한 연속 방정식의 스케일링을 통해서 연직 속도의 특성 값에 걸리는 제약을 이해했다. 그러나 이 분석은 연직 속도의 상한을 주는 것이지 특성적 크기를 주지는 못한다. 이제 지배 방정식 계의 나머지, 곧 열역학 에너지 방정식의 스케일링을 통해 연직 속도의 특성 값을 구할 것이다.

스케일하기 전에 먼저 열역학 에너지 방정식을 다음과 같은 편차 형식으로 쓰자:

$$C_p\rho\frac{d}{dt}\delta T = \frac{d}{dt}\delta p - \sigma_s\rho g w + g w \delta\rho \tag{5.58}$$

여기서 참고 대기의 무차원 정지 안정도(靜止安定度, static stability)

$$\sigma_s \equiv 1 + \frac{C_p}{g}\frac{\partial T_s}{\partial z} = \frac{C_p T_s}{g\theta_s}\frac{\partial \theta_s}{\partial z} = \frac{T_s}{\theta_s \Gamma_d}\frac{\partial \theta_s}{\partial z};$$

$$\Gamma_d \equiv \frac{g}{C_p} \simeq 9.8\,\mathrm{K/km} \tag{5.59}$$

는 참고 대기가 **등온 대기**(等溫大氣, isothermal atmosphere)이면 $\sigma_s = 1$ 이고, **등온위 대기**(等溫位大氣, isentropic atmosphere)이면 $\sigma_s = 0$ 이다. 일반적으로 σ_s는 z의 함수이다. 우리는 0이 아닌 특성 값 σ_0(σ_s의 연직 평균으로 취할 수 있음)을 이용하여 스케일된 정지 안정도

$$\sigma_s^* \equiv \frac{\sigma_s}{\sigma_0} \lesssim O(1) \tag{5.60}$$

을 사용할 수 있다. 열역학 변수들의 특성 편차를 이용해 (5.58)을 스케일하고 정리하면, 우리는

$$\frac{Fr/[Ro]}{D/H_\theta}\rho^*\frac{d}{dt^*}\delta T^* = \frac{Fr}{[Ro]}\frac{d}{dt^*}\delta p^* - \sigma_0\frac{W/D}{V/L}\sigma_s^*\rho^* w^* + \frac{Fr}{[Ro]}\frac{W/D}{V/L}w^*\delta\rho^* \tag{5.61}$$

을 얻는다. 여기서

$$H_\theta \equiv \frac{C_p\Theta}{g} \approx 4H > \gamma H \geq D \tag{5.62}$$

가 정의되었다

참고 대기가 등온위 대기 또는 등온 대기의 경우를 먼저 생각하자. 등온위 대기의 경우에 (5.61)은 ($\sigma_s^* = 0$ 이기 때문에)

$$\frac{H_\theta}{D}\rho^*\frac{d}{dt^*}\delta T^* = \frac{d}{dt^*}\delta p^* + \frac{W/D}{V/L}w^*\delta\rho^* \tag{5.63}$$

이 되고, 이로부터 우리는

$$\frac{W/D}{V/L} \lesssim O\left(\frac{H_\theta}{D}\right) \tag{5.64}$$

을 얻는다. $H_\theta/D > 1$ 인 점을 감안하면, (5.64)는 연속 방정식의 규모 분석에서 이미 얻었던 (5.17)보다 더 약한 조건이다. 이 경우에 우리는 (5.17)로 돌아가서 연직 속도의 특성 값으로

$$W \equiv V\frac{D}{L} \tag{5.65}$$

을 얻을 수밖에 없다. 등온 대기의 경우에 (5.61)은 ($\sigma_0\sigma_s^* = 1$ 이기 때문에)

$$\frac{Fr/[Ro]}{D/H_\theta}\rho^*\frac{d}{dt^*}\delta T^* = \frac{Fr}{[Ro]}\frac{d}{dt^*}\delta p^* - \frac{W/D}{V/L}\sigma_0\sigma_s^*\rho_s^* w^* \tag{5.66}$$

이 되고, 이로부터

$$\frac{W/D}{V/L} \lesssim O\left(\frac{Fr/[Ro]}{\sigma_0 D/H_\theta}\right) \tag{5.67}$$

를 얻는다. 이 경우에 $D/H_\theta < 1$ 인 점이 감안되었다. 식 (5.67)은 $\dfrac{Fr/[Ro]}{\sigma_0 D/H_\theta}$ 가 1과 비슷하거나 이보다 크면 쓸모없는 것이 되고 1보다 아주 작으면 유용한 조건이 된다. 곧 연직 속도의 특성 값은

$$\frac{Fr/[Ro]}{\sigma_0 D/H_\theta} \geq 1 \text{ 이면 } W \equiv V\frac{D}{L} \tag{5.68a}$$

$$\frac{Fr/[Ro]}{\sigma_0 D/H_\theta} \ll 1 \text{ 이면 } W \equiv V\frac{D}{L}\frac{Fr/[Ro]}{\sigma_0 D/H_\theta} \tag{5.68b}$$

과 같이 선택될 수 있다.

균질 권은 간단히 등온 대기나 등온위 대기로 어림될 수 있는 대기가 아니다. 정지 안정도의 범위는 대류권에서 $0 < \sigma_s < 1$, 성층권 하부에서 $\sigma_s = 1$, 성층권 상부에서 $\sigma_s > 1$, 그리고 중간권에서 다시 $0 < \sigma_s < 1$ 이다. 이런 다소 복잡한 상황을 다루기 위해 우리는 리차드슨 수(Richardson number)를

$$Ri \equiv \frac{\sigma_0 D/H_\theta}{Fr} \equiv \frac{g\sigma_0/H_\theta}{V^2/D^2} \approx \frac{\left(\dfrac{g}{\theta_s}\partial\theta_s/\partial z\right)_0}{(\partial\vec{V}/\partial z)^2_0} \tag{5.69}$$

과 같이 정의하고, (5.61)을 σ_0으로 나누어

$$\begin{aligned} ①\frac{1}{Ri[Ro]}\rho^*\frac{d}{dt^*}\delta T^* &= ②\frac{D/H_\theta}{Ri[Ro]}\frac{d}{dt^*}\delta p^* \\ -\ ③\frac{W/D}{V/L}\sigma_s^*\rho^* w^* &+ ④\frac{D/H_\theta}{Ri[Ro]}\frac{W/D}{V/L}w^*\delta\rho^* \end{aligned} \tag{5.70}$$

과 같이 쓴다. 식 (5.62)에 따라

$$\frac{D/H_\theta}{Ri[Ro]} < \frac{1}{Ri[Ro]} \tag{5.71}$$

이기 때문에 (5.70)의 ①항은 ②항보다 더 크다. 이제 우리는 ③항과 ④항 가운

데서 하나를 선택하여 이를 ①항에 비교한다. 그 까닭은 '한 방정식 안에서 한 항은 다른 모든 항들 가운데서 가장 큰 항보다 훨씬 더 클 수는 없다'라는 비교 논리 때문이다. 우리는 (5.70)의 ③항과 ④항 가운데서 큰 것을 택한다. 그 이유는 W가 연직 속도의 특성 값으로서 최소 상한이어야 하는데, ③항과 ④항 가운데서 큰 것을 ①항에 비교해 얻은 추정 값이 작은 것을 ①항에 비교해 얻은 추정 값보다 작기 때문이다. 그런데 $Fr/[Ro] < \sigma_0$ 이면 ③항이 ④항보다 더 크고, $Fr/[Ro] > \sigma_0$ 이면 ④항이 ③항보다 더 크다. 따라서

$$\frac{Fr}{[Ro]} \leq \sigma_0 \text{ 이면 } \frac{W/D}{V/L} \lesssim \frac{1}{Ri[Ro]} \tag{5.72a}$$

$$\frac{Fr}{[Ro]} \geq \sigma_0 \text{ 이면 } \frac{W/D}{V/L} \lesssim \frac{1}{D/H_\theta} \tag{5.72b}$$

식 (5.70)에서 $\sigma_s^* \rho^*$와 $\delta\rho^*$는 비록 국지적으로 매우 작을 수 있지만 총체적 비교의 대상이 아니다. $\sigma_0 = 0$ 이면 등온위 대기의 경우로서 ④항과 ①항의 비교로써 부등식 (5.72b)가 얻어진다. 결과적으로 (5.72a)와 (5.72b)는 모든 경우들을 포함한다. 그러나 $D/H_\theta < 1$ 이므로, $Fr/[Ro] \geq \sigma_0$ 의 경우에 우리는 연속 방정식의 규모 분석에서 이미 얻은 부등식 (5.17)을 무력화시킬 만한 정보를 열역학 에너지 방정식의 규모 분석에서 얻을 수 없다.

정지 안정도가 중요한 경우 (5.72a)라 하더라도 그것이 (5.17)을 무력화시킬 정보가 되려면

$$Ri[Ro] \geq 1, \text{ 곧 } \frac{Fr}{[Ro]} \leq \sigma_0 \frac{D}{H_\theta} \tag{5.73}$$

이 필요하다. 이제 $Fr/[Ro] \geq \sigma_0$ 이면 당연히 $Fr/[Ro] \geq \sigma_0 D/H_\theta$ 임에 유념하여 앞에서 얻은 결과들을 정리하면, 연직 속도의 특성 값은

$$Ri[Ro] \geq 1, \text{ 곧 } \frac{Fr}{[Ro]} \leq \sigma_0 \frac{D}{H_\theta} \text{ 이면 } W \equiv \frac{VD/L}{Ri[Ro]} \tag{5.74a}$$

$$Ri[Ro] \leq 1, \text{ 곧 } \frac{Fr}{[Ro]} \geq \sigma_0 \frac{D}{H_\theta} \text{ 이면 } W \equiv V\frac{D}{L} \tag{5.74b}$$

와 같이 선택된다. 수정된 리차드슨 수(modified Richardson number)를

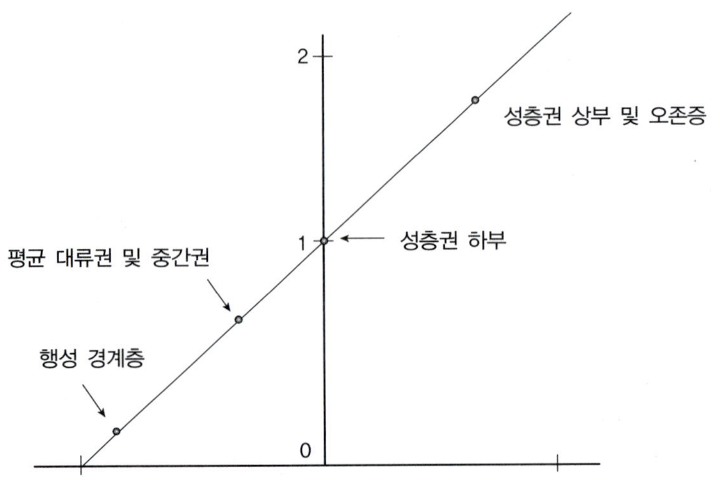

| 그림 5.3 | 고도의 함수로 본 정지 안정도 σ

$$[Ri] \equiv \max(Ri[Ro], 1) \tag{5.75}$$

와 같이 정의하면, (5.74a)와 (5.74b)는

$$W = V\frac{D}{L}\frac{1}{[Ri]} \tag{5.76}$$

과 같이 한 식으로 표현될 수 있다. 이를 식 (5.70)에 대입하고 정리하면 우리는

$$\rho^* \frac{d}{dt^*}\delta T^* = D/H_\theta \frac{d}{dt^*}\delta p^* - \frac{Ri[Ro]}{[Ri]}\sigma^* \rho^* w^* + \frac{D/H_\theta}{[Ri]} w^* \delta\rho^* \tag{5.77}$$

와 같이 스케일된 열역학 에너지 방정식을 얻는다. 식 (5.77)에서 모든 항들의 자리 크기가 $O(1)$임에 주목한다.

식 (5.76)에서 얻은 연직 속도의 특성 값을 이용하면, 물도 연산자는

$$\frac{d}{dt^*} = \frac{L}{\tau V}\frac{\partial}{\partial t^*} + \vec{V}^* \cdot \vec{\nabla}^* + \frac{w^*}{[Ri]}\frac{\partial}{\partial z^*} \tag{5.78}$$

과 같이, 운동 방정식의 연직 성분 (5.39)는

$$\frac{D^2}{L^2}\frac{[Ro]}{[Ri]}\rho^* \frac{dw^*}{dt^*} + \delta\rho^* + \frac{\partial}{\partial z^*}\delta p^* = 0 \tag{5.79}$$

와 같이, 그리고 연속 방정식 (5.4)는

$$\frac{Fr}{[Ro]}\frac{d\delta\rho^*}{dt^*} = -\left(\rho_s^* + \frac{Fr}{[Ro]}\delta\rho^*\right)\left(\vec{\nabla}^*\cdot\vec{V}^* + \frac{1}{[Ri]}\frac{\partial w^*}{\partial z^*}\right) - \frac{D/H_\rho}{[Ri]}\rho_s^* w^* \tag{5.80}$$

와 같이 될 것이다.

5.3 편차 방정식 계

수평 등방 운동 계에 대한 정리 (5.18)과

$$\vec{V}^* \equiv \frac{\vec{V}}{V} \lesssim O(1);\quad w^* \equiv \frac{w}{V\dfrac{D}{L}\dfrac{1}{[Ri]}} \lesssim O(1) \tag{5.81a}$$

$$p^* \equiv \frac{p}{P} = p_s^* + \frac{D}{H}\frac{Fr}{[Ro]}\delta p^* \lesssim O(1)$$

$$\rho^* \equiv \frac{\rho}{P/R\Theta} = \rho_s^* + \frac{Fr}{[Ro]}\delta\rho^* \lesssim O(1) \tag{5.81b}$$

$$T^* \equiv T/\Theta = T_s^* + \frac{Fr}{[Ro]}\delta T^* \lesssim O(1)$$

$$\frac{L}{V}\frac{d}{dt} = \frac{L}{\tau V}\frac{\partial}{\partial t^*} + \vec{V}^*\cdot\vec{\nabla}^* + \frac{w^*}{[Ri]}\frac{\partial}{\partial z^*} \equiv \frac{d}{dt^*} \lesssim O(1) \tag{5.81c}$$

을 가지고 얻어진 (5.35a), (5.35b), (5.79), (5.77), (5.80) 그리고 (5.44b)를 다시 쓰면,

$$[Ro]\rho^*\frac{du^*}{dt^*} = -\frac{\partial\delta p^*}{\partial x^*} + \frac{[Ro]}{Ro}f^*\rho^* v^* \tag{5.82a}$$

$$[Ro]\rho^*\frac{dv^*}{dt^*} = -\frac{\partial\delta p^*}{\partial y^*} - \frac{[Ro]}{Ro}f^*\rho^* u^* \tag{5.82b}$$

$$\left(\frac{D}{L}\right)^2\frac{[Ro]}{[Ri]}\rho^*\frac{dw^*}{dt^*} = -\frac{\partial\delta p^*}{\partial z^*} - \delta\rho^* \tag{5.82c}$$

$$\rho^*\frac{d}{dt^*}\delta T^* - \frac{D}{H_\theta}\frac{d}{dt^*}\delta p^* = -\frac{Ri[Ro]}{[Ri]}\sigma_s^*\rho^* w^* + \frac{D/H_\theta}{[Ri]}w^*\delta\rho^* \tag{5.82d}$$

$$-\frac{Fr}{[Ro]}\left(\frac{d}{dt^*}+\vec{\nabla}^*\cdot\vec{V}^*+\frac{1}{[Ri]}\frac{\partial w^*}{\partial z^*}\right)\delta\rho^*$$

$$=\vec{\nabla}^*\cdot\rho_s^*\vec{V}^*+\frac{1}{[Ri]}\frac{\partial(\rho_s^* w^*)}{\partial z^*} \tag{5.82e}$$

$$\frac{\delta\rho^*}{\rho^*}=\frac{\rho_s^*}{\rho^*}\frac{D}{H}\frac{\delta p^*}{p_s^*}-\frac{\delta T^*}{T_s^*} \tag{5.82f}$$

와 같다. 이 무차원 편차 방정식 계 (5.82)는 앞으로 우리가 고찰할 모든 어림된 계들의 기초가 될 것이다. 당연한 말이지만, 특성 값과 특성 규모를 이용해 그 차원이 복원되면, (5.82)는 편차 방정식 계

$$\rho\frac{du}{dt}=-\frac{\partial}{\partial x}\delta p+f\rho v \tag{5.83a}$$

$$\rho\frac{dv}{dt}=-\frac{\partial}{\partial y}\delta p-f\rho u \tag{5.83b}$$

$$\rho\frac{dw}{dt}=-\frac{\partial}{\partial z}\delta p-g\delta\rho \tag{5.83c}$$

$$\rho C_p\frac{d}{dt}\delta T-\frac{d}{dt}\delta p=-\sigma_s\rho g w+g w\delta\rho \tag{5.83d}$$

$$\frac{d}{dt}\delta\rho=-\rho\left(\vec{\nabla}\cdot\vec{V}+\frac{\partial w}{\partial z}\right)-\frac{1}{H_\rho}\rho_s w \tag{5.83e}$$

$$\frac{\delta\rho}{\rho}=\frac{\rho_s}{\rho}\frac{\delta p}{p_s}-\frac{\delta T}{T_s} \tag{5.83f}$$

또는 원래의 지배 방정식 계

$$\rho\frac{du}{dt}=-\frac{\partial p}{\partial x}+f\rho v \tag{5.84a}$$

$$\rho\frac{dv}{dt}=-\frac{\partial p}{\partial y}-f\rho u \tag{5.84b}$$

$$\rho\frac{dw}{dt}=-\frac{\partial p}{\partial z}-g\rho \tag{5.84c}$$

$$C_p\frac{dT}{dt}-\alpha\frac{dp}{dt}=0 \tag{5.84d}$$

$$\frac{\partial\rho}{\partial t}=-\left[\vec{\nabla}\cdot(\rho\vec{V})+\frac{\partial}{\partial z}(\rho w)\right] \tag{5.84e}$$

$$p=\rho RT \tag{5.84f}$$

가 될 것이다.

5.3.1 편차 방정식 계의 에너지 논의

편차 방정식 계로 에너지 수지 관계를 논의하기 위해 우리는 (5.83)에서

$$\rho\frac{d}{dt}\frac{1}{2}(u^2+v^2+w^2)=-\left(\vec{V}\cdot\nabla+w\frac{\partial}{\partial z}\right)\delta p-g\,w\,\delta\rho \quad (5.85)$$

$$\rho\frac{d}{dt}\left(C_p\delta T-\frac{\delta p}{\rho}+\int^z\sigma_s g\,dz\right)=-\delta p\left(\vec{\nabla}\cdot\vec{V}+\frac{\partial w}{\partial z}\right)+gw\delta\rho \quad (5.86)$$

을 쉽게 얻을 수 있다. 식 (5.85)와 (5.86)은 덩이의 운동 에너지와 잠재 에너지를 변화시킬 과정들을 각각 그 오른쪽에 보인다.

식 (5.85)와 (5.86)에서 $\mp gw\,\delta\rho$로 표현된 부양력의 일(work of buoyancy)은 그 편차 방정식 계의 얼개로 표현된 운동 에너지와 잠재 에너지 사이 변환을 나타낸다. 가벼운($\delta\rho<0$) 공기의 상승과 무거운($\delta\rho>0$) 공기의 하강은 부양력의 일을 통해 잠재 에너지를 감소시키고 운동 에너지를 그만큼 증가시킬 과정이다. 여기서 덩이는 그 밀도가 참고 대기의 그것보다 더 작으면(크면) 가볍고(무겁고), 부양력의 일은 실제 중력이 하는 일과 참고 기압 경도력이 하는 일을 더한 것과 같다:

$$-g\,w\,\delta\rho=\left[(-g\rho)+\left(-\frac{\partial p_s}{\partial z}\right)\right]w \quad (5.87)$$

식 (5.85)의 오른쪽에서 그 부양력의 일을 제외한 나머지 항들은 실제 압력 경도와 그 참고 경도의 차이에서 나온다. 참고 압력 경도는 연직 방향에 있기 때문에 수평 비교는 형식적일 뿐이다. 연직 비교는 실제 연직 기압 경도력이 하는 일과 참고 중력이 하는 일을 더한 것과 같다:

$$-w\frac{\partial}{\partial z}\delta p=\left[\left(-\frac{\partial p}{\partial z}\right)+(-\rho_s g)\right]w \quad (5.88)$$

욕조 안 고요한 물에 잠긴 어떤 물체가 받는 압력들의 벡터 합이 그 크기로 그 물체가 밀어낸 물이 받을 중력과 같다는 것은 아르키메데스의 원리(the Archimedes' principle)이다. 우리 논의에서 연직 기압 경도력은 단위 질량의 덩이가 받는 압력들의 벡터 합에 해당한다. 실제 연직 기압 경도력이 그 참고 중력으로 완벽하게 상쇄된다 하더라도 정수 계가 아니라면 부양력은 0이 아니다. 물

론 대기 안에서 실제 연직 기압 경도력이 그 참고 중력으로 모두 상쇄되는 것은 아니지만, 부양력은 적어도 그러한 상쇄 경향이 뚜렷할 때 중요한 힘으로 부각된다. 덩이 방법(氣塊法, the parcel method)으로 한 덩이의 정지 안정도를 판별할 때 그 덩이의 이동에도 불구하고 그것이 받을 기압 경도력이 주변의 그것과 늘 같다고 가정하는 것은 바로 그런 상쇄 경향을 인정하는 것이다.

부양력의 일을 제외하면, (5.86)의 오른쪽은 수축의 실제 일(actual work)을 그 수축의 참고 일(referenced work)에 비교하고 있다:

$$-\delta p\left(\vec{\nabla}\cdot\vec{V}+\frac{\partial w}{\partial z}\right)=\left(-p\frac{1}{\alpha}\frac{d\alpha}{dt}\right)-\left(-p_s\frac{1}{\alpha}\frac{d\alpha}{dt}\right) \tag{5.89}$$

여기서 우리는 삼차원 속도 발산이 단위 부피당 팽창 속도 $(d\alpha/dt)/\alpha$와 같음을 이용했다. 이제 기압 경도력의 일과 그 수축의 일을 더해 얻어지는

$$\begin{aligned}-\left[\vec{\nabla}\cdot(\delta p\vec{V})+\frac{\partial}{\partial z}(\delta p w)\right]&=-\left[\vec{\nabla}\cdot(p\vec{V})+\frac{\partial}{\partial z}(pw)\right]\\&+\left[\vec{\nabla}\cdot(p_s\vec{V})+\frac{\partial}{\partial z}(p_s w)\right]\end{aligned} \tag{5.90}$$

은 에너지의 실제 속 수렴(flux convergence)을 참고 속 수렴에 비교한다. 이들은 에너지의 국지적 재분배를 나타내므로 닫힌 경계 안에서 적분되면 사라진다. 사실 (5.85)와 (5.86)을 더하고 그 결과를 에너지 속에 대해 닫힌 경계를 가지는 어떤 3차원 영역 R에 대해 적분하면, 우리는

$$\frac{\partial}{\partial t}\int_R\left[\frac{1}{2}(u^2+v^2+w^2)+C_p\delta T-\frac{\delta p}{\rho}+\int^z\sigma_s g\,dz\right]\rho dV=0 \tag{5.91}$$

을 얻는다. 식 (5.91)은 에너지 보존 원리의 한 표현이다. 여기서

$$A\equiv\int_R\left(C_p\delta T-\frac{\delta p}{\rho}+\int^z\sigma_s g\,dz\right)\rho dV \tag{5.92}$$

는 잠재 에너지 총량의 한 형식이다.

에너지 논의는 일의적인 것이 아니며 오히려 그 내용은 우리가 선택하는 방정식 계와 좌표계에 따라 구체화된다. 사실, 편차 방정식 계 (5.83)과 동등한 (5.84)에서 운동 에너지 방정식과 잠재 에너지 방정식은

$$\rho\frac{d}{dt}\left[\frac{1}{2}(u^2+v^2+w^2)+\Phi\right]=-\left(\vec{V}\cdot\vec{\nabla}+w\frac{\partial}{\partial z}\right)p \qquad (5.93)$$

$$\rho\frac{d}{dt}\left(C_pT-\frac{p}{\rho}\right)=-p\left(\vec{\nabla}\cdot\vec{V}+\frac{\partial w}{\partial z}\right) \qquad (5.94)$$

와 같이 얻어진다. 이것들의 모습은 확실히 (5.85)와 (5.86)의 그것과 다르다. 부양력의 일이 보이지 않는 대신에 (5.93)에서 지위 에너지가 보인다. 더욱, 그 닫힌 영역에 대해 (5.93)과 (5.94)의 합을 적분하면, 우리는

$$\frac{d}{dt}\int_R\left[\frac{1}{2}(u^2+v^2+w^2)+\Phi+C_pT-\frac{p}{\rho}\right]\rho dV=0 \qquad (5.95)$$

을 얻는다. 이는 (5.91)과 비교될 때 잠재 에너지의 다른 꼴을 보이고 있다: 사실,

$$C_pT-\frac{p}{\rho}=C_vT$$

이므로, (5.95)에 나타난 잠재 에너지는 내부 에너지와 지위 에너지의 합으로서 우리에게 이미 친숙한 에너지 형식이다.

5.4 로스비 변형 반경

로스비 변형 반경(變形半徑, radius of deformation)은 정수 대기 안에서 성립할 지균 흐름의 최소 수평 규모이다. 이를 규모 분석의 입장에서 밝혀 보자.

이제 수평 궤도의 접선 방향 $\vec{t}$에서 속력 $V>0$로 움직이는 한 (공기) 덩이의 법선 가속도가 압력 경도력과 코리올리 힘만으로 주어진다면 다음과 같다:

$$\frac{V^2}{r}=-fV-\frac{1}{\rho}\frac{\partial p}{\partial n} \qquad (5.96)$$

여기서 f는 코리올리 모수, p는 압력, ρ는 밀도, r은 궤도의 곡률 반경으로 북(남)반구에서 궤도의 왼(오른)쪽 법선 위에 곡률 중심이 있으면 양, 그리고 n은 덩이에서 법선을 따라 잰 수평 거리로 궤도의 왼(오른)쪽으로 양이다.

코리올리 힘만으로 구심력을 이뤄 수평 원 운동이 나타날 때 그 반경은 **관성 반경**(慣性半徑, radius of inertia)이다. 물론 관성 반경은 그러한 원 운동이 나타나지 않는 일반적인 경우에도 정의되는 하나의 표준 거리이다. 이제 국지적으로

$$\frac{V^2}{r_0} \equiv -fV$$

와 같이 덩이의 속도로 정의되는 관성 반경 r_0을 이용하면, $V = -fr_0$이고 (5.96)은

$$V\left(1 - \frac{r_0}{r}\right) = -\frac{1}{f\rho}\frac{\partial p}{\partial n} \tag{5.97}$$

과 같이 된다. 궤도의 곡률 반경이 관성 반경보다 훨씬 더 클 때, 곧

$$|r| \gg |r_0| \tag{5.98}$$

이 성립할 때 (5.97)은 경도 풍 방정식이라 불리며, 지균 관계

$$V = -\frac{1}{f\rho}\frac{\partial p}{\partial n} \tag{5.99}$$

로 어림될 수 있다. 식 (5.98)을 만족시킬 최소 곡률 반경을 r_d라 두면 십진법의 논리로

$$|r| \geq r_d \equiv \frac{|r_0|}{\delta} \quad (\delta \leq 10^{-1}) \tag{5.100}$$

이 암시된다. 식 (5.100)은 곡률 반경에 부과될 **지균 조건**(地均條件, geostrophic condition)이다. $V = -fr_0 = |f|\delta r_d$을 이용하면 지균 관계는

$$f^2 \delta r_d = \frac{1}{\rho}\left|\frac{\partial p}{\partial n}\right| \tag{5.101}$$

을 암시한다. 수평 거리 r_d에 걸친 압력 변화의 대표 값을 Δp라 두면 (5.101)은

$$\delta f^2 {r_d}^2 \simeq \frac{\Delta p}{\rho} \tag{5.102}$$

을 준다. 식 (5.102)는 압력 편차의 특성 값 분석에서도 얻어질 수 있다:

$$\frac{\Delta p}{\rho} \simeq P\frac{D}{H}\frac{Fr}{[Ro]}\frac{R\Theta}{P} = \frac{D}{H}\frac{V|f|L}{gD}R\Theta$$
$$= f^2\delta r_d L \simeq f^2\delta r_d^2 \tag{5.103}$$

이제 정수 대기의 상당 깊이(equivalent depth)를 H라 할 때, 지균 운동과 관련된 이 깊이의 대표적 변화는 δH로 주어지고 이 깊이 변화에 따른 정수압의 대표적 변화는 $\rho g\delta H$가 될 것이다. 따라서 Δp가 $\rho g\delta H$와 크게 다르지 않을 것이므로

$$\frac{\Delta p}{\rho} \simeq \delta gH \tag{5.104}$$

이 나온다. 식 (5.103)과 (5.104)에서 곧

$$r_d = \frac{\sqrt{gH}}{|f|} \tag{5.105}$$

이 나온다. 식 (5.105)의 오른쪽은 깊이 H인 천수 모형의 이른바 로스비 변형 반경과 같다. 물론 (5.105)에서 H는 정수 대기의 상당 깊이이다. 대기 역학에서도 r_d는 로스비 변형 반경이라 불린다.

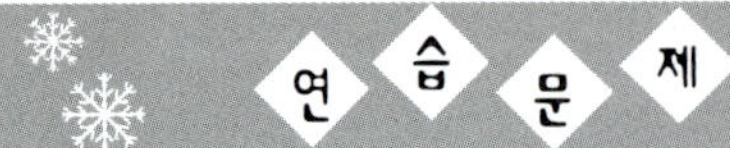

1. 표준 균질 권에 있어서 밀도의 특성 값의 역수는 밀도의 역수의 특성 값과 같지 않음을 보여라.
2. 표준 균질 권에 있어서 특성 기온, 곧 기온의 특성 값은 특성 온위, 곧 온위의 특성 값과 같지 않음을 보여라.
3. 표준 대류 권에 있어서 Θ가 특성 기온이며 동시에 특성 온위일 수 있도록 어떤 양수 Θ를 취할 수 있음을 보여라.
4. 표준 대류 권에 있어서 특성 밀도의 역수가 밀도의 특성 역수가 되도록 특성 밀도를 취할 수 있음을 보여라.
5. 본문의 (5.14)가 내포하는 특성적 균형이 네 가지뿐임을 보여라.
6. 본문의 (5.22b)의 둘째 식을 증명하라.
7. 본문의 (5.44a)를 보여라.
8. 본문의 (5.44b), (5.44c) 및 (5.44d)를 보여라.
9. 본문의 (5.58)을 유도하라.
10. 본문의 (5.66)으로부터 (5.67)을 얻어라.

제 6 장

섭동론

6.1 섭동

대기 안에서 공기의 운동은 접지 층 안 작은 난류(亂流, turbulent flow), 에크만 층 안 나선 운동, 대류권 안 구풍 등 여러 가지로 일어난다.

하지만, 진동(oscillation)이나 파동(wave motion)처럼 우리에게 잘 알려진 운동은 없다. 중위도의 종관 운동조차도 대체로 파동의 모습을 띠고 있다. 이 규모에 담긴 엄청난 에너지로 미루어 이 종관 파동들을 지원하는 기작에 구조적 불안정이 있으리라 예견되었고, 편서풍의 경압 불안정이 밝혀지게 되었다.

먼저 구조적 불안정과 상관없이 존재하는 진동과 파동을 고찰하자. 그것들은 실제로 마찰과 같은 항시적 소산 과정 때문에 지속적으로, 강제로 유지될 수밖에 없다. 우리는 그들이 한 '기초 흐름' 위에 얹힌 '작은' 섭동들인 것으로 간주한다. **섭동론**(攝動論, perturbation theory)에서 우리는 (1) 흐름을 기초 흐름과 섭동의 합으로 보고, (2) 흐름의 법칙으로부터 섭동을 지배하는 '섭동 방정식'과 기초 흐름을 지배하는 '기초 흐름 방정식'을 얻고, (3) 이 방정식들로부터 섭동 및 기초 흐름의 구조를 얻고 이해하려 한다.

선형(線型, linear) 섭동론은 (1) 기초 흐름에 관한 모든 정보를 주고, (2) 섭동 방정식에 나타나는 비선형 항들을 무시한다. 이 두 가정에 따라 얻어질 선형 방정식의 풀이는 섭동을 주고, 이때 문제의 초점은 그 얻어진 섭동의 구조를 그 주어진 기초 흐름에 대한 한 반응으로 파악하는 데 있다.

비선형(非線型, nonlinear) 섭동론은 기초 흐름에 나타날 섭동 효과를 다룬다. 그 섭동 효과를 다룸에 관련된 완결성 문제에서, 마치 선형 섭동론이 기초 흐름을 처방하듯이, 비선형 섭동론은 섭동을 처방한다. 하지만, 아무 경우에도 섭동은 섭동 방정식을 만족할 것이다. 비선형 섭동론의 완결성을 위해 섭동을 처방할 때, 섭동이 기초 흐름에 얹힌 '작은' 교란인 것으로 보고 섭동 방정식을 선형화함으로써 그 완결성의 문제가 어림되기도 한다. 이런 섭동론의 주제는 크게 두 가지이다: (1) 섭동의 구조를 평가하는 주제 1과 (2) '계산된 기초 흐름'에 나타날 섭동 효과를 평가하는 주제 2가 그것이다. 주제 1은 선형 섭동론의 연장이고 주제 2는 비선형 섭동론의 한 어림이다.

6.2 진동과 파동

한 계의 진동은 그 계의 상태가 시간에 따라 반복적으로 변하는 현상이다. 그 계는 반드시 **복원력**(復原力, restoring force)을 받는다. 파동은 한 계의 한 부분에서의 진동이 그 계의 다른 부분으로 전파되는 현상이다.

6.2.1 조화 진동자와 단진자

□ 조화 진동자

가장 간단한 진동의 모습은 한 고전적 **조화 진동자**(調和振動子, harmonic oscillator)의 그것이다. 그 진동자에 작용하는 복원력은 항상 그것의 평균 위치, 곧 진동 중심을 가리키며 그 중심으로부터의 거리에 비례한다. 이제 시각 t에 변위를 $x(t)$, 그리고 복원력의 비례 상수(또는 스프링 상수)를 k라 하면, 이 진동자의 문제는

$$d^2x/dt^2 = -kx \quad (\text{조화 진동자 방정식}) \tag{6.1a}$$

$$x(0) = x_0 \quad \text{및} \quad dx/dt = v_0 \quad (\text{초기 조건}) \tag{6.1b}$$

을 푸는 일이다. 그 풀이는 간단히

$$x(t) = x_0 \cos\sqrt{k}\, t + \frac{v_0}{\sqrt{k}} \sin\sqrt{k}\, t = A\cos\sqrt{k}(t - t_0) \qquad (6.1c)$$

이다. 여기서 $A \equiv \sqrt{x_0^2 + v_0^2/k}$ 는 진폭이고 $t_0 = \frac{1}{\sqrt{k}} Cos^{-1}\frac{x_0}{\sqrt{x_0^2 + v_0^2/k}}$ 는 변위가 진폭과 같게 되는 시각이다. 그 진폭은 초기 조건에 의존하지만, 그 진동의 주기는 $2\pi/\sqrt{k}$ 와 같고 초기 조건에 무관하다.

식 (6.1a)에 dx/dt를 곱하고 정리하면, 에너지 방정식

$$\frac{d}{dt}\left[\frac{1}{2}\left(\frac{dx}{dt}\right)^2 + \frac{1}{2}kx^2\right] = 0 \qquad (6.1d)$$

이 나온다. 여기서 중괄호 안 첫째 항은 그 진동자의 운동 에너지이고 둘째 항은 그것의 잠재 에너지이다.

□ 단진자

원형 궤도 위에서 움직이는 한 **단진자**(單振子, simple pendulum)가 받는 복원력은 그 진자에 작용하는 중력의 접선 성분으로 그 진자의 진동 중심, 곧 그 원형 궤도의 반경 중심을 지나는 연직 축을 가리킨다. 이제 그 중심에서 진자에 이르는 일정한 거리, 곧 진동 막대의 길이를 ℓ, 진자의 질량을 M, 중력 가속도를 g, 그리고 진동 막대가 연직 축과 이루는 각, 곧 각변위를 θ라 하면 단진자의 문제는

$$M\ell\ d^2\theta/dt^2 = -Mg\sin\theta \quad (\text{단진자 방정식}) \qquad (6.2a)$$

$$\theta = \theta_0 \ \text{및}\ d\theta/dt = \dot{\theta}_0 \quad (\text{초기 조건}) \qquad (6.2b)$$

을 푸는 일이다. 각변위가 아주 작은 경우라면 $\sin\theta$를 θ로 바꾸고 이 문제를 앞에서 푼 조화 진동자의 문제 (1)로 다룰 수 있겠지만, 일반적으로 문제 (2)를 풀기란 쉽기는 하지만, 그리 간단치 않다.

식 (6.2a)의 양변에 $\ell\, d\theta/dt$를 곱하면 단진자의 에너지 방정식

$$\frac{d}{dt}\left[\frac{1}{2}M\ell^{2}\left(\frac{d\theta}{dt}\right)^{2}-Mg\ell\cos\theta\right]=0 \tag{6.3a}$$

이 나온다. 그 진자의 에너지는 그 운동 부분과 잠재 부분의 합이다. 에너지가 보존되므로 초기 조건을 이용해 결과를 정돈하면

$$\frac{1}{2}M\ell^{2}\left[\left(\frac{d\theta}{dt}\right)^{2}-\dot{\theta}_0^2\right]=Mg\ell\,(\cos\theta-\cos\theta_0) \tag{6.3b}$$

이 얻어진다. 이제 $\cos\theta\equiv 1-2\sin^2\theta/2$ 임에 착안해 정리하면 (6.3b)는

$$\frac{1}{2}\left(\frac{d\theta}{dt}\right)^{2}$$

$$=\left(\frac{1}{2}\dot{\theta}_0^2+2\frac{g}{\ell}\sin^2\frac{1}{2}\theta_0\right)\left[1-\frac{\frac{g}{\ell}2\sin^2\frac{1}{2}\theta}{\frac{1}{2}\dot{\theta}_0^2+\frac{g}{\ell}2\sin^2\frac{1}{2}\theta_0}\right] \tag{6.3c}$$

이 된다. 운동 에너지는 비음이므로, (6.3c)는 각변위 θ가 부등식

$$\sin^2\frac{1}{2}\theta\le\sin^2\frac{1}{2}\theta_0+\frac{\ell}{4g}\dot{\theta}_0^2 \tag{6.4a}$$

으로 구속됨을 보인다. 따라서 최대 각변위는

$$\theta_M\equiv 2\,Sin^{-1}\sqrt{\sin^2\frac{1}{2}\theta_0+\frac{\ell}{4g}\dot{\theta}_0^2} \tag{6.4b}$$

이 될 것이고, 각변위는 다음 부등식을 만족할 것이다:

$$|\,\theta\,|\le\theta_M \tag{6.4c}$$

이제 그 최대 각변위를 이용하면 (6.3c)는

$$\frac{1}{2}\left(\frac{d\theta}{dt}\right)^{2}=\left(2\frac{g}{\ell}\sin^2\frac{1}{2}\theta_M\right)\left[1-\frac{\sin^2\frac{1}{2}\theta}{\sin^2\frac{1}{2}\theta_M}\right] \tag{6.4d}$$

와 같이 표현된다. 새 변수 φ를

$$\sin\varphi \equiv \frac{\sin\theta/2}{\sin\theta_M/2} \tag{6.5a}$$

와 같이 정의하면, (6.4d)는

$$\frac{d\varphi}{\sqrt{1-k^2\sin^2\varphi}} = \pm\sqrt{\frac{g}{\ell}}\,dt:\ k^2 \equiv \sin^2\frac{1}{2}\theta_M < 1 \tag{6.5b}$$

을 준다. 이 식은 형식적으로 쉽게 적분될 수 있다. 그 단진자가 최대 변위에 도달하는 시각을 t_M이라 하면, 거기서 $\varphi = \pi/2$ 이므로, (6.5b)의 적분은

$$\begin{aligned}\pm\sqrt{g/\ell}\,(t-t_M) &= \int_{\pi/2}^{\varphi} d\varphi/\sqrt{1-k^2\sin^2\varphi} \\ &= \int_0^{\varphi} d\varphi/\sqrt{1-k^2\sin^2\varphi} - \int_0^{\pi/2} d\varphi/\sqrt{1-k^2\sin^2\varphi}\end{aligned} \tag{6.5c}$$

을 준다. 이 결과는 $\varphi(t)$를 시간 t의 암시 함수로 주고 있어, 주어진 시각에 변위가 무엇인지를 알자면 다소 복잡한 계산을 하든지 미리 준비된 함수표를 읽어야 되는 불편이 따른다. 식 (6.5c)에 나타난

$$F(k,\varphi) \equiv \int_0^{\varphi} d\varphi/\sqrt{1-k^2\sin^2\varphi} \tag{6.6a}$$

는 제1종의 불완전 타원 적분이고,

$$K(k) \equiv \int_0^{\pi/2} d\varphi/\sqrt{1-k^2\sin^2\varphi} = F\left(k, \frac{\pi}{2}\right) \tag{6.6b}$$

는 제1종의 완전 타원 적분이다. 특히 불완전 타원 적분은 φ의 기함수이다.

$$F(k,-\varphi) = -F(k,\varphi) \tag{6.6c}$$

단진자의 주기를 T라 하고, $\theta = \pm\theta_M$에서 $\varphi = \pm\pi/2$ 임에 유념하자. 반주기 동안에 θ가 θ_M에서 $-\theta_M$까지 변하므로 (6.5c)에서

$$T = 4K\sqrt{\frac{\ell}{g}} \tag{6.7}$$

이 얻어진다. 식 (6.7)은 그 주기가 최대 각변위, 곧 초기 조건에 의존함을 보인다. 이 결과는 조화 진동자의 그것과 다르다. 일반적으로 단진자의 주기는 조화 진동자의 주기 $T_0 = 2\pi\sqrt{\ell/g}$보다 더 길다. 몇 개의 최대 각변위에 대해 그 두 가지 주기의 비율을 다음 표에 보였다.

표 6-1 단진자의 주기 T가 최대 진폭 θ_M에 의존하는 모습. T_0는 조화 진동자의 일정한 주기임

θ_M(도)	$T/T_0 = 2K(k)/\pi$
0	1.000
18	1.006
30	1.017
60	1.073
90	1.180
178	3.460
180	∞

6.2.2 파동

□ 단색 파

단색 파(單色波, mono-chromatic wave)는 일정한 파장과 진동수를 가지고 움직이는 파동이다. 가장 간단한 것은 x방향으로 움직이는 단색 평면파(planar wave)

$$f(x, t) \equiv a\cos(kx - \nu t + \phi_0) \tag{6.8}$$

이다. 여기서 a, k, ν, ϕ_0는 각각 이 파동의 진폭, 파수, 진동수, 영점 위상이라 불리는 상수들이다. 흔히 이 상수들 가운데서 파수는 파장 $2\pi/k$로, 그리고 진동수는 주기 $2\pi/\nu$로 각각 대체될 수도 있다. 시각 t_0에 그 파동 변수 f가 아무 상수 f_0을 갖는 모든 점들은 3차원 공간 안에서 x-평면

$$x = x_0 \equiv [\cos^{-1}(f_0/a) + \nu t_0 - \phi_0]/k \tag{6.9}$$

위에 있다. 이런 뜻으로 이 파동은 평면파라 불린 것이다. 하지만, (6.8)은 1차원

공간, 곧 x축 위에서 변하는 파동 변수를 나타내는 표현으로 해석될 수도 있다.

이제 이 파의 움직임을 어떻게 서술할지 알아보자. 먼저

$$\phi(x,t) \equiv kx - \nu t + \phi_0 \tag{6.10}$$

은 이 파의 위상을 정의한다. 삼차원 공간에서 위상이 같은 점들의 집합은 일반적으로 곡면으로 나타나기 때문에 등위상면이라 불리지만, 평면파의 등위상면은 평면이므로 간단히 **위상 평면**(位相平面, phase plane)이라 불린다. 그래서 '위상 평면 위에서 파동 변수의 값은 같다.' 위상 평면을 따라 움직이는 관측자에게 위상은 변하지 않을 것이므로, 그에게 $D\phi/Dt$는 0이다. 하지만, 움직이는 한 위상 평면을 관찰하는 우리에게도 그 위상 ϕ_1은 변하지 않을 것이다:

$$\frac{D\phi_1}{Dt} \equiv \frac{D}{Dt}\,(kx_1 - \nu t + \phi_0) = 0 \tag{6.11a}$$

여기서 x_1은 위상이 ϕ_1인 그 움직이는 위상 평면 위 아무 점의 x좌표이다. 이제 (6.11a)를 풀어 쓰면 우리는

$$c \equiv \frac{Dx_1}{Dt} = \frac{\nu}{k} \tag{6.11b}$$

을 얻는다. 위상 평면이 움직이는 것으로 보는 우리에게 x_1은 변하며, c는 **위상 속도**(位相速度, phase velocity)라 불린다.

삼차원 공간에서 가장 일반적인 평면파의 위상 평면은

$$\phi \equiv kx + \ell y + mz - \nu t + \phi_0 \tag{6.12}$$

이 일정한 한 3차원 평면이다. 여기서 k는 x방향의 파수, ℓ은 y방향의 파수 그리고 m은 z방향의 파수이다. 이 경우에 그 위상이 ϕ_1인 한 위상 평면의 움직임은 어떻게 표현될 것인가? 이 경우에도 위상 평면을 따라 움직이는 관측자에게 위상은 변하지 않을 것이고 그 움직이는 위상 평면을 관찰하는 우리에게도 그 위상은 안 변할 것이다:

$$\frac{D\phi_1}{Dt} = \frac{D}{Dt}(kx_1 + \ell y_1 + mz_1 - \nu t + \phi_0) = 0 \tag{6.13a}$$

여기서 x_1, y_1, z_1은 위상이 ϕ_1인 그 움직이는 위상 평면 위 아무 점의 공간 좌표이다. 이제 (6.13a)를 풀어 쓰면 우리는

$$\frac{k}{\varkappa}\frac{Dx_1}{Dt} + \frac{\ell}{\varkappa}\frac{Dy_1}{Dt} + \frac{m}{\varkappa}\frac{Dz_1}{Dt} = \frac{\nu}{\varkappa} \tag{6.14}$$

와 같이 쓸 수 있다. 여기서 $\varkappa$는 파수 차원의 아무 양수이다. 1차원의 경우와 달리, (6.14)만으로 3차원 위상 속도

$$\vec{c} \equiv \frac{Dx_1}{Dt}\hat{i} + \frac{Dy_1}{Dt}\hat{j} + \frac{Dz_1}{Dt}\hat{k} \tag{6.15}$$

은 결정되지 못한다. 여기서 $\hat{i}, \hat{j}, \hat{k}$는 x, y, z 방향의 단위 벡터이다. 이제 위상 평면 위 한 점에서 그 평면에 직교하는 벡터는 평면 기하학에 따라 아무 양수 $\varkappa$에 대해

$$\hat{\varkappa} \equiv \frac{k}{\varkappa}\hat{i} + \frac{\ell}{\varkappa}\hat{j} + \frac{m}{\varkappa}\hat{k} \tag{6.16}$$

와 같으므로, $\varkappa$를

$$\varkappa \equiv \sqrt{k^2 + \ell^2 + m^2} \tag{6.17}$$

와 같이 정의하면 $\hat{\varkappa}$는 위상 평면에 직교하는 무차원 단위 벡터가 된다. 식 (6.15)와 (6.16)을 이용하면 (6.14)는

$$\hat{\varkappa} \cdot \vec{c} = \frac{\nu}{\varkappa} \tag{6.18}$$

가 된다.

위상 평면 위 모든 점들은 파동의 입장에서 동등한 점들이다. 그러므로 위상 평면에 평행한 위상 속도의 성분은 실제로 쓸모가 없다. 따라서 우리는 위상 속도를

$$\vec{c} \equiv c\hat{\varkappa} \tag{6.19}$$

와 같이 정의한다. 식 (6.19)를 (6.18)에 대입하면

$$c = \frac{\nu}{\varkappa} \tag{6.20}$$

이 얻어진다. 식 (6.20)은 일차원 결과 (6.11b)에 해당한다. 이 두 표현 사이 유사성에 비추어 삼차원 파수 벡터의 크기 $\varkappa$는 삼차원 평면파의 파수라 불린다.

실제로 위상 평면이 단위 시간에 x 방향으로 움직인 거리는 ν/k와 같다. 곧 x, y 및 z 방향의 위상 속력은 각각 ν/k, ν/ℓ 및 ν/m이다. 이것들은 위상 속도의 세 성분들이 아니다. 더욱 위상 속도의 세 성분들이 제1장의 변환 규칙을 만족시키는 반면에 위상 속력들은 그 변환 규칙을 만족시키지 못한다. 달리 말하면

$$\vec{c}\,' \equiv \frac{\nu}{k}\hat{i} + \frac{\nu}{\ell}\hat{j} + \frac{\nu}{m}\hat{k}$$

는 일종의 가짜 벡터(pseudo-vector)이다.

□ 다색 파

단색 파들의 한 선형 조합

$$f(x, t) \equiv \sum_{s=1}^{M<\infty} a_s \cos(k_s x - \nu_s t + \phi_s) \tag{6.21a}$$

은 다색 파(多色波, polychromatic wave)라 불린다.

이제 파동 운동의 공간 영역을 일차원 영역 $0 \le x \le L$로 제한하고 그 영역의 두 끝 점들에서 파동 변수들이 동일하다고 가정하자. 그러면 가장 긴 파의 파장은 L이 될 것이고, 나머지 파들은 L의 조화 배수가 되는 작은 파장들의 단색 파들일 것이다. 따라서 그 제한된 영역에 나타날 파동 변수 (6.21a)는 조화 파들의 무한 조합, 곧 푸리에(Fourier) 급수

$$\begin{aligned} f(x, t) = \sum_{s=1}^{\infty} \{ & A_s \cos[2\pi s/L\,(x - c_s t)] \\ & + B_s \sin[2\pi s/L\,(x - c_s t)]\} \end{aligned} \tag{6.21b}$$

로 표현될 것이다. 여기서 모든 자연수 $s=1,2,\cdots$에 대해

$$L/s \equiv 2\pi/k_s,\ A_s \equiv a_s\cos\phi_s,\ B_s \equiv a_s\sin\phi_s \text{ 그리고 } c_s \equiv \nu_s/k_s \quad (6.22)$$

와 같은 관계들이 정의되었다. 특히 푸리에 계수 A_s와 B_s는

$$A_s = 2/L \int_0^L f(x,0)\cos(2\pi xs/L)\,dx \quad (6.23a)$$

$$B_s = 2/L \int_0^L f(x,0)\sin(2\pi xs/L)\,dx \quad (6.23b)$$

와 같이 초기 구조에서 구해지는 상수들이다.

○ 전개의 완전성

어떤 자료 $f(x)$를 $M<\infty$개의 기초 직교 함수 $\varphi_m(x)$($m=1,2,\cdots,M$)들의 한 선형 조합

$$f(x) = \sum_{m=1}^{M} a_m\varphi_m(x) - \varepsilon(x);\ M<\infty \quad (6.24)$$

으로 어림하는 최선의 방법은 무엇인가? 여기서 $\varepsilon(x)$는 아직 미정인 그 조합의 오차이다. 우리는 그 오차를 '총량적으로' 최소화시킬 전개 계수들($a_1, a_2, \cdots, a_M$)을 구할 것이다. 이를 위해 우리는 **평균 자승 오차**(平均自乘誤差, mean square error : MSE)

$$\overline{\varepsilon^2} = \overline{\left[\sum_{m=1}^{M} a_m\varphi_m - f(x)\right]^2} \quad (6.25)$$

을 최소화시킬 전개 계수들을 찾는다. $\overline{\varepsilon^2}$는 미정 계수들 $a_1, a_2, \cdots, a_M$의 한 이차 함수이다. 그래서 그 계수들에 대한 $\overline{\varepsilon^2}$의 일계 및 이계 도함수들은

$$\frac{\partial\overline{\varepsilon^2}}{\partial a_n} = 2\,\overline{\left[\sum_{m=1}^{M} a_m\varphi_m - f(x)\right]\varphi_n};\ \ n=1,2,\cdots,M \quad (6.26a)$$

$$\frac{\partial^2\overline{\varepsilon^2}}{\partial a_n^2} = 2\overline{\varphi_n^2} = 2;\ \ n=1,2,\cdots,M \quad (6.26b)$$

$$\frac{\partial^2 \overline{\varepsilon^2}}{\partial a_m \partial a_n} = 2\overline{\varphi_m \varphi_n} = 0 : \ m = 1, 2, \cdots, M; \ n = 1, 2, \cdots, M \quad (6.26c)$$

과 같이 주어진다. 식 (6.26b)와 (6.26c)의 각 둘째 등호는 기초 함수에 대해 가정된 정규 및 직교 조건이다. 이 두 조건 때문에 (6.26a)는

$$\frac{\partial \overline{\varepsilon^2}}{\partial a_n} = 2\left[a_n - \overline{f(x)\varphi_n}\right] : \ n = 1, 2, \cdots, M \quad (6.27)$$

가 된다. 식 (6.26b)에서 보는 바와 같이 이계 도함수가 항상 양이므로, (6.27)의 일계 도함수를 0으로 만드는 전개 계수들에 대해 MSE는 최소 값을 가질 것이다. 이제 (6.27)의 일계 도함수를 0으로 두면

$$a_n = \overline{f(x)\varphi_n} : \ n = 1, 2, \cdots, M \quad (6.28)$$

그리고 MSE는

$$\overline{\varepsilon^2} = \overline{f(x)^2} - \sum_{n=1}^{M} a_n^2 = \overline{f(x)^2}\left(1 - \sum_{n=1}^{M} r_n^2\right) \quad (6.29)$$

과 같이 된다. 여기서

$$r_n \equiv \frac{\overline{\varphi_n f(x)}}{\sqrt{\overline{\varphi_n^2}\ \overline{f(x)^2}}} = \frac{a_n}{\sqrt{\overline{f(x)^2}}} \quad (6.30)$$

은 φ_n와 $f(x)$ 사이 정규화된 공분산이다. 이제 $\overline{f(x)} = 0$이므로, 만일 아무 n에 대해 $\overline{\varphi_n} = 0$이면 r_n은 φ_n과 f 사이 상관 계수일 것이다. 만일 $M \rightarrow \infty$일 때 $\overline{\varepsilon^2} \rightarrow 0$이라면 (6.29)에서

$$\sum_{n=1}^{\infty} r_n^2 = 1 \quad (6.31)$$

이 얻어질 것이다. 달리 말하면, (6.31)은 그 전개의 완전성을 위해 필요하다.

○ 파동의 전파와 분산

파군(波群, wave group)은 파수가 서로 매우 가까운 단색 파들의 한 집합이다. 진폭과 영점 위상이 각각 서로 같고, 파수와 진동수가 각각 서로 매우 가까운 두 단색 파들의 조합

$$\begin{aligned} f(x, t) &= \frac{1}{2} a \cos\left[(k + \frac{1}{2} \Delta k)x - (\nu + \frac{1}{2} \Delta\nu)t + \phi_0 \right] \\ &\quad + \frac{1}{2} a \cos\left[(k - \frac{1}{2} \Delta k)x - (\nu - \frac{1}{2} \Delta\nu)t + \phi_0 \right] \end{aligned} \tag{6.32}$$

는 가장 간단한 파군이다. 여기서 Δk는 파수 차이, $\Delta\nu$는 진동수 차이이다. 우리는 (6.32)가

$$f(x, t) = a \cos\left[\frac{1}{2} \Delta k \left(x - \frac{\Delta\nu}{\Delta k} t \right) \right] \cos(kx - \nu t + \phi_0) \tag{6.33}$$

와 같음을 쉽게 보일 수 있다. 식 (6.33)의 오른쪽은 파수가 k이고 진동수가 ν인 단색 파가 변조(modulation)된 진폭을 가진 것으로 해석될 수 있다. 그 단색 파는 위상 속도 ν/k로 움직이고 그 진폭 변조(AM) 신호는 군 속도(群速度, group velocity) $\Delta\nu/\Delta k$로 움직인다. 이때 그 단색 파는 운반자 파(運搬子波, carrier wave)이고 그 진폭 변조 신호는 파군을 나타낸다. 대체로 실제 문제에서, 진폭 변조 신호의 파수는 운반자 파의 그것보다 훨씬 더 작다: $\Delta k/2 \ll k$.

아무 파동에서 ν와 k는 분산 관계(分散關係, dispersion relation)라 불리는 한 함수 관계에 있다. 실제로 《분산 관계는 파동을 구분하는 주요 방편이다.》 그래서 $\Delta\nu$와 Δk는 서로에게 종속되어 있다: 아무 하나를 맘대로 잡으면 다른 하나는 그에 종속된다. 그러므로 군 속도는

$$\lim_{\Delta k \to 0} \Delta\nu/\Delta k = \partial\nu/\partial k \tag{6.34}$$

으로 결정된다.

삼차원 공간에서 단색 파들의 가장 간단한 파군은

$$f(x,y,z,t)=\frac{1}{2}a\cos\left[(k+\frac{1}{2}\Delta k)x+(\ell+\frac{1}{2}\Delta\ell)y\right.$$
$$+(m+\frac{1}{2}\Delta m)z-(\nu+\frac{1}{2}\Delta\nu)t+\phi_0\Big]+\frac{1}{2}a\cos\Big[(k-\frac{1}{2}\Delta k)x$$
$$\left.+(\ell-\frac{1}{2}\Delta\ell)y+(m-\frac{1}{2}\Delta m)z-(\nu-\frac{1}{2}\Delta\nu)t+\phi_0\right] \tag{6.35a}$$

이다. 역시 간단한 계산으로 우리는 (6.35a)가

$$f(x,y,z,t)=a\cos\left[\frac{\Delta k}{2}\left(x-\frac{\Delta\nu}{\Delta k}t\right)+\frac{\Delta\ell}{2}\left(x-\frac{\Delta\nu}{\Delta\ell}t\right)+\frac{\Delta m}{2}\left(x-\frac{\Delta\nu}{\Delta m}t\right)\right]$$
$$\times\cos(kx+\ell y+mz-\nu t+\phi_0) \tag{6.35b}$$

와 같음을 쉽게 보일 수 있다. 따라서 이 조합은 파수가 $\vec{\kappa}\equiv k\hat{i}+\ell\hat{j}+m\hat{k}$ 이고 진동수가 ν인 단색 평면파의 진폭 변조로 해석될 수 있다. 이때 진폭 변조 신호는

$$\vec{c}_g \equiv \lim_{\Delta k\to0,\Delta\ell\to0,\Delta m\to0}\left(\frac{\Delta\nu}{\Delta k}\hat{i}+\frac{\Delta\nu}{\Delta\ell}\hat{j}+\frac{\Delta\nu}{\Delta m}\hat{k}\right)$$
$$=\frac{\partial\nu}{\partial k}\hat{i}+\frac{\partial\nu}{\partial\ell}\hat{j}+\frac{\partial\nu}{\partial m}\hat{k} \tag{6.36}$$

곧 군 속도로 움직인다. 이 현상은 파군의 전파(propagation)라 불린다. 일반적으로, 일차원 문제에서와 마찬가지로, ν는 각 방향의 파수 k, ℓ, m의 함수이다. 따라서 주어진 파수의 한 변분에 대해 그 진동수의 변분은 종속적으로 결정될 것이다. 위상 속도 $\vec{c}_p\equiv\frac{\nu}{\kappa}\hat{\kappa}$는 항상 파수의 향을 갖지만, 군 속도는 위상 평면 위에 성분을 내릴 수 있다. 이처럼 군 속도가 위상 평면에 성분을 가질 수 있음은 파군의 전파가 위상 평면에 평행한 방향으로 일어날 수 있기 때문이다.

한 신호가 파수가 다른 여러 운반자 파들에 각각 실린 진폭 변조 신호들로 구성되어 있다 하자. 군 속도가 파수에 무관하게 일정하면 그 변조 신호들은 모양의 변화 없이 움직일 것이다. 하지만, 군 속도가 파수에 따라 다르면 그 변조 신호들은 서로 다른 군 속도로 움직일 것이므로 그 전체 신호의 모양은 시간에 따라 변할 것이다. 이 현상은 파군의 분산(dispersion)이라 불린다.

6.2.3 연직 면 안에서 일어나는 진동과 파동

한 연직 면 안에서 일어나는 무마찰 단열 진동과 파동에 대해, 그 연직 면에 직교하는 수평 방향을 y방향이라 하면,

$$\partial/\partial y = 0$$

이다. 코리올리의 힘이 작용하면 그 방향으로 속도 성분과 가속도가 있을 수 있다. 운동 방정식의 x성분, y성분 및 z성분, 연속 방정식, 단열 방정식, 그리고 상태 방정식은 한 완결 계

$$\rho\frac{Du}{Dt} + \frac{\partial p}{\partial x} - f\rho v = 0 \qquad (6.37a)$$

$$\rho\frac{Dv}{Dt} + f\rho u = 0 \qquad (6.37b)$$

$$\rho\frac{Dw}{Dt} + \frac{\partial p}{\partial z} + \rho g = 0 \qquad (6.37c)$$

$$\frac{D\rho}{Dt} + \rho\left(\frac{\partial u}{\partial x} + \frac{\partial w}{\partial z}\right) = 0 \qquad (6.37d)$$

$$\frac{D\theta}{Dt} = 0 \qquad (6.37e)$$

$$\ln\theta = \frac{1}{\gamma}\ln p - \ln\rho + const \qquad (6.37f)$$

를 구성한다. 여기서 그 물도 연산자는 $\partial/\partial y = 0$이므로 다음과 같다:

$$\frac{D}{Dt} \equiv \frac{\partial}{\partial t} + u\frac{\partial}{\partial x} + w\frac{\partial}{\partial z}$$

□ 방정식의 선형 어림

이제 그 계의 선형 어림을 위해

$$u \equiv \overline{u} + u'; \quad v \equiv v'; \quad w \equiv w'; \quad p \equiv \overline{p} + p'; \quad \rho \equiv \overline{\rho} + \rho'; \quad \theta \equiv \overline{\theta} + \theta'$$

로 두고 섭동 변수들에 대한 비선형 항들을 무시하면, 우리는 선형 섭동 방정식 계

$$\overline{\rho}\left(\frac{\partial}{\partial t} + \overline{u}\frac{\partial}{\partial x}\right)u' + \overline{\rho}w'\frac{\partial\overline{u}}{\partial z} + \frac{\partial p'}{\partial x} - f\overline{\rho}v' = 0 \qquad (6.38a)$$

$$\overline{\rho}\left(\frac{\partial}{\partial t}+\overline{u}\,\frac{\partial}{\partial x}\right)v'+f\,\overline{\rho}\,u'=0 \tag{6.38b}$$

$$\overline{\rho}\left(\frac{\partial}{\partial t}+\overline{u}\,\frac{\partial}{\partial x}\right)w'+\frac{\partial p'}{\partial z}+\rho' g=0 \tag{6.38c}$$

$$\left(\frac{\partial}{\partial t}+\overline{u}\frac{\partial}{\partial x}\right)\rho'+w'\,\frac{\partial\overline{\rho}}{\partial z}+\overline{\rho}\left(\frac{\partial u'}{\partial x}+\frac{\partial w'}{\partial z}\right)=0 \tag{6.38d}$$

$$\left(\frac{\partial}{\partial t}+\overline{u}\frac{\partial}{\partial x}\right)\theta'+w'\,\frac{\partial\overline{\theta}}{\partial z}=0 \tag{6.38e}$$

$$\frac{\theta'}{\overline{\theta}}=\frac{\gamma p'}{\overline{p}}-\frac{\rho'}{\overline{\rho}} \tag{6.38f}$$

을 얻는다. 식 (6.38)에서 p' 은 유일한 진단 변수이고 나머지 다섯 변수들은 예단 변수들이다. 뒤에 곧 정의될 파동 에너지의 논의를 위해, 우리는 (6.38f)를 사용해 (6.38c)와 (6.38d)에서 ρ' 을 소거하고 p' 을 예단 변수로 삼는다. 그 소거로 (6.38)은

$$\left(\frac{\partial}{\partial t}+\overline{u}\,\frac{\partial}{\partial x}\right)u'+\frac{\partial}{\partial x}\,\frac{p'}{\overline{\rho}}-fv'=-\,w'\,\frac{\partial\overline{u}}{\partial z} \tag{6.39a}$$

$$\left(\frac{\partial}{\partial t}+\overline{u}\,\frac{\partial}{\partial x}\right)v'+fu'=0 \tag{6.39b}$$

$$\left(\frac{\partial}{\partial t}+\overline{u}\frac{\partial}{\partial x}\right)w'+\frac{\partial}{\partial z}\,\frac{p'}{\overline{\rho}}=g\,\frac{\theta'}{\overline{\theta}}+\frac{N^2}{g}\,\frac{p'}{\overline{\rho}} \tag{6.39c}$$

$$\left(\frac{\partial}{\partial t}+\overline{u}\frac{\partial}{\partial x}\right)\frac{p'}{c_s^2}+\frac{\partial}{\partial x}(\overline{\rho}u')+\frac{\partial}{\partial z}(\overline{\rho}w')=-\frac{N^2}{g}\,\overline{\rho}w' \tag{6.39d}$$

$$\left(\frac{\partial}{\partial t}+\overline{u}\frac{\partial}{\partial x}\right)g\,\frac{\theta'}{\overline{\theta}}=-N^2w' \tag{6.39e}$$

와 같이 정리될 수 있다. 여기서 $N^2\equiv g/\overline{\theta}\ \partial\overline{\theta}/\partial z$ 및 $c_s^2\equiv\gamma R\,\overline{T}$이다. 식 (6.39)는 오직 예단 방정식들만을 포함하는 완결 계이다.

□ 선형 섭동의 에너지 논의

식 (6.39a), (6.39b), (6.39c), (6.39d), 그리고 (6.39e)의 각각에 $\overline{\rho}u'$, $\overline{\rho}v'$, $\overline{\rho}w'$, $p'/\overline{\rho}$, 그리고 $\overline{\rho}g\theta'/(\overline{\theta}N_s^2)$ 을 곱하고 정돈하면 섭동에 대한 에너지 수지 방정식의 선형 어림이

$$\overline{\rho}\left(\frac{\partial}{\partial t}+\overline{u}\frac{\partial}{\partial x}\right)\frac{1}{2}u'^2+\frac{\partial}{\partial x}(p'u')-\frac{p'}{\overline{\rho}}\frac{\partial}{\partial x}(\overline{\rho}u')-\overline{\rho}fv'u'$$
$$=-\frac{\partial\overline{u}}{\partial z}\overline{\rho}u'w' \tag{6.40a}$$

$$\overline{\rho}\left(\frac{\partial}{\partial t}+\overline{u}\frac{\partial}{\partial x}\right)\frac{1}{2}v'^2+\overline{\rho}fu'v'=0 \tag{6.40b}$$

$$\overline{\rho}\left(\frac{\partial}{\partial t}+\overline{u}\frac{\partial}{\partial x}\right)\frac{1}{2}w'^2+\frac{\partial}{\partial z}(p'w')-\frac{p'}{\overline{\rho}}\frac{\partial}{\partial z}(\overline{\rho}w')$$
$$=+g\overline{\rho}w'\frac{\theta'}{\overline{\theta}}+\frac{N^2}{g}p'w' \tag{6.40c}$$

$$\overline{\rho}\left(\frac{\partial}{\partial t}+\overline{u}\frac{\partial}{\partial x}\right)\frac{1}{2}\left(c_s\frac{p'}{\gamma\overline{p}}\right)^2+\frac{p'}{\overline{\rho}}\left[\frac{\partial}{\partial x}(\overline{\rho}u')+\frac{\partial}{\partial z}(\overline{\rho}w')\right]$$
$$=-\frac{N^2}{g}p'w' \tag{6.40d}$$

$$\overline{\rho}\left(\frac{\partial}{\partial t}+\overline{u}\frac{\partial}{\partial x}\right)\frac{1}{2}\left(\frac{g}{N}\frac{\theta'}{\overline{\theta}}\right)^2=-g\overline{\rho}w'\frac{\theta'}{\overline{\theta}} \tag{6.40e}$$

와 같이 얻어진다. 그 섭동에 대해 (6.40a), (6.40b) 및 (6.40c)는 운동 에너지의 x성분, y성분 및 z성분 방정식, (6.40d)는 압력 에너지 방정식, 그리고 (6.40e)는 열 에너지 방정식이다.

이제 한 덩이의 단위 질량당 섭동 에너지는 그 덩이의 운동 에너지, 압력 에너지(baric energy) 및 감열 에너지(sensible energy)의 합으로

$$E\equiv\frac{1}{2}(u'^2+v'^2+w'^2)+\frac{1}{2}\left(c_s\frac{p'}{\gamma\overline{p}}\right)^2+\frac{1}{2}\left(\frac{g}{N}\frac{\theta'}{\overline{\theta}}\right)^2 \tag{6.41}$$

와 같이 정의되고, 에너지 속의 x성분 및 z성분은 각각

$$F_x \equiv \overline{p'u'} + \overline{u}\,\overline{\rho}E \tag{6.42a}$$

$$F_z \equiv \overline{p'w'} + \overline{u}\,\overline{\rho}\,\overline{u'w'} \tag{6.42b}$$

과 같이 정의된다. 그러면 (6.40)으로부터 섭동 에너지의 수지 방정식

$$\overline{\rho}\frac{\partial E}{\partial t} + \frac{\partial F_x}{\partial x} + \frac{\partial F_z}{\partial z} = +\overline{u}\frac{\partial}{\partial z}(\overline{\rho}\,\overline{u'w'}) \tag{6.43}$$

이 나온다. 여기서 그 오른쪽 항은 기초 흐름과 섭동 사이 에너지 변환을 나타낸다. 서풍($\overline{u} > 0$) 구역에서 운동량이 발산하면($\partial/\partial z(\overline{\rho}\,\overline{u'w'}) > 0$) 기초 흐름의 편서 운동량이 작아질 것이고, 동풍 구역에서 운동량이 수렴하면 기초 흐름의 편동 운동량 역시 작아질 것이므로 기초 흐름의 운동 에너지는 국지적으로 감소하게 될 것이다. 에너지의 보존에 따라, 파동 에너지는 국지적으로 이 경우에 그 감소 분량만큼 증가할 것이다.

□ 갈릴레이 변환에 대한 (6.43)의 불변성

식 (6.43)은 갈릴레이 변환에 대해 불변 형식이다. 여기서 갈릴레이 변환은

$$x_1 = x - ct; \quad z_1 = z; \quad t_1 = t$$

을 말한다. 그러면

$$u \equiv \frac{Dx}{Dt} = \frac{D}{Dt_1}(x_1 + ct_1) = \frac{Dx_1}{Dt_1} + c \equiv u_1 + c \tag{6.44a}$$

이고 아무 시공 함수 A에 대해

$$\frac{\partial A}{\partial x} = \frac{\partial A}{\partial x_1}; \quad \frac{\partial A}{\partial z} = \frac{\partial A}{\partial z_1}; \quad \frac{\partial A}{\partial t} = \frac{\partial A}{\partial t_1} - c\frac{\partial A}{\partial x_1} \tag{6.44b}$$

이 성립한다. 더욱 섭동 변수는 갈릴레이 변환에 대해 불변량이다. 그러므로 (6.44a)와 (6.44b)를 이용해 우리는

$$E = E_1 \tag{6.45a}$$

$$F_x = \overline{p'u'} + \overline{u}_1\overline{\rho}E_1 + c\overline{\rho}E = F_{x1} + c\overline{\rho}E_1 \tag{6.45b}$$

$$F_z = p'w' + \overline{u}_1\overline{\rho}u'w' + c\overline{\rho}u'w' = F_{z1} + c\overline{\rho}u'w' \tag{6.45c}$$

$$\frac{\partial E}{\partial t} = \frac{\partial E}{\partial t_1} - c\frac{\partial E}{\partial x_1} = \frac{\partial E_1}{\partial t_1} - c\frac{\partial E_1}{\partial x_1} \tag{6.45d}$$

$$\frac{\partial F_x}{\partial x} = \frac{\partial F_x}{\partial x_1} = \frac{\partial F_{x1}}{\partial x_1} + c\frac{\partial}{\partial x_1}(\overline{\rho}E_1) \tag{6.45e}$$

$$\frac{\partial F_z}{\partial z} = \frac{\partial F_z}{\partial z_1} = \frac{\partial F_{z1}}{\partial z_1} + c\frac{\partial}{\partial z_1}(\overline{\rho}u'w') \tag{6.45f}$$

을 얻는다. 식 (6.45)의 결과들을 (6.43)에 대입하면, 우리는

$$\overline{\rho}\left(\frac{\partial E_1}{\partial t_1} - c\frac{\partial E_1}{\partial x_1}\right) + \frac{\partial F_{x1}}{\partial x_1} + c\frac{\partial}{\partial x_1}(\overline{\rho}E_1) + \frac{\partial F_{z1}}{\partial z_1} + c\frac{\partial}{\partial z_1}(\overline{\rho}u'w')$$
$$= +(\overline{u}_1 + c)\frac{\partial}{\partial z_1}(\overline{\rho}u'w')$$

을 얻고, 여기 서로 소거하는 항들을 제거하면

$$\overline{\rho}\frac{\partial E_1}{\partial t_1} + \frac{\partial F_{x1}}{\partial x_1} + \frac{\partial F_{z1}}{\partial z_1} = +\overline{u}_1\frac{\partial}{\partial z_1}(\overline{\rho}u'w') \tag{6.46}$$

을 얻는다. 그러므로 섭동 에너지의 수지 방정식은 갈릴레이 변환에 대해 불변한다.

6.2.4 부력 진동

이제 기초 흐름의 연직 변화가 무시될 수 있고 수평 방향으로 아무 변화도 없는 경우, 곧

$$\frac{\partial \overline{u}}{\partial z} = 0;\quad \frac{\partial}{\partial x} = \frac{\partial}{\partial y} = 0$$

인 경우에 기초 층리의 변위로 인한 복원력의 작용은 연직 진동을 일으킬 수 있다. 이때 그 진동이 충분히 느리다면, 진동하는 덩이의 압력은 아무 고도에서 주변 압력과 평형을 이루고, 압력 교란은 안 생길 것이다:

$$p' \equiv 0 \tag{6.47a}$$

그러면 (6.47)은,

$$u' = v' = 0 \tag{6.47b}$$

과 더불어 (6.39a)와 (6.39b)를 만족시키고 (6.39d)를

$$\frac{\partial}{\partial z}(\overline{\rho} w') = -\frac{N^2}{g}\overline{\rho} w' \tag{6.48}$$

와 같게 만들 것이다. 식 (6.48)의 일반해는

$$\overline{\rho} w' = \overline{\rho}_0 w'_0 \exp\left(-\int_0^z \frac{N^2}{g} dz\right) \tag{6.49}$$

이다. 그런데 (6.37f)에서

$$\frac{\overline{\rho}}{\rho_0} = \exp\left(-\int_0^z \frac{g}{c_s} dz - \int_0^z \frac{N^2}{g} dz\right) \tag{6.50}$$

이 얻어지므로, (6.49)는

$$w' = w'_0 \exp \int_0^z \frac{g}{c_s} dz \tag{6.51}$$

이 된다. 따라서 w'은 상향으로 한없이 증가한다. 그럼으로 광범위한 연직 영역에 걸쳐 작은 교란은 있을 수 없고, 압력 교란이 없는 느린 연직 진동은 제한된 연직 영역 안에서만 가능하다.

한편, (6.39c)와 (6.39e)는

$$\frac{\partial w'}{\partial t} = g\frac{\theta'}{\overline{\theta}} \tag{6.52}$$

$$\frac{\partial}{\partial t}\frac{\theta'}{\overline{\theta}} = -\frac{N^2}{g} w' \tag{6.53}$$

이 된다. 이 진동은 기초 층리의 단열 변위로 인한 부양력이 복원력으로 작용하기 때문에 나타난다. 식 (6.52)와 (6.53)에서 θ'을 소거하면

$$\left(\frac{\partial^2}{\partial t^2} + N^2\right) w' = 0 \tag{6.54}$$

이 얻어지고, 이는 N이 그 진동의 국지 진동수임을 말한다. N은 그 진동을

처음으로 설명한 이들의 이름을 따서 *Brunt-Vaisala* **진동수**라 불린다. 부양력의 중요성 때문에 이 진동은 **부력 진동**(bouyancy oscillation)이라 불리고, N은 부력 진동수라 불리기도 한다. 식 (6.51)과 (6.54)는 부력 진동수가 연직으로 일정한 상수 N_0일 때에만 서로에게 일관된다. 이때 (6.54)는

$$\left(\frac{\partial^2}{\partial t^2}+N_0^2\right)w'_0=0 \tag{6.55}$$

이 된다.

6.3 간단한 파동들

6.3.1 일차원 음파

코리올리의 힘이 무시될 수 있고

$$v'=w'=0;\qquad \theta'=0$$

인 섭동을 생각하자. 그러면 (6.39b)와 (6.39e)는 저절로 만족되고, (6.39c)는 정수 방정식

$$\frac{\partial}{\partial z}\frac{p'}{\rho}=\frac{N^2}{g}\frac{p'}{\rho} \tag{6.56}$$

이 되고, (6.39a)와 (6.39d)는 각각

$$\left(\frac{\partial}{\partial t}+\bar{u}\frac{\partial}{\partial x}\right)u'+\frac{\partial}{\partial x}\frac{p'}{\rho}=0 \tag{6.57}$$

$$\left(\frac{\partial}{\partial t}+\bar{u}\frac{\partial}{\partial x}\right)\frac{p'}{\rho}+c_s^2\frac{\partial u'}{\partial x}=0 \tag{6.58}$$

가 된다.

식 (6.56)의 일반해는

$$\frac{p'}{\rho}=\frac{p'_0}{\rho_0}\exp\left(\int_0^z\frac{N^2}{g}\,dz\right) \tag{6.59}$$

이지만, (6.50) 때문에,

$$p' = p'_0 \exp\left(-\int_0^z \frac{g}{c_s^2}\, dz\right) \tag{6.60}$$

이 얻어진다. 그럼으로 연직 범위에 무관하게 작은 섭동은 가능하다. 이제 (6.57)과 (6.58)에서 u'을 소거하면, 파동 방정식

$$\left(\frac{\partial}{\partial t} + \overline{u}\frac{\partial}{\partial x}\right)^2 p' - c_s^2 \frac{\partial^2 p'}{\partial x^2} = 0 \tag{6.61}$$

이 나온다.

식 (6.61)과 (6.60)은 $\overline{u}$와 c_s가 모두 z에 무관한 상수일 때 서로에게 일관된다. 이때 (6.61)은 간단한 파동 풀이를 갖는다. 단색 파의 표현

$$p' \equiv Re[\hat{p} e^{i(kx - \nu t)}]$$

을 대입하고 파동 산술을 이용하면 (6.61)은

$$[(-i\nu + ik\overline{u})^2 - c_s^2 (ik)^2]\hat{p} = 0 \tag{6.62}$$

을 준다. 식 (6.62)는 사소하지 않은 섭동 $\hat{p} \neq 0$에 대해 수평 음파의 분산 관계

$$\nu = k(\overline{u} \pm c_s) \tag{6.63}$$

을 준다. 이 파동의 위상 속도 c_p와 군 속도 c_g는

$$c_p = \frac{\nu}{k} = \overline{u} \pm c_s \tag{6.64a}$$

$$c_g = \frac{\partial \nu}{\partial k} = \overline{u} \pm c_s = c_p \tag{6.64b}$$

를 얻는다. 기초 흐름이 없다면, 위상 속도는 동향 또는 서향으로 향하고 그 크기는 음속과 같을 것이다. 위상 속도와 군 속도에 나타나는 기초 흐름의 효과는 **도플러 효과**(Doppler effect)라 불린다.

□ 에너지 논의와 고유 모드

그 수평 음파에 대한 에너지 방정식은 (6.40a)와 (6.40d) 또는 (6.57)과 (6.58)로부터 각각

$$\overline{\rho}\left(\frac{\partial}{\partial t}+\overline{u}\frac{\partial}{\partial x}\right)\frac{1}{2}u'^{2}+\frac{\partial}{\partial x}(p'u')-p'\frac{\partial u'}{\partial x}=0 \tag{6.65a}$$

$$\overline{\rho}\left(\frac{\partial}{\partial t}+\overline{u}\frac{\partial}{\partial x}\right)\frac{1}{2}\left(c_s\frac{p'}{\gamma\overline{p}}\right)^2+p'\frac{\partial u'}{\partial x}=0 \tag{6.65b}$$

와 같이 얻어진다. 이 둘의 합은 파동 에너지 방정식

$$\left(\frac{\partial}{\partial t}+\overline{u}\frac{\partial}{\partial x}\right)\frac{1}{2}\overline{\rho}\left[u'^{2}+\left(\frac{p'}{c_s\overline{\rho}}\right)^2\right]+\frac{\partial}{\partial x}(p'u')=0 \tag{6.66}$$

이다.

이제 미정 계수 λ를 (6.58)에 곱하고 그 결과를 (6.57)에 더하면, 우리는

$$\left(\frac{\partial}{\partial t}+\overline{u}\frac{\partial}{\partial x}\right)\left(u'+\lambda\frac{p'}{\rho}\right)+\frac{\partial}{\partial x}\left(\frac{p'}{\rho}+\lambda c_s^2u'\right)=0 \tag{6.67}$$

을 얻는다. 그 미정 계수는

$$\lambda=\frac{1}{\lambda c_s^2} \tag{6.68}$$

로 결정될 것이다. 그러면 (6.67)은

$$\left[\frac{\partial}{\partial t}+(\overline{u}+\lambda c_s^2)\frac{\partial}{\partial x}\right]\left(u'+\lambda\frac{p'}{\rho}\right)=0 \tag{6.69}$$

가 될 것이다. 여기서 (6.68)로 결정된 미정 계수

$$\lambda=\pm\frac{1}{c_s} \tag{6.70}$$

를 (6.69)에 대입하면, 우리는 **고유 방정식**(固有方程式, characteristic equation) 계

$$\left[\frac{\partial}{\partial t}+(\overline{u}+c_s)\frac{\partial}{\partial x}\right]\left(u'+\frac{p'}{c_s\overline{\rho}}\right)=0 \tag{6.71a}$$

$$\left[\frac{\partial}{\partial t}+(\overline{u}-c_s)\frac{\partial}{\partial x}\right]\left(u'-\frac{p'}{c_s\overline{\rho}}\right)=0 \qquad (6.71b)$$

을 얻는다. 우리는 (6.71)의 두 식이 모두 이류 방정식

$$\left(\frac{\partial}{\partial t}+U\frac{\partial}{\partial x}\right)\zeta=0 \qquad (6.72a)$$

의 꼴을 가지고 있음에 주의한다. 여기서 U는 일반적으로 z에 의존하는 **이류 속도**(移流速度, advective velocity)이다. 이 방정식의 일반해는 아무 함수 F에 대해

$$\zeta=F(x-Ut) \qquad (6.72b)$$

로 주어진다. 식 (6.71)은 음파가 서로 독립적인 두 모드(mode)로 구성될 수 있음을 암시한다. 식 (6.71)을 동시에 만족하는 특별한 풀이는 고유 모드(eigenmode)라 불린다. 그 계의 방정식이 두 개이니까 두 개 모드가 확인되어야 된다.

그 첫째 모드와 둘째 모드를 각각

$$u'\equiv u_+,\quad p'/(\overline{\rho}c_s)\equiv p_+ \qquad (6.73a)$$

$$u'\equiv u_-,\quad p'/(\overline{\rho}c_s)\equiv p_- \qquad (6.73b)$$

로 표현하면, 우리는 이 두 모드의 각각이 만족하는 방정식 계를 따로따로 쓸 수 있다.

첫째 모드 방정식 계: (6.71b)가 사소하게 만족됨

$$\begin{aligned}\left[\frac{\partial}{\partial t}+(\overline{u}+c_s)\frac{\partial}{\partial x}\right](u_++p_+)&=0\\ u_+-p_+&=0\end{aligned} \qquad (6.74)$$

둘째 모드 방정식 계: (6.71a)가 사소하게 만족됨

$$\begin{aligned}u_-+p_-&=0\\ \left[\frac{\partial}{\partial t}+(\overline{u}-c_s)\frac{\partial}{\partial x}\right](u_--p_-)&=0\end{aligned} \qquad (6.75)$$

일반해는 그 두 고유 모드의 선형 조합으로 나타날 것이다:

$$u' \equiv A_+ u_+ + A_- u_-$$
$$p'/(\bar{\rho} c_s) \equiv A_+ p_+ + A_- p_- \tag{6.76}$$

여기서 A_+와 A_-은 두 모드를 나타낼 미정 계수이다. 식 (6.76)에서 우리는

$$u' + p'/(\bar{\rho} c_s) = A_+(u_+ + p_+) + A_-(u_- + p_-) = A_+(u_+ + p_+)$$
$$u' - p'/(\bar{\rho} c_s) = A_+(u_+ - p_+) + A_-(u_- - p_-) = A_-(u_- - p_-) \tag{6.77}$$

을 얻는다. 식 (6.76)으로 나타낸 조합의 합과 차는, 그 미정 계수가 무엇이든지 상관없이, (6.74)와 (6.75)를 만족시킬 것이다. 따라서 (6.76)으로 주어지는 u'과 p'은 (6.71)을 만족시킨다.

그 고유 모드는 서로 직교한다. 왜냐하면 (6.74)와 (6.75)에서

$$u_+ u_- + p_+ p_- = u_+ u_- + u_+(-u_-) \equiv 0 \tag{6.78}$$

이 얻어지기 때문이다. 그 직교 조건 (6.78)을 이용해, (6.76)에 표현된 일반해는

$$\begin{aligned}\frac{1}{2}\left[u'^2 + \left(\frac{p'}{\rho c_s}\right)^2\right] &= \frac{1}{2}(A_+^2 u_+^2 + A_-^2 u_-^2 + A_+^2 p_+^2 + A_-^2 p_-^2) \\ &\quad + A_+ A_-(u_+ u_- + p_+ p_-) \\ &= A_+^2 \frac{1}{2}(u_+^2 + p_+^2) + A_-^2 \frac{1}{2}(u_-^2 + p_-^2)\end{aligned} \tag{6.79}$$

을 준다. 이 결과는 음파 에너지가 두 고유 모드 에너지들의 합으로 표현될 수 있음을 말한다. 이제 두 고유 모드 에너지를 각각

$$E_+ \equiv (u_+^2 + p_+^2)/2 ; \quad E_- \equiv (u_-^2 + p_-^2)/2$$

라 두면, (6.79)는 덩이의 단위 질량당 음파 에너지 E가 이들의 선형 조합

$$E = A_+^2 E_+ + A_-^2 E_- \tag{6.80}$$

임을 말한다. 더욱, 그 파동 에너지 E는 단순하게 이류되지 않지만, 우리는 그

고유 모드 에너지들이 각각의 이류 방정식을 만족함을 쉽게 보일 수 있다:

$$\begin{aligned}\frac{\partial E_+}{\partial t} + (\overline{u} + c_s)\frac{\partial E_+}{\partial x} = 0 \\ \frac{\partial E_-}{\partial t} + (\overline{u} - c_s)\frac{\partial E_-}{\partial x} = 0\end{aligned} \tag{6.81}$$

따라서 우리는 다음 명제에 도달한다. 파동 에너지는 일반적으로 단순하게 이류되지 않지만, 그 대신에 단순하게 이류되는 고유 모드 에너지들의 합으로 나타난다. 따라서 음파의 에너지 전파는 각 고유 모드 에너지들의 이류를 탐색함으로써 이해될 수 있다.

6.3.2 천수 파

평평한 면($z = 0$) 위에 놓인 일정한 밀도의 얕은 물은 **천수**(淺水, shallow water)라 불린다. 천수의 윗면은 **자유 표면**(自由表面, free surface)이다. 이 면에 작용하는 압력 p_0 은 위치와 시간에 무관하게 일정하다고 가정된다. 이 가정은 그 얕은 물속 덩이들의 운동이 그 자유 표면에 작용하는 압력으로 지배됨을 원천적으로 막는다. 물이 얕음은 그 물속에서 수평 속도가 z에 무관하고 그 압력이

$$p(x, y, z, t) = p_0 + \rho g[h(x, y, t) - z] \tag{6.82}$$

와 같은 **정수압**(靜水壓, hydrostatic pressure)임을 뜻한다. 여기서 h는 그 물의 깊이이고 g는 일정한 중력 가속도이다. 그러면 천수의 한 덩이에 대한 운동 방정식의 수평 성분은

$$\frac{Du}{Dt} + g\frac{\partial h}{\partial x} - fv = 0 \tag{6.83a}$$

$$\frac{Dv}{Dt} + g\frac{\partial h}{\partial y} + fu = 0 \tag{6.83b}$$

이 된다. 여기서 덩이에 대한 물도 연산자는

$$\frac{D}{Dt} \equiv \frac{\partial}{\partial t} + u\frac{\partial}{\partial x} + v\frac{\partial}{\partial y} + w\frac{\partial}{\partial z}$$

와 같이 정의된 것이다. 그 덩이에 대한 연속 방정식

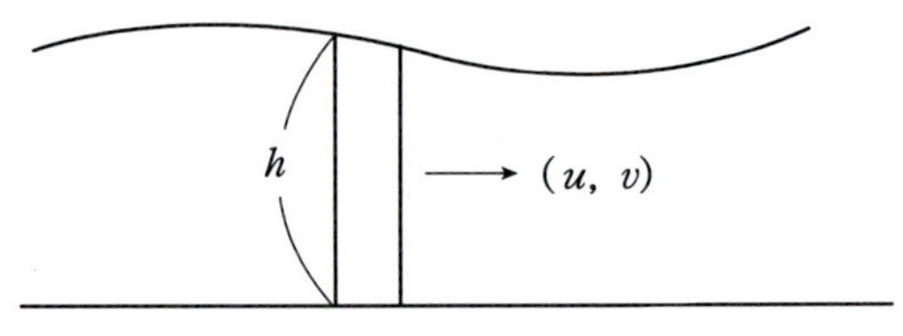

| 그림 6.1 | 천수 계

$$\frac{\partial u}{\partial x}+\frac{\partial v}{\partial y}+\frac{\partial w}{\partial z}=0$$

을 바닥으로부터 자유 표면까지 적분하고, 자유 표면에서 경계 조건

$$w(z=h)=\frac{Dh}{Dt} \tag{6.84}$$

을 적용하면 우리는

$$\frac{Dh}{Dt}+h\left(\frac{\partial u}{\partial x}+\frac{\partial v}{\partial y}\right)=0 \tag{6.85}$$

을 얻는다. 식 (6.83a), (6.83b) 및 (6.85)에서 u, v 및 h는 모두 다 z에 무관하므로 우리는 거기서

$$\frac{D}{Dt} = \frac{\partial}{\partial t}+u\frac{\partial}{\partial x}+v\frac{\partial}{\partial y}$$

와 같이 쓸 수 있고, 그 세 식들은 u, v 및 h에 대해 한 완결 계를 이룬다. 이들은 흔히 천수 방정식 계라 불린다.

y 방향으로 제한된 한 영역 $0 \le y \le L$에서

$$\bar{u}=-\frac{g}{f}\frac{\partial \bar{h}}{\partial y}, \quad \bar{v}=0, \quad \bar{h}=H-\frac{fU}{g}\left(y-\frac{L}{2}\right) \tag{6.86}$$

로 주어진 기초 흐름 위에 얹힌 섭동 u', v', h'을 생각하자. 여기서 H와 U는 상수이다. 완결 계 (6.83a), (6.83b) 및 (6.85)에서

$$u \equiv \bar{u}+u', \quad v \equiv \bar{v}+v' \quad \text{및} \quad h \equiv \bar{h}+h'$$

로 두고 그 계를 섭동에 대해 선형화할 때, $\bar{u}=U$이고 $\dfrac{U^2}{gH} \ll \dfrac{U}{fL}$이면

$\overline{h} \simeq H$임을 감안해, 우리는 그 완결 계에서

$$\left(\frac{\partial}{\partial t}+U\frac{\partial}{\partial x}\right)u'+g\frac{\partial h'}{\partial x}-fv'=0 \tag{6.87a}$$

$$\left(\frac{\partial}{\partial t}+U\frac{\partial}{\partial x}\right)v'+g\frac{\partial h'}{\partial y}+fu'=0 \tag{6.87b}$$

$$\left(\frac{\partial}{\partial t}+U\frac{\partial}{\partial x}\right)h'+H\left(\frac{\partial u'}{\partial x}+\frac{\partial v'}{\partial y}\right)=0 \tag{6.87c}$$

을 얻게 된다.

이제 $c_g \equiv \sqrt{gH}$ 그리고 $b' \equiv \dfrac{h'}{H}c_g$로 두고 y에 무관한 섭동을 고찰할 때, 우리는 (6.87)을

$$\left(\frac{\partial}{\partial t}+U\frac{\partial}{\partial x}\right)u' + c_g\frac{\partial b'}{\partial x}-fv'=0 \tag{6.88a}$$

$$\left(\frac{\partial}{\partial t}+U\frac{\partial}{\partial x}\right)v'+fu'=0 \tag{6.88b}$$

$$\left(\frac{\partial}{\partial t}+U\frac{\partial}{\partial x}\right)b' + c_g\frac{\partial u'}{\partial x}=0 \tag{6.88c}$$

와 같이 쓸 수 있다. 더욱 코리올리의 힘이 무시되면, (6.88b)는 $v'=0$을 요구하고, (6.88a)와 (6.88c)는 파동 방정식

$$\left(\frac{\partial}{\partial t}+U\frac{\partial}{\partial x}\right)^2u' - c_g^2\frac{\partial^2u'}{\partial x^2}=0 \tag{6.89}$$

을 준다. 식 (6.89)와 (6.61)은 서로 닮았다(하지만, c_g와 c_s는 서로 꽤 다른 크기를 가질 수 있다). 코리올리의 힘이 무시될 수 없다면, 그 힘의 효과는 어떻게 나타날 것인가? 식 (6.88)은 u'에 대한 **전보 방정식**(電報方程式, equation of telegraphy)

$$\left(\frac{\partial}{\partial t}+U\frac{\partial}{\partial x}\right)^2u'+f^2u' - c_g^2\frac{\partial^2u'}{\partial x^2}=0 \tag{6.90}$$

으로 축소될 수 있다. 식 (6.90)은 $f=0$일 때 (6.89)가 될 것이다. 식 (6.89)가 중력파의 비분산적 전파를 설명함에 반하여, (6.90)은 중력파의 분산적 전파를

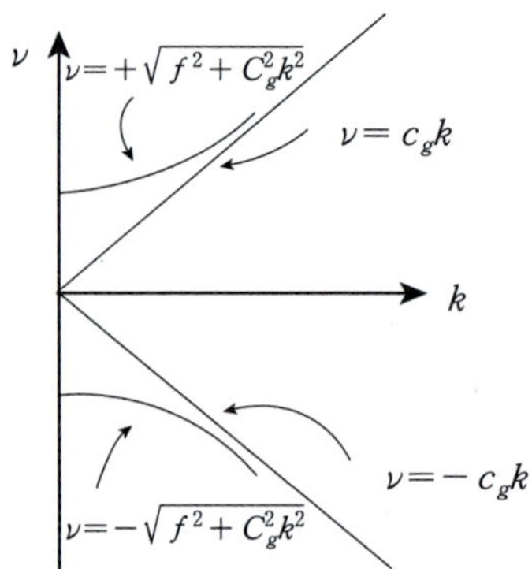

| 그림 6.2 | 중력파의 분산 관계. 그림에서 도플러 효과는 무시되었다.

설명한다. 달리 말하면 코리올리의 힘은 작은 파수의 중력파에 작용해 분산 효과를 나타낸다. 이 관성 중력파의 분산 관계는

$$(\nu - Uk)^2 = f^2 + c_g^2k^2 \tag{6.91}$$

이고, 이로부터 그 파동의 군 속도는

$$\frac{\partial \nu}{\partial k} = U \pm \frac{c_g}{\sqrt{1+f^2/(c_g^2k^2)}} \tag{6.92}$$

와 같이 얻어진다. 큰 파수 $\left(f^2/(c_g^2k^2) \ll 1\right)$에 대해 (6.92)는 $\partial\nu/\partial k = U \pm c_g$을 주고, 그 파는 비분산적 중력파이다. 작은 파수 $\left(f^2/(c_g^2k^2) \gg 1\right)$에 대해 (6.92)는

$$\partial\nu/\partial k = U \pm c_g(k\sqrt{gH}/f) \tag{6.93}$$

을 주고 그 파는 분산적 관성 중력파이다. 군 속도에 나타나는 U는 모든 파수에서 그 기초 흐름의 도플러 효과이다. 여기서 기준 파수($k\sqrt{gH}/f = 1$)는 그 파장이 로스비 변형 반경의 $2\pi \simeq 6.28$배가 되는 파동을 가리킨다. 따라서 그 파장이 로스비 변형 반경과 같은 파동은, $f^2/(c_g^2k^2) \simeq 6.28^{-2} = 0.025 \ll 1$이기 때문에, 효과적으로 비분산적 중력파이다.

6.3.3 램 파

온위가 연직으로만 변하는 기초 배경에서 덩이의 연직 변위 없는 단열 진동을 생각하자. 그러면 온위 섭동은 생기지 않을 것이므로

$$w' \equiv 0, \quad \theta' \equiv 0 \tag{6.94}$$

이 경우에 (6.39e)는 저절로 성립하고, (6.39c)는 정수 방정식 (6.56)과 같고 그 일반해는 (6.59)와 같다. 그러므로 작은 섭동은 광범위한 연직 영역에 존재할 수 있다.

이제 (6.94) 때문에 (6.39a), (6.39b) 및 (6.39d)는

$$\left(\frac{\partial}{\partial t} + \overline{u}\frac{\partial}{\partial x}\right)u' + c_s\frac{\partial b'}{\partial x} - fv' = 0 \tag{6.95a}$$

$$\left(\frac{\partial}{\partial t} + \overline{u}\frac{\partial}{\partial x}\right)v' + fu' = 0 \tag{6.95b}$$

$$\left(\frac{\partial}{\partial t} + \overline{u}\frac{\partial}{\partial x}\right)b' + c_s\frac{\partial u'}{\partial x} = 0 \tag{6.95c}$$

가 된다. 여기서 $b' \equiv p'/(\overline{\rho}c_s)$이다. 식 (6.95)에서 v' 및 b'을 소거하면, 우리는 전보 방정식

$$\left(\frac{\partial}{\partial t} + \overline{u}\frac{\partial}{\partial x}\right)^2 u' + f^2u' - c_s^2\frac{\partial^2 u'}{\partial x^2} = 0 \tag{6.96}$$

을 얻는다. 그 기초 흐름이 등온 정지 대기($\overline{u} = 0$ 및 $c_s^2 =$상수)인 경우에 (6.96)의 풀이는 램 파(Lamb wave)라 불린다. 그 파동 풀이는 작은 파수에서 분산적 음파이다. 이 방정식은 음파의 분산적 수평 전파를 서술하고, 램 파의 수평 분산은 지표 부근에서 **지균 조절**(地均調節, geostrophic adjustment)에 기여한다. 만일 $f = 0$이라면 (6.95b)는 $v' = 0$을 요구하고, (6.95a)와 (6.95c)는 각각 (6.57)과 (6.58)이 되어 섭동은 비분산적 음파의 경우와 다르지 않을 것이다.

6.3.4 연직 음파

등온 정지 기초 상태에서 한 공기 덩이의 순수한 연직 진동을 생각하자. 식

(6.39)에서 기초 흐름과의 에너지 교환은 무시되고,

$$u' = v' \equiv 0\,(\text{연직 운동만 있음});\quad \partial/\partial x = \partial/\partial y \equiv 0\,(\text{수평 구조가 없음})$$

이 적용된다. 부력 진동수보다 훨씬 더 큰 진동수의 순 연직 진동에서 압력 교란은 무시될 수 없을 것이다. 그러면 (6.39a)와 (6.39b)는 저절로 만족되고, (6.39)의 나머지 세 식은

$$\frac{\partial w'}{\partial t} + \frac{\partial}{\partial z}\frac{p'}{\overline{\rho}} = g\frac{\theta'}{\overline{\theta}} + \frac{N^2}{g}\frac{p'}{\overline{\rho}} \tag{6.97a}$$

$$\frac{\partial}{\partial t}\frac{p'}{c_s^2} + \frac{\partial}{\partial z}(\overline{\rho}w') = -\frac{N^2}{g}\overline{\rho}w' \tag{6.97b}$$

$$\frac{\partial}{\partial t}g\frac{\theta'}{\overline{\theta}} = -N^2 w' \tag{6.97c}$$

가 될 것이다. 우리는 (6.97)의 세 식에서 p'과 θ'을 소거하고

$$\left[\frac{\partial^2}{\partial t^2} + N^2 - \left(\frac{\partial}{\partial z} - \frac{N^2}{g}\right)\frac{c_s^2}{\overline{\rho}}\left(\frac{\partial}{\partial z} + \frac{N^2}{g}\right)\overline{\rho}\right]w' = 0 \tag{6.98}$$

을 얻는다. 일반적으로 (6.98)은 유한 차분법으로 풀릴 수 있고, 이때 흔히 적용되는 경계 조건은 다음과 같다:

$$\overline{\rho}^{\,1/2}w' = \begin{cases} 0: z \to \infty \\ 0: z = 0 \end{cases} \tag{6.99}$$

식 (6.98)에 관한 연구 결과들은 꽤 축적되어 있다. 그 등온 기초 상태에 대해 흔히 쓰는 섭동 변수[2]

$$w_1 \equiv \overline{\rho}^{\,1/2}w'$$

을 이용하면 (6.98)은

$$\frac{\partial^2 w_1}{\partial t^2} + \left[N^2 + c_s^2\left(\frac{1}{2H} + \frac{N^2}{g}\right)^2\right]w_1 - c_s^2\frac{\partial^2 w_1}{\partial z^2} = 0 \tag{6.100}$$

2. $w_1^2/2$은 섭동의 단위 부피당 운동 에너지이다. $z\to\infty$에서 $w_1^2/2\to 0$이 w_1의 위 경계 조건으로 흔히 사용된다.

이 된다. 등온 기초 상태에 대해 c_s^2과 더불어

$$\nu_s^2 \equiv N^2 + c_s^2\left(\frac{1}{2H} + \frac{N^2}{g}\right)^2 = N^2\left[1 + \gamma\left(\frac{1}{2} + \frac{R}{C_p}\right)^2\right] \simeq 1.865N^2$$

은 한 상수이다. 이제

$$\tau_s \equiv 2\pi/\nu_s = 2\pi/N/1.366 = 3.66\text{분}$$

$$D_s \equiv c_s/\nu_s = \sqrt{\gamma R T_0}\,\tau_s/6.28 \simeq 11.1\,\text{km}$$

와 같이 두면, (6.100)은

$$\frac{\partial^2 w_1}{\nu_s^2 \partial t^2} + w_1 - D_s^2 \frac{\partial^2 w_1}{\partial z^2} = 0 \tag{6.101}$$

와 같이 표현된다. 식 (6.100) 또는 (6.101)은 일종의 전보 방정식으로서 연직으로 전파하는 분산적 음파를 설명한다. 이 분산 과정은 시간이 지남에 따라 연직 속도가 점차로 사라지고 정수 상태가 회복됨을 뜻하기 때문에 흔히 정수 조정(hydrostatic adjustments)이라 불린다. 실제로 정수 균형 덕분에 고도계는 쓸모 있는 계측기가 되고 항공기의 안전 운행에 기여한다. **비정수**(非靜水, non-hydrostatice) 교란의 연직 분산이 음파로 지배됨은 실로 다행스런 일이다. 지구 대기의 균질 권 안에서 음파는 가장 빠르게 전파하는 역학적 파동이기 때문이다. 깊은 시스템에서도 비정수 교란은 매우 빨리 분산될 것이다.

연직 파수가 m이고 진동수가 ν인 한 단색 파

$$w_1 = Re[Ae^{i(mz-\nu t)}] \tag{6.102}$$

의 파동 산술로 (6.101)은

$$[(-i\nu)^2/\nu_s^2 + 1 - D_s^2(im)^2]A = 0 \tag{6.103}$$

을 주고, (6.103)은 사소하지 않은 해($A \neq 0$)에 대해 분산 관계

$$\nu = \pm\nu_s(1 + D_s^2 m^2)^{1/2} \tag{6.104}$$

을 준다. 식 (6.104)에서 그 음파의 위상 속도와 군 속도는

$$c_{pz} \equiv \frac{\nu}{m} = \pm c_s \frac{\sqrt{1+D_s^2 m^2}}{D_s m} > c_s \tag{6.105a}$$

$$c_{gz} \equiv \frac{\partial \nu}{\partial m} = \pm c_s \frac{D_s m}{\sqrt{1+D_s^2 m^2}} < c_s \tag{6.105b}$$

와 같이 얻어진다. 모든 파수에서 위상 속도는 음속보다 더 크고 군 속도는 음속보다 더 작다. 파수에 따라 위상 속도는 감소하고 군 속도는 증가한다. 위상 속도와 군 속도의 곱은 음속의 자승과 같다:

$$c_{pz} c_{gz} = c_s^2 \tag{6.106}$$

그럼으로 위상 속도와 군 속도는 한 방향에 있다.

6.4 로스비 파

로스비 파는 '행성 와도의 남북 경도' $\beta \equiv \partial f/\partial y$ 때문에 와도 장에 나타나는 파동이다.

6.4.1 순압 와도 방정식

베타 평면에서 일어나는 수평 운동에 대한 순압 와도 방정식과 연속 방정식

$$\left(\frac{\partial}{\partial t} + u\frac{\partial}{\partial x} + v\frac{\partial}{\partial y}\right)\left(\zeta + f\right) = 0 \tag{6.107a}$$

$$\frac{\partial u}{\partial x} + \frac{\partial v}{\partial y} = 0 \tag{6.107b}$$

을 고려하자. 여기서 $\zeta \equiv \partial v/\partial x - \partial u/\partial y$는 상대 와도이고, 우리가 구하려는 것은 주어진 기초 흐름 ($u = \overline{u}(y), v = 0$) 위에 얹힌 섭동 (u', v')이다:

$$u = \overline{u} + u'; \quad v = v' \tag{6.107c}$$

식 (6.107c)를 (6.107a)와 (6.107b)에 대입하고 섭동에 대한 이차항을 무시하면, 섭동 방정식

$$\left(\frac{\partial}{\partial t}+\overline{u}\frac{\partial}{\partial x}\right)\zeta'+\beta v'=0 \tag{6.108a}$$

$$\frac{\partial u'}{\partial x}+\frac{\partial v'}{\partial y}=0 \tag{6.108b}$$

이 얻어진다. 여기서 $\zeta' \equiv \partial v'/\partial x - \partial u'/\partial y$는 섭동 와도이고, $\beta \equiv \partial f/\partial y$는 상수이다. 식 (6.108)에서 무발산 섭동 속도의 성분은 **유선함수**(stream-function) $\psi(x, y)$로 표현될 수 있다:

$$u' = -\frac{\partial \psi}{\partial y}, \quad v' = \frac{\partial \psi}{\partial x} \tag{6.109}$$

그러면 모든 점에서 섭동 속도 $\vec{v}' \equiv (u', v')$는 유선함수가 일정한 곡선인 **유선**(流線, streamline)에 평행할 것이다: 왜냐하면

$$\vec{v}' \cdot \vec{\nabla}\psi = u'\frac{\partial \psi}{\partial x}+v'\frac{\partial \psi}{\partial y}=u'v'-v'u'=0 \tag{6.110}$$

이고 $\vec{\nabla}\psi$가 유선에 직교하기 때문이다. 그 유선함수는 섭동 와도의 분포로 결정될 것이다:

$$\zeta' \equiv \frac{\partial v'}{\partial x}-\frac{\partial u'}{\partial y}=\frac{\partial^2 \psi}{\partial x^2}+\frac{\partial^2 \psi}{\partial y^2}\equiv \nabla^2\psi \tag{6.111}$$

식 (6.111)을 ψ에 대해 풀 때 경계에서 흔히 사용되는 조건은 디리클레(Dirichlet) 조건이다:

$$\vec{n} \cdot \vec{v}' = \frac{\partial \psi}{\partial s}=0 \tag{6.112}$$

여기서 $\vec{n}$은 경계에서의 법선 방향 단위 벡터이고 s는 경계를 따라 재는 거리이다. 그 조건 (6.112)는 섭동 속도가 경계에 평행함을 말한다. 그 유선함수를 사용하면 (6.108a)는

$$\left(\frac{\partial}{\partial t}+\overline{u}\frac{\partial}{\partial x}\right)\nabla^2\psi+\beta\frac{\partial\psi}{\partial x}=0 \tag{6.113}$$

가 된다. 식 (6.113)은 선형화된 순압 와도 방정식이다.

6.4.2 분산 관계

동서 및 남북 파수가 각각 k 및 l, 진동수가 ν, 그리고 복소 진폭이 Ψ인 이차원 파동

$$\psi = Re[\Psi(x,y,t)\exp(i\phi(x,y,t))]:\ \phi\equiv kx+ly-\nu t \tag{6.114}$$

을 생각하자. 여기서 그 파동의 위상인 ϕ는 그 복소 진폭에 비해 매우 빠르게 변하는 시공 함수이다. 따라서 (6.114)를 (6.113)에 대입해 파동 산술을 적용하면 어림으로

$$[(-i\nu+\overline{u}ik)((ik)^2+(il)^2)+\beta ik]\Psi\simeq 0$$

또는 사소하지 않은 해에 대해 로스비 파의 분산 관계

$$\nu=\left(\overline{u}-\frac{\beta}{\varkappa^2}\right)k \tag{6.115}$$

가 얻어진다. 여기서 이차원 파수 $\varkappa$는 $\varkappa^2\equiv k^2+l^2$을 통해 정의되었다.

6.4.3 위상 속도와 군 속도

위상 속도 $\vec{c}_p\equiv \nu\vec{\varkappa}/\varkappa^2$의 크기는 일반적으로 $\nu/\varkappa$이다. 특히 로스비 파의 그것은

$$c_p\equiv\left(\overline{u}-\frac{\beta}{\varkappa^2}\right)\frac{k}{\varkappa} \tag{6.116}$$

와 같다. 그 위상 속도의 동서 및 남북 성분은 각각

$$c_{p,X}=\left(\overline{u}-\frac{\beta}{\varkappa^2}\right)\frac{k^2}{\varkappa^2} \tag{6.117a}$$

$$c_{p,Y} = \left(\overline{u} - \frac{\beta}{\kappa^2}\right)\frac{kl}{\kappa^2} \tag{6.117b}$$

와 같다. 도플러 효과가 없을 때($\overline{u} = 0$), 위상은 항상 서쪽으로 전파한다. 위상면이 동서 방향을 가질 때($l = 0$), 기초 흐름에 대한 위상 속도는 항상 서향이다.

로스비 파의 군 속도 성분은 (6.115)에서

$$c_{g,X} \equiv \frac{\partial \nu}{\partial k} = \overline{u} - \frac{\beta}{\kappa^2} + \beta\frac{2k^2}{\kappa^4} \tag{6.118a}$$

$$c_{g,Y} \equiv \frac{\partial \nu}{\partial l} = \beta\frac{2lk}{\kappa^4} \tag{6.118b}$$

와 같이 얻어진다. 그 군 속도 벡터는

$$\vec{c}_g = \left(\overline{u} - \frac{\beta}{\kappa^2} + \beta\frac{2k^2}{\kappa^4}\right)\vec{i} + \beta\frac{2lk}{\kappa^4}\vec{j} = \left(\overline{u} - \frac{\beta}{\kappa^2}\right)\vec{i} + \frac{2\beta k}{\kappa^3}\frac{\vec{\kappa}}{\kappa} \tag{6.119}$$

과 같다. 식 (6.119)는 군 속도에서 동서 벡터 $(\overline{u} - \beta/\kappa^2)\vec{i}$를 뺀 나머지가 항상 위상 면에 직교함을 말한다.

6.4.4 섭동 에너지

선형 섭동 순압 와도 방정식 (6.113)에 ψ를 곱하고 정리하면 선형 섭동의 에너지 방정식

$$\left(\frac{\partial}{\partial t} + \overline{u}\frac{\partial}{\partial x}\right)\frac{1}{2}(\vec{\nabla}\psi)^2 - \frac{\partial}{\partial x}\left(\frac{1}{2}\beta\psi^2\right) = \vec{\nabla}\cdot\psi\left(\frac{\partial}{\partial t} + \overline{u}\frac{\partial}{\partial x}\right)\vec{\nabla}\psi \tag{6.120}$$

이 얻어질 수 있다. 여기서 ψ는 (6.114)에 나온 이차원 평면 파동을 나타낸다. 이 파동에 대해 ψ와 ψ^2은

$$\psi = \frac{1}{2}\Big(\Psi\exp(i\phi) + \Psi^*\exp(-i\phi)\Big) \tag{6.121}$$

$$\psi^2 = \frac{1}{4}\Big(2|\Psi|^2 + \Psi^2\exp(2i\phi) + \Psi^{*2}\exp(-2i\phi)\Big) \tag{6.122}$$

와 같이 표현될 수 있다. 이제 복소 진폭의 시공 변화가 위상의 그것에 대해 상

대적으로 무시될 만하다고 가정하면, 변화율은

$$\frac{\partial}{\partial x}\Psi\exp(i\phi)\simeq i\frac{\partial\phi}{\partial x}\Psi\exp(i\phi)=ik\Psi\exp(i\phi) \tag{6.123a}$$

$$\frac{\partial}{\partial y}\Psi\exp(i\phi)\simeq i\frac{\partial\phi}{\partial y}\Psi\exp(i\phi)=il\Psi\exp(i\phi) \tag{6.123b}$$

와 같이 어림될 수 있다. 그러면 (6.121)과 (6.123)에서

$$\vec{\nabla}\psi\simeq\frac{i}{2}\Big(\Psi\exp(i\phi)-\Psi^*\exp(-i\phi)\Big)\vec{\kappa} \tag{6.124}$$

이 나온다. 이로부터

$$(\vec{\nabla}\psi)^2=\frac{\kappa^2}{4}\Big(2|\Psi|^2-\Psi^2\exp(2i\phi)-\Psi^{*2}\exp(-2i\phi)\Big) \tag{6.125}$$

$$\psi\Big(\frac{\partial}{\partial t}+\bar{u}\frac{\partial}{\partial x}\Big)\vec{\nabla}\psi\simeq\frac{1}{2}\Big(\Psi\exp(i\phi)+\Psi^*\exp(-i\phi)\Big)(\nu-\bar{u}k)$$
$$\times\frac{1}{2}\Big(\Psi\exp(i\phi)+\Psi^*\exp(-i\phi)\Big)\vec{\kappa}$$
$$=\frac{1}{4}(\nu-\bar{u}k)\Big(2|\Psi|^2+\Psi^2\exp(2i\phi)+\Psi^{*2}\exp(-2i\phi)\Big)\vec{\kappa} \tag{6.126}$$

이 나온다. 식 (6.125), (6.126) 그리고 (6.122)를 이용하면, (6.120)은

$$\Big(\frac{\partial}{\partial t}+\bar{u}\frac{\partial}{\partial x}\Big)\frac{1}{2}\frac{\kappa^2}{4}\Big(2|\Psi|^2-\Psi^2\exp(2i\phi)-\Psi^{*2}\exp(-2i\phi)\Big)$$
$$-\frac{\partial}{\partial x}\Big(\frac{1}{2}\beta\frac{1}{4}\Big(2|\Psi|^2+\Psi^2\exp(2i\phi)+\Psi^{*2}\exp(-2i\phi)\Big)\Big)$$
$$=\frac{1}{4}(\nu-\bar{u}k)\vec{\kappa}\cdot\vec{\nabla}\Big(2|\Psi|^2+\Psi^2\exp(2i\phi)+\Psi^{*2}\exp(-2i\phi)\Big) \tag{6.127}$$

와 같다. 식 (6.123)에서와 같은 어림을 도입하면 (6.127)은

$$\Big(\frac{\partial}{\partial t}+\bar{u}\frac{\partial}{\partial x}\Big)\frac{1}{4}\kappa^2\Psi\Psi^*-\frac{\partial}{\partial x}\frac{1}{4}\beta\Psi\Psi^*-(\nu-\bar{u}k)\vec{\kappa}\cdot\vec{\nabla}\frac{1}{2}\Psi\Psi^*$$
$$=\frac{i}{4}\Big(\beta k+(\nu-\bar{u}k)\kappa^2\Big)\Big(\Psi^2\exp(2i\phi)-\Psi^{*2}\exp(-2i\phi)\Big) \tag{6.128}$$

가 된다. 이제 (6.128)의 오른쪽은 분산 관계 (6.115) 때문에 0이 되므로 (6.128)은

$$\left(\frac{\partial}{\partial t}+\overline{u}\frac{\partial}{\partial x}\right)\frac{1}{4}\varkappa^2\Psi\Psi^* - \frac{\partial}{\partial x}\frac{1}{4}\beta\Psi\Psi^*$$
$$-(\nu-\overline{u}k)\vec{\varkappa}\cdot\vec{\nabla}\frac{1}{2}\Psi\Psi^*=0 \tag{6.129}$$

와 같다.

이 순압 파동의 에너지는 운동 에너지밖에 없으므로 파군의 에너지는

$$E\equiv\frac{1}{4}\varkappa^2\Psi\Psi^* \tag{6.130}$$

와 같다. 이제 $\partial/\partial x\equiv\vec{i}\cdot\vec{\nabla}$ 이므로, (6.130)을 이용해 (6.129)는

$$\frac{\partial E}{\partial t}+\left(\overline{u}-\frac{\beta}{\varkappa^2}\right)\vec{i}\cdot\vec{\nabla}E-2(\nu-\overline{u}k)\frac{\vec{\varkappa}}{\varkappa^2}\cdot\vec{\nabla}E=0 \tag{6.131}$$

이 된다. 로스비 파의 분산 관계 (6.115)를 이용해 ν를 소거하면 (6.131)은

$$\frac{\partial E}{\partial t}+\left[\left(\overline{u}-\frac{\beta}{\varkappa^2}\right)\vec{i}+\frac{2\beta k}{\varkappa^3}\frac{\vec{\varkappa}}{\varkappa}\right]\cdot\vec{\nabla}E=0 \tag{6.132}$$

이 되고, (6.119)를 사용하면 (6.132)는

$$\frac{\partial E}{\partial t}+\vec{c}_g\cdot\vec{\nabla}E=0 \tag{6.133}$$

가 된다. 식 (6.133)은 군 속도가 파군, 곧 에너지 묶음을 나르는 속도임을 말한다.

1. 등온 정지 대기의 작은 섭동들에 대한 분산 관계를 유도하라. 이 섭동들이 양방으로 전파하는 음파와 양방으로 전파하는 중력파들이며, 이 두 종류의 파동들이 작은 파장에 대해서 서로 다른 진동수를 가짐을 보여라.
2. 식 (6.36b)로 주어진 압력 편차가 등온위 대기 및 등온 대기에 대하여 각각 상향으로 감소함을 보여라.
3. 천수 계에 대해 $\frac{U^2}{c_g^2} \ll \frac{U}{fL}$ 이면 $\overline{h} \simeq H$임을 보여라.
4. 식 (6.133)이 갈릴레오 변환에 대해 불변함을 보여라.

제3부

어림된 역학 계

제2부에서 규모 분석의 도입과 이용으로 세워진 수평 등방 운동 계의 느린 운동에 대한 편차 방정식 계를 토대로, 정수 계와 비탄성 계가 각각 한 어림된 계로서 도출되고, 선형 계가 고려된다.

제7장에서 정수 계의 세 가지 구분과 가용 잠재 에너지의 개념이 고려되고, 제8장에서 비탄성 계의 틀 안에서 얕은 계와 깊은 계가 구분된다. 부시네스크 계가 얕은 계로서 고려되고, 깊은 계는 특성적 분류에 따라 오구라 계, 중규모 계, 준지균 계 및 행성규모 계의 네 가지로 세분된다. 제9장은, 어림된 역학 계들의 틀 안에서, 내부 중력파와 대기 조석을 다룬다. 선형 계의 불안정은, 선형 계의 성질로서 다루어질 수 있는 한 주요 문제였지만 이 책에 넣지 못했는데, 실제로 그것은 비선형 계에 이르는 일시 과정으로서 이 책의 범위를 넘어서는 주제였다.

제7장

정수 계

7.1 정수 균형의 세 가지 양식

모수 조건

$$(D/L)^2 \frac{[Ro]}{[Ri]} \ll 1 \tag{7.1}$$

이 성립하면, (5.82c)는 압력 경도력과 중력 사이 **정수 균형**(靜水均衡, hydrostatic balance)

$$0 = -\frac{\partial \delta p^*}{\partial z^*} - \delta\rho^* \tag{7.2}$$

으로 어림될 수 있다. 역으로, 만일 연직 속도가 무시될 수 없는 운동 계가 (7.2)를 만족시킨다면 (7.1)은 필연적이다. 대기 안 많은 운동 계들에서 마찰은 운동의 원인이 아니라 그 결과이다. 그런 운동에 대해 마찰항은 (5.82c)에 오직 부가적으로 나타날 수 있을 뿐이고, (7.1)은 정수 균형을 위한 필요하고도 충분한 조건이다. 식 (7.1)은 그런 뜻으로 **정수 조건**(靜水條件, hydrostatic condition)이라 불릴 것이다.

모든 운동 계에 대해 $[Ro]/[Ri] < 1$이고, 대기의 연직 층리 때문에 운동 계들의 대부분에서 $D \lesssim L$이다. 그러므로 정수 조건 (7.1)은 외관 비(外觀比,

aspect ratio) D/L의 자리 크기에 따라 두 가지로 구분될 수 있다:

$$① \; D/L \ll 1 \tag{7.3a}$$

$$② \; D/L \sim O(1) \text{ 과 } [Ro]/[Ri] \ll 1 \tag{7.3b}$$

경우 ①에서 (7.1)은 외관 비로 지배될 것이므로, 외관 비 지배 균형(balance dominated by the aspect ratio)이라 불린다. 중위도 구풍 계는, $D/L \approx 10^{-2} \ll 1$ 이므로, 외관 비 지배 균형에 있다. 잘 발달된 해풍도, $D/L \approx 10^{-1} \ll 1$ 이므로, 다소의 오차를 수용한다면 외관 비 지배 균형에 있다.

경우 ②에서 (7.1)은 다시 두 가지로 세분될 수 있다:

$$Ro \ll 1 \tag{7.4a}$$

$$Ri \gg 1 \tag{7.4b}$$

그 정수 균형은 (7.4a)의 경우에 **회전 지배 균형**(balance dominated by rotation)이라 불리고, (7.4b)의 경우에 **안정도 지배 균형**(balance dominated by stability)이라 불린다.

실험실의 회전 조(回轉漕, rotating tank) 안에 나타나는 이른바 '대규모' 흐름은 온도풍 관계를 잘 만족시키는데, 그 외관 비가 1보다 다소 큼에 비추어 그 흐름의 정수 균형은 회전 지배 또는 안정도 지배 아래 있다. 그 반대로 잘 발달된 해풍 계에 대해

$$Ro \approx 5 > 1: \; [Ro] = 1$$

$$Ri = \frac{\sigma_0 D}{Fr H_\theta} = \frac{1 \times 10^{-1} \times 10^3}{\frac{5^2}{10 \times 10^3} \times 3 \times 10^4} = \frac{4}{3} : [Ri] = \frac{4}{3} \times 1 \approx 1$$

이므로 그 정수 균형은 회전 지배 또는 안정도 지배 아래 있지 않음이 확실하며, 오직 외관 비 지배 아래 있을 뿐이다. 이에 비해 중위도 구풍 계는 외관 비 지배, 회전 지배 및 안정도 지배 아래 정수 균형에 있는 시스템이다. 따뜻한 구름에 대해

$$\frac{D}{L} \approx 1, \quad Ro = \frac{10 ms^{-1}}{10^{-4} s^{-1} \times 10^3 m} = 10^2 \gg 1, \text{ 곧 } [Ro] = 1$$

$$Ri = \frac{3\times10^{-1}\times10^{3}}{\frac{10^{2}}{10\times10^{3}}\times3\times10^{4}} = 1\text{, 곧 } [Ri] = \max(Ri[Ro], 1) = 1$$

을 보면, 이 구름은 외관 비, 회전 및 안정도 지배들 가운데 어느 한 가지 지배도 받지 않을 것이다. 하지만, 이 결과는 따뜻한 구름을 이루는 대류 계가 정수 균형에 전혀 있을 수 없음을 의미하는 것이 아니다: 만일 그것이 정수 균형에 있다면, 그것이 앞에 언급된 세 가지 지배들의 하나만으로 설명될 수는 없다는 말이다. 이 분석은 잘 발달된 난운 대류(暖雲對流, warm cloud convection)가 정수 균형에 있을 필요가 없음을 보인다.

일반적으로, (7.2)를 만족시키는 계는 정수 계(靜水系, hydrostatic system)라 불린다. 한 어림된 역학 계로서의 정수 계를 위해, 그 연직 운동 방정식은 연직 방향으로 나타나는 중력과 연직 압력 경도력 사이 균형, 곧 정수 균형으로 대체된다. '정수 계의 연직 속도는 연직 방향으로 작용하는 힘들의 불균형으로부터 예단되지 않는다.' 그러나 이 명제는 오해의 소지를 품고 있어 주의를 요구한다. 이 명제의 참뜻은, 중력과 연직 압력 경도력이 연직 가속도를 포함해 연직 방향으로 작용하는 다른 아무 힘보다 매우 더 크고 서로 상쇄하는 관계에 있으므로, 그 연직 가속도를 그 힘들의 불균형으로서 판단하겠다는 생각을 포기한다는 것이다. 그 정수 계의 연직 운동은, 예단되지는 않지만, 정수 균형을 포함해 다른 상태 변수들 사이에 다소 복잡하게 설정될 균형 관계들을 유지하기 위한 수단으로서 존재할 것이다. 예로, 정수 방정식에 따라 압력과 밀도는 진단 관계에 있게 되므로, 이들의 국지적 시간 변화는 이 관계가 모든 점에서 유지되도록 일어나야 되며, 이를 위해 다른 상태 변수들과 달리 연직 속도는 공간적으로 구속을 받게 된다.

7.2 시그마 좌표와 원시 방정식 계

정수 균형에서 연직 속도에 대한 구속 조건은, 사용된 연직 좌표에 따라 매우 복잡한 모습으로 나타날 수도 있지만,

$$\sigma \equiv \frac{p-p_T}{p_S-p_T}$$

을 연직 좌표로 사용하면 비교적 간단하게 나타난다. 여기서 p_S는 지표 기압으로 장소(수평 좌표)와 시간에 따라 변할 수 있고, p_T는 계의 상단 기압으로 일정한 값으로 처방된다. σ의 값은 지표에서 1이고 상단에서 0이다. 이 좌표계에서 지표와 상단은 각각 좌표 면이다. 지표와 상단에서 운동학적 경계 조건(kinematic boundary condition)은

$$\pi\dot{\sigma}=0 \quad \begin{cases} \sigma=0 & (p=p_T) \\ \sigma=1 & (p=p_S) \end{cases} \tag{7.5}$$

이다. 여기서 $\pi \equiv p_S - p_T$는 기둥 질량을 나타내고, $\dot{\sigma} \equiv d\sigma/dt$는 연직 시그마 속도라 불린다. 이 조건은 상단 등압 면 또는 지표에 놓인 덩이가 항상 그 경계 면에 있다고 말한다.

시그마 좌표계에서, 그 원래의 지배 방정식 계 (5.84)는 이른바 원시 방정식 계(primitive equation system)

$$-\frac{\partial \Phi}{\partial \sigma} = \pi\alpha \equiv \pi\frac{RT}{p_T+\sigma\pi} \tag{7.6}$$

$$\frac{\partial \pi}{\partial t} + \vec{\nabla}\cdot\pi\vec{V} + \frac{\partial}{\partial\sigma}\pi\dot{\sigma} = 0 \tag{7.7}$$

$$\frac{du}{dt} = fv - \frac{\partial \Phi}{\partial x} - \sigma\alpha\frac{\partial \pi}{\partial x} \tag{7.8}$$

$$\frac{dv}{dt} = -fu - \frac{\partial \Phi}{\partial y} - \sigma\alpha\frac{\partial \pi}{\partial y} \tag{7.9}$$

$$C_p\frac{dT}{dt} = \alpha\left[\pi\dot{\sigma} + \sigma\left(\frac{\partial \pi}{\partial t} + \vec{V}\cdot\vec{\nabla}\pi\right)\right] \equiv \alpha\omega \tag{7.10}$$

을 준다. 여기서 물도 연산자는 $\frac{d}{dt} \equiv \frac{\partial}{\partial t} + \vec{V}\cdot\vec{\nabla} + \dot{\sigma}\frac{\partial}{\partial\sigma}$ 와 같이 정의된 것이다.

원시 방정식 계에서 Φ, $\dot{\sigma}$는 **진단 변수들**(診斷變數, diagnostic variables)이고 π, u, v, T는 **예단 변수들**(豫斷變數, prognostic variables)이다. 그 두 진단 변수

들은 예단 변수들로부터 결정된다. Φ는 지표 지위 Φ_S와 π, T로부터 정수 방정식 (7.6)을 이용해

$$\Phi = \Phi_S + \int_\sigma^1 \frac{RT}{p_T + \pi\sigma} \pi d\sigma \tag{7.11}$$

와 같이 결정될 수 있고, $\dot{\sigma}$는 π, $\vec{V}$로부터 연속 방정식 (7.7)을 이용해

$$\pi\dot{\sigma} = \sigma\left(\vec{\nabla} \cdot \int_\sigma^1 \vec{V}\pi d\sigma\right) + (1-\sigma)\left(-\vec{\nabla} \cdot \int_0^\sigma \vec{V}\pi d\sigma\right) \tag{7.12}$$

와 같이 결정될 수 있다. 한 고도에서 연직 질량 속 $\pi\dot{\sigma}$는 그 고도 아래에서 일어나는 수평 질량 속의 발산과 그 고도 위에서 일어나는 수평 질량 속의 수렴을 가중해서 얻어진다. 이때 아래 층 발산의 가중은 위층 두께 σ이고, 위층 수렴의 가중은 아래층 두께 $(1-\sigma)$이다.

식 (7.11)은 (7.6)의 적분으로 간단히 얻어진다. 식 (7.12)의 도출은 덜 간단하다. 먼저 우리는 (7.7)을 상단에서 지표까지 적분하고 (7.5)를 사용해 경향 방정식(tendency equation)

$$\frac{\partial \pi}{\partial t} = -\vec{\nabla} \cdot \int_0^1 \vec{V}\pi\, d\sigma \tag{7.13}$$

을 얻는다. 기둥 질량의 예단은 (7.13)으로 이루어진다. 사실 $\partial\pi/\partial t = \partial p_S/\partial t$이므로, (7.13)은 공기 기둥 전체의 질량 수렴이 지표 기압을 변화시킨다는 것을 말한다. 예를 들면, 겨울철 시베리아 고기압의 강화는, 대체로 이 고기압의 확장과 강한 하층 발산을 동반하지만, 상층 수렴으로 보충되는 공기 기둥 전체의 질량 수렴으로 지배된다. 다음에 우리는 (7.7)과 (7.13)에서 $\partial\pi/\partial t$를 소거하고 그 결과를 한 경계에서 아무 고도까지 연직으로 적분해서 정리해 (7.12)를 얻는다.

식 (7.10)에 정의된 기압 속도 ω 역시 한 진단 변수이다. 식 (7.12)와 (7.13)을 이용해, 우리는

$$\omega \equiv \pi\dot{\sigma} + \sigma\left(\frac{\partial \pi}{\partial t} + \vec{V} \cdot \vec{\nabla}\pi\right) = \vec{V} \cdot \vec{\nabla}(\sigma\pi) - \vec{\nabla} \cdot \int_0^\sigma \vec{V}\pi\, d\sigma \tag{7.14}$$

를 얻을 수 있다. 식 (7.14)의 오른쪽 등호는

$$\left(\frac{\partial p}{\partial t}\right)_\sigma = -\vec{\nabla} \cdot \int_0^\sigma \vec{V} \pi d\sigma - \pi \dot{\sigma} \tag{7.15}$$

을 암시한다. 식 (7.15)에 따르면, 시그마 좌표계에서 압력의 국지 변화는, 해당 고도의 좌표 면이 아래위로 움직일 수 있기 때문에, 그 고도의 상부에서 일어나는 질량 수렴 전량 가운데서 연직 질량 속 $\pi\dot{\sigma}$이 빠진 부분이다.

7.3 정수 계의 에너지론

식 (7.8)과 (7.9)의 각각에 πu와 πv를 곱하고 (7.6)과 (7.7)을 이용해 그 결과를 정리하면,

$$\frac{\partial}{\partial t}\left(\frac{1}{2}\vec{V}^2\pi\right) + \vec{\nabla} \cdot \left[\left(\frac{1}{2}\vec{V}^2 + \Phi\right)\pi\vec{V}\right] + \frac{\partial}{\partial \sigma}\left[\frac{1}{2}\vec{V}^2\pi\dot{\sigma} + \Phi\left(\pi\dot{\sigma} + \frac{\partial p}{\partial t}\right)\right] = -\pi\alpha\omega \tag{7.16}$$

이 얻어지고, (7.10)에 π를 곱하고 (7.7)을 이용해 그 결과를 정리하면

$$\frac{\partial}{\partial t}(C_p T\pi) + \vec{\nabla} \cdot (C_p T\pi\vec{V}) + \frac{\partial}{\partial \sigma}(C_p T\pi\dot{\sigma}) = \pi\alpha\omega \tag{7.17}$$

이 얻어진다. 식 (7.16)은 운동 에너지 방정식이고 (7.17)은 열역학 에너지 방정식이다.

원시 방정식 계의 에너지 논의는 몇 가지 주의를 요구한다. 먼저, (7.16)에서 국지 변화는 수평 운동 에너지만의 그것이다. 연직 운동 에너지가 고려되지 않는 것은 연직 운동 방정식이 정수 방정식으로 교체된 결과로 나타난 정수 계의 특징이다.

다음, (7.16)과 (7.17)의 오른쪽에 서로 반대 부호를 가지고 나타난 $\alpha\omega$항이 주의를 요구한다. 식 (7.10)에 따라, 이 항은 공기 덩이의 엔탈피($=C_p T$)의 단열적 변화율이고, (7.16)과 (7.17)에 따라 엔탈피와 운동 에너지 사이 교환 과

정을 나타낸다. 식 (7.10)에 따라 하강(상승)하는 덩이의 엔탈피는 단열적으로 증가(감소)하지만, (7.16)에서 보는 바와 같이 그 덩이의 운동 에너지는 꼭 그만큼 감소(증가)하지는 않을 것이다. 국지적으로 (등 σ면 위에 고정된 한 점에서) 지위가 변하지 않고 지표 압력 또한 변하지 않는 경우에 $\alpha\omega$항은 엔탈피와 역학 에너지 $1/2\vec{V}^2+\Phi$ 사이 변환을 나타냄을 쉽게 보일 수 있다:

$$\frac{d}{dt}\left(\frac{1}{2}\vec{V}^2+\Phi\right)=-\alpha\omega;\quad \frac{d}{dt}C_pT=\alpha\omega \tag{7.18}$$

이 경우에 에너지 논의는 간단하다. 하강하는 (낮은 기압에서 높은 기압으로 움직이는) 공기 덩이의 엔탈피는 압축으로 증가할 것이고, 역학 에너지는 엔탈피의 그 증가만큼 감소할 것이다. 이때 만일 그 덩이의 지위가 하강에 따라 감소한다면, 운동 에너지의 감소 크기는 엔탈피의 증가 크기보다 더 클 수 없을 것이다. 공기 덩이가 하강할 때 지위의 감소가 크기로 엔탈피의 증가보다 더 크다면 그 운동 에너지는 감소하기는커녕 오히려 엔탈피와 함께 증가할 것이다. 이 경우에 운동 에너지는 엔탈피가 아니라 지위 에너지로부터 오는 것이다:

$$\frac{d}{dt}\left(\frac{1}{2}\vec{V}^2+\Phi\right)\simeq 0 \tag{7.19}$$

물체의 자유 낙하는 그런 변환을 정확하게 보인다. 공기 덩이가 자유로 낙하하는 경우는 물론 매우 드물지만, 배수 풍(drainage wind)의 강력한 에너지는 찬 공기 덩이가 거의 자유로 낙하하는 도중에 감소하는 지위 에너지로부터 얻어진 것이다. 배수 풍을 이루는 공기 덩이들은 원래 높은 데 있었던 찬 공기 덩이들이 낙하하면서 도중에 단열적으로 일어난 엔탈피의 증가가 그와 동시에 일어난 지위의 변화보다 훨씬 더 작을 때 강력한 운동 에너지를 가지고 나타난다.

이제 수증기가 응결할 때 방출되는 잠열로 그 속이 덮여질 터인데도 불구하고 국지적으로 기온이 일정하게 유지되는 태풍이 있다 하자. 이 태풍 안에서 공기 덩이가 어떻게 움직일지 알아보자. 무엇이 그 속을 정체 상태로 유지하는가? 에너지의 복사 방출? 열의 난류 확산? 단열 냉각? 정답은 단열 냉각이다. 정수 대기 안에서 잠열로 가열되는 공기 덩이가 만일 가만히 있다면 $\omega=0$으로 그 엔탈피가 잠열로 증가할 것이므로 국지적으로 기온은 일정하게 유지될 수 없다.

덩이는 움직여야 한다. 만일 하강하면($\omega > 0$ 이면), 덩이의 엔탈피는 잠열 가열에 의한 증가분을 제외하더라도 안정한 층리에 있는 주변 공기의 그것보다 더 커지기 때문에 기온의 국지적 증가는 필연적이다. 만일 상승하면($\omega < 0$ 이면), 안정한 층리에 의한 덩이 엔탈피의 감소분과 잠열 가열에 의한 그것의 증가분이 서로 상쇄하여, 국지적으로 일정한 기온이 유지될 수 있다. 따라서 안정한 층리에 있는 정체 대기 안에서 잠열로 덮여진 공기 덩이는 반드시 상승해야(압력이 높은 곳에서 낮은 곳으로 이동해야) 할 것이다. 질량 보존의 원리에 따라 상승기류의 지속은 하층 수렴과 상층 발산을 동반적으로 요구하는데, 특히 그 하층 수렴은 수증기를 태풍 속으로 모으는 과정이기도 하다. 그 하층 수렴을 이루기 위해 덩이들은 수평으로 움직인다 해도 고기압 쪽에서 저기압 쪽으로 움직인다. 그래서 그 수렴하는 덩이들은 역학적으로 상승($\omega < 0$)한다.

마지막으로, (7.16)의 왼쪽 마지막 항

$$\frac{\partial}{\partial \sigma}\left(\Phi \frac{\partial p}{\partial t}\right) = \frac{\partial}{\partial \sigma}\left(\sigma \Phi \frac{\partial \pi}{\partial t}\right) \tag{7.20a}$$

을 고찰하자. 이 항은 상단에서 지표까지 연직으로 적분될 때

$$\int_0^1 \frac{\partial}{\partial \sigma}\left(\sigma \Phi \frac{\partial \pi}{\partial t}\right) d\sigma = \Phi_S \frac{\partial \pi}{\partial t} = \frac{\partial}{\partial t}(\Phi_S \pi) \tag{7.20b}$$

을 준다. 여기서 오른쪽 괄호 안에 보이는 $\Phi_S \pi$는 대기의 기압 두께로 가중된 지표 지위이고, 흔히 산악 에너지(mountain energy)라 불린다. 식 (7.20)은 그 산악 에너지가 운동 에너지 전량의 한 원천임을 암시하고 있다: 상단에서 지표까지 연직으로 적분될 때 (7.16)은

$$\frac{\partial}{\partial t}\left(\int_0^1 \frac{1}{2}\vec{V}^2 \pi d\sigma + \Phi_S \pi\right) = -\vec{\nabla} \cdot \int_0^1 \left(\frac{1}{2}\vec{V}^2 + \Phi\right)\vec{V}\pi d\sigma - \int_0^1 \alpha \omega \pi d\sigma \tag{7.21}$$

을 준다. 하지만, (7.21)은 산악 에너지가 어떤 과정들로 운동 에너지 전량의 원천이 되는지를 밝히지 않는다. 사실, 정수 계에 대해 우리는

$$\int_0^1 C_p T\pi d\sigma + \Phi_S \pi = \int_0^1 (C_v T + \Phi)\pi d\sigma + p_T(\Phi_T - \Phi_S) \tag{7.22}$$

을 쉽게 보일 수 있다. 식 (7.22)의 오른쪽에서, 첫 부분은 내부 에너지와 지위 에너지의 합의 전량이고, 둘째 부분은 한 작은 여분으로 고도가 증가함에 따라 지수적으로 0에 접근할 것이다. 식 (7.22)로 해석될 때, 그 작은 여분을 제외하면, 산악 에너지는 내부 에너지와 지위 에너지 전량의 합에서 엔탈피 전량을 뺀 나머지와 같다.

식 (7.17)의 연직 적분으로 우리는 엔탈피 전량의 수지 방정식

$$\frac{\partial}{\partial t}\int_0^1 C_p T\pi d\sigma = -\vec{\nabla}\cdot\int_0^1 C_p T\vec{V}\pi d\sigma + \int_0^1 \alpha\omega\pi d\sigma \tag{7.23}$$

을 얻는다. 식 (7.21)과 (7.23)을 합하면, 우리는 에너지 전량의 수지 방정식

$$\begin{aligned}&\frac{\partial}{\partial t}\left(\int_0^1 \frac{1}{2}\vec{V}^2\pi d\sigma + \int_0^1 C_p T\pi d\sigma + \Phi_S\pi\right)\\ &= -\vec{\nabla}\cdot\int_0^1\left(\frac{1}{2}\vec{V}^2 + C_p T + \Phi\right)\vec{V}\pi d\sigma\end{aligned} \tag{7.24}$$

을 얻는다. 식 (7.24)의 오른쪽에 나온 $s \equiv C_p T + \Phi$는 운동 에너지와 대비되어 정지 에너지(static energy)라 불린다. 이제

$$\begin{aligned}E &\equiv \int_0^1\left(\frac{1}{2}\vec{V}^2 + C_p T\right)\pi d\sigma + \Phi_S\pi\\ &= \int_0^1\left(\frac{1}{2}\vec{V}^2 + C_v T + \Phi\right)\pi d\sigma + p_T(\Phi_T - \Phi_S)\end{aligned} \tag{7.25}$$

$$\vec{F} \equiv \int_0^1\left(\frac{1}{2}\vec{V}^2 + C_p T + \Phi\right)\vec{V}\pi d\sigma \tag{7.26}$$

와 같이 정의된 E와 $\vec{F}$는 각각 에너지 전량과 에너지 속 전량이라 불린다. 그러면 에너지 전량의 수지 방정식 (7.24)는

$$\frac{\partial E}{\partial t} = -\vec{\nabla}\cdot\vec{F} \tag{7.27}$$

와 같이 표현될 수 있다. 앞에 언급된 바와 같이 $p_T(\Phi_T - \Phi_S)$는 에너지 전량

의 아주 작은 부분에 불과하므로 (7.25)는 다음과 같이 어림될 수 있다:

$$E \simeq \int_0^1 \left(\frac{1}{2} \vec{V}^2 + C_v T + \Phi \right) \pi d\sigma \tag{7.28}$$

일반적으로, 한 계의 전체 에너지는 그것의 운동 에너지와 잠재 에너지의 합이다. 식 (7.28)의 어림은 $\int_0^1 (C_v T + \Phi) \pi d\sigma$이 잠재 에너지 전량임을 말한다. 여기서 우리는 잠재 에너지와 정지 에너지가 서로 다름에 주의한다.

7.4 가용 잠재 에너지

유체 운동의 해석과 이해에서 에너지는 매우 중요한 개념이다. 한 계의 운동 에너지와 잠재 에너지의 합인 그 전체 에너지는 단열 과정에 대해 보존될 것이다.

그 수평 속도와 온도의 대표 값이 각각 10 $\mathrm{ms^{-1}}$와 300 K 인 한 정수 계에서, 운동 에너지는 50 $\mathrm{J\,kg^{-1}}$인 데 비해 엔탈피는 300,000 $\mathrm{J\,kg^{-1}}$으로 운동 에너지의 6,000배가 된다. 잠재 에너지의 크기는 대체로 엔탈피의 그것과 같다. 이들의 변화도 상당한 차이를 보인다. 하루에 속도 변화가 5 $\mathrm{ms^{-1}}$이고 기온 변화가 3 K라 하면, 운동 에너지의 변화는 60 $\mathrm{J\,kg^{-1}}$이고 엔탈피의 변화는 3,000 $\mathrm{J\,kg^{-1}}$이다: 대체로 운동 에너지의 하루 변화는 잠재 에너지의 2%에 불과하다. 이처럼 큰 잠재 에너지 변화의 98%는 어떻게 설명되어야 할 것인가? 에너지 보존의 입장에서 그것은 비단열 가열 과정에 기인한 것일 수밖에 없다. 한 계가 복사열을 균질하게 받거나 잃을 때, 그 계의 잠재 에너지는 크게 증가하거나 감소해도 운동 에너지는 아무 변화를 보이지 못할 것이다. 이 같은 상황은 그 거대한 잠재 에너지의 총량 가운데서 운동 에너지로 전환될 수 있는 부분, 곧 단열적으로 변할 수 있는 부분이 아주 작고 그 때문에 잠재 에너지의 변화를 통해서 운동 에너지의 변화를 추단할 수 없음을 말한다. 가용 잠재 에너지(available potential energy: APE)의 개념이 Lorenz(1955)에 의해 구상된 것은 이런 현실적 상황의 인식에서 비롯되었다.

7.4.1 무마찰 단열 재배치

한 계의 잠재 에너지 Π는 질량의 무마찰 단열 재배치로 그 계가 가질 수 있는 가장 작은 값 Π_{MIN}보다 더 작을 수는 없다. 이것은 단순한 논리적 귀결이다. Lorenz(1960)에 따라

$$A \equiv \overline{\Pi} - \overline{\Pi}_{MIN} \tag{7.29}$$

은 그 계의 가용 잠재 에너지, 곧 APE이다. 아직 미정인 $\overline{\Pi}_{MIN}$를 얻기 위해 그 계에 수행될 질량의 무마찰 단열 재배치는 한 **가상적 과정**(假想的過程, virtual process)이다. 이 과정에서 그 계의 잠재 에너지의 값은 변할 수 있을 것이다. 그 과정으로 얻을 수 있는 모든 값들 가운데서 최소 값은 (논리적으로) 오직 한 개일 것이고, 그 최소 값은 그 과정 도중에 (역시 논리적으로) 바뀔 수 없다: 그래서

$$\delta_a \Pi_{MIN} = 0 \tag{7.30}$$

여기서 δ_a는 그 무마찰 단열 재배치에 따른 한 변분을 나타낸다. 그러므로 무마찰 단열 재배치에 따른 A의 변화는 Π의 그것과 같다:

$$\delta_a A = \delta_a \Pi \tag{7.31}$$

한 계가 그것의 **최소 상태**(最小狀態, minimum state), 곧 $\Pi = \Pi_{MIN}$인 상태에 있을 때, 무마찰 단열 재배치는 Π를 변화시킬 수 없으므로

$$\delta_a A = \delta_a \Pi = 0 \tag{7.32}$$

이 성립한다.

7.4.2 APE

이제 질량의 '무마찰 단열 재배치'로 그 최소 상태가 어떻게 실현될 수 있는지 알아보자. 이를 위해 먼저 그 가상적 과정의 (잠재 에너지의 최소 값 이외에) 상수 하나를 생각하자. 쉽게 머리에 떠오르는 것은 등온위 면 위에 놓인 질량의

총량이다. 정수 계에서 그것은 등온위 면 위에서 취한 평균 기압과 같다. **등온위 평균 기압**(等溫位平均氣壓, isentropic mean pressure)이라 불리는 그것은 $\bar{p}$로 표시될 것이다. 무마찰 단열 과정으로 질량을 재배치할 때 어떤 공기 덩이도 등온위 면을 통과할 수 없으므로 한 등온위 면 위에 놓인 질량의 총량은 변할 수 없고, 따라서 정수 계에서 $\bar{p}$는 명백히 그 가상적 과정의 한 상수이다. 안정한 기층을 이루고 있는 정수 계에서 $\bar{p}$는 온위 θ의 한 감소 함수 $\bar{p}(\theta)$이다.

한 계의 아무 상태에서 아주 가까이 인접한 두 등온위 면들 사이에 갇힌 공기 덩이들의 무마찰 단열 재배치를 시도하자. 이때 덩이들은 그 두 등온위 면들 사이에 갇혀 있을 것이지만 힘이 그것들에 작용하는 동안 계속 가속될 것이고, 그것들의 운동 에너지는 변할 것이다. 그 계 안 모든 곳에서 힘이 0이 될 때 그 계의 운동 에너지 총량은 변하지 않을 것이고, 그때 기압은 그 등온위 면 위에서 일정하고 수평 속도는 등온위 면 위에서 무발산이며 절대 와도의 등치선에 평행하게 나타날 것이다:

$$p = \bar{p}(\theta), \quad \vec{\nabla}_\theta \cdot \vec{V} = 0 \text{ 및 } \vec{V} \cdot \vec{\nabla}_\theta (\zeta_\theta + f) = 0 \tag{7.33}$$

그 질량의 무마찰 단열 재배치로써 등온위 평균 기압은 바뀔 수 없으므로 그 재배치 후 정체 상태에서의 기압과 온위 사이의 함수 관계는 그 재배치 전 원래 상태에서 계산될 수 있다. 그 원래 상태에서 계산될 $\bar{p}(\theta)$는 이처럼 유일한 함수이므로 등온위 면과 등압 면이 일치하는 그 정체 상태의 무마찰 단열 재배치 또한 오직 하나뿐이다. 그 유일한 상태가 그 계의 최소 상태인가?

식 (7.28)의 어림 안에서, 잠재 에너지 전량은

$$\Pi \equiv \int_0^1 (C_v T + \Phi)\pi d\sigma = \int_0^1 C_p T \pi d\sigma + p_S \Phi_S - p_T \Phi_T \tag{7.34}$$

와 같다. 안정한 층리 $(\partial\theta/\partial z > 0)$의 공기 기둥에 대해 온위는 연직 좌표로 선택될 수 있다: 이는 주어진 x, y, t에 대해 온위와 고도가 일의적 함수 관계에 있을 것이기 때문이다. 이제 지형 고도와 대기 상단의 효과들을 무시하자. 그러면

$$\Pi = \int_{Z_s}^{\infty} C_p T \rho dz = \int_0^{P_s} C_p \theta \left(\frac{p}{p_{00}}\right)^{\kappa} \frac{dp}{g} = \frac{p_{00}}{g} \frac{C_p}{1+\kappa} \int_0^{P_s} \theta d\left(\frac{p}{p_{00}}\right)^{1+\kappa}$$
$$= \frac{p_{00}}{g} \frac{C_p}{1+\kappa} \left[\theta_0 \left(\frac{P_s}{p_{00}}\right)^{1+\kappa} + \int_{\theta_s}^{\infty} \left(\frac{p}{p_{00}}\right)^{1+\kappa} d\theta \right] \tag{7.35}$$

여기서 p_{00}는 1,000 hPa로 상수이고, θ_s와 P_s는 각각 온위와 기압의 지표값으로 위치와 시간의 함수일 수 있다. 온위 공간에서 적분 구간을 확장하기 위해, 지표 온위보다 적은 온위에서 기압을 일정하게 지표 기압 P_s로 처방하면, (7.35)는

$$\Pi = \frac{C_p p_{00}}{(1+\kappa)g} \int_0^{\infty} \left(\frac{p}{p_{00}}\right)^{1+\kappa} d\theta \tag{7.36}$$

와 같이 표현될 수 있다. 이 확장으로 말미암아 Π의 전구 총량을 표현할 때 수평 적분과 연직 적분의 순서는 자유롭게 바뀔 수 있다: 그래서 Π의 면적 평균은

$$\overline{\Pi} = \frac{C_p p_{00}}{(1+\kappa)g} \int_0^{\infty} \overline{\left(\frac{p}{p_{00}}\right)^{1+\kappa}} d\theta \tag{7.37}$$

와 같이 얻어진다. 여기서 적분 기호 아래 있는 $\overline{(\ )}$는 등온위 면에서의 수평 평균을 나타낸다. 앞에서 논의한 바에 따라 최소 상태에서 등압 면과 등온위 면은 서로 같고 $p = \overline{p}(\theta)$이므로, 엔탈피 총량은 (7.37)에 따라

$$\overline{\Pi}_{MIN} = \frac{C_p p_{00}}{(1+\kappa)g} \int_0^{\infty} \left(\frac{\overline{p}}{p_{00}}\right)^{1+\kappa} d\theta \tag{7.38}$$

와 같이 표현된다. 따라서 (7.29)는

$$A = \frac{C_p p_{00}}{(1+\kappa)g} \int_0^{\infty} \left[\overline{\left(\frac{p}{p_{00}}\right)^{1+\kappa}} - \left(\frac{\overline{p}}{p_{00}}\right)^{1+\kappa} \right] d\theta \tag{7.39}$$

와 같이 된다.

7.4.3 등압 면 기온 분산

Lorenz(1955)는 대기 대순환의 열 구조를 규정하는 등압 면과 등온위 면들이 대체로 수평면에 가까운 점에 착안해 그가 제안한 (7.39)의 어림된 모습을 유도하고, 그 어림을 통해 등압 면 위에서의 기온 분산으로 가용 잠재 에너지를 표현할 수 있음을 보였다. 이제 $\varepsilon \ll 1$ 일 때

$$(1+\varepsilon)^{1+x} \simeq 1+(1+x)\varepsilon+\frac{1}{2}(1+x)x\varepsilon^2$$

임에 착안하고, $p'' \equiv p-\overline{p}$라 두면, (7.39)는

$$\begin{aligned} A &= \frac{C_p p_{00}}{(1+x)g}\int_0^\infty \left(\frac{\overline{p}}{p_{00}}\right)^{1+x}\left[\overline{\left(1+\frac{p''}{\overline{p}}\right)^{1+x}}-1\right]d\theta \\ &\simeq \frac{R p_{00}}{g}\int_0^\infty \left(\frac{\overline{p}}{p_{00}}\right)^{1+x}\frac{1}{2}\overline{\left(\frac{p''}{\overline{p}}\right)^2}d\theta = \frac{R}{g}\int_0^\infty \overline{p}\,\frac{\overline{T}}{\theta}\,\frac{1}{2}\,\overline{\left(\frac{p''}{\overline{p}}\right)^2}d\theta \end{aligned} \tag{7.40}$$

와 같이 어림될 수 있다. 식 (7.40)의 피적분 함수에 든 θ는 등온위 평균 기압과 온도로써

$$\theta \equiv \overline{T}\left(\frac{P_\infty}{\overline{P}}\right)^x$$

와 같이 정의된 것이다. 연직 좌표를 온위에서 기압으로 바꾸고 등압 평균을 $\overline{(\ )}$으로 표시하면, (7.40)은

$$A \simeq \frac{R}{g}\int_0^{p_0}\overline{T}\frac{1}{2}\overline{\left(\frac{p''}{p}\right)^2}\left(-\frac{p}{\theta}\frac{\partial\overline{\theta}}{\partial p}\right)dp \tag{7.41}$$

과 같이 어림될 수 있다. 이제 등압 면 위에서 등압 평균 $\overline{T}$ 및 $\overline{\theta}$에 대한 온도 및 온위 편차를 각각 θ' 및 T'라 하면, 우리는

$$\frac{T'}{\overline{T}} = \frac{\theta'}{\overline{\theta}} \tag{7.42a}$$

을 얻고, 등압 면과 등온위 면이 대체적으로 서로 비슷하고 수평면이면

$$\theta' \simeq -p'' \frac{\partial \overline{\theta}}{\partial p} = \frac{p''}{p} \frac{R\overline{\theta}}{g} (\Gamma_d - \overline{\Gamma}) \tag{7.42b}$$

을 얻는다. 그러면, (7.41)은

$$A = \frac{1}{2} \int_0^{p_0} \frac{\overline{T'^2}}{\overline{T}(\Gamma_d - \overline{\Gamma})} dp = \frac{1}{2} \int_0^{p_0} C_p \overline{T} \frac{\overline{(T'/\overline{T})^2}}{(\Gamma_d - \overline{\Gamma})/\Gamma_d} \frac{dp}{g} \tag{7.43}$$

와 같이 된다. 이로부터 우리는 '등압 평균 단위 질량당 가용 잠재 에너지'를

$$a \equiv \frac{C_p \overline{T}}{2} \overline{\left(\frac{T'}{\overline{T}}\right)^2} \frac{\Gamma_d}{\Gamma_d - \overline{\Gamma}} \tag{7.44}$$

와 같이 정의할 수 있겠다. a는 한 등압 면에 놓인 공기 덩이들 전체가 가용 잠재 에너지에 기여할 부분이다. '단위 질량당 가용 잠재 에너지가 기온 분산에 비례하고 정지 안정도에 반비례한다'고 말할 때, 우리는 이것이 등압 평균에 대한 말임에 유의한다.

1. 정수 대기의 기둥 질량이 지상 기압에 비례함을 보여라.
2. 정수 계의 무차원 운동 에너지 수지 방정식을 구하라.
3. 정수 대기 안에서 공기 덩이의 운동 에너지가 수평 속도로만 주어지는데, 그 어림의 뜻을 논술하라.
4. 겨울철에 히말라야 위에 차고 무거운 공기가 있다는 것을 우리는 잘 알고 있다. 어떤 논자는 냉각 때문에 무거워진다고 하지만, 이 말은 자칫 오해를 일으킬 뿐 무거운 공기가 히말라야 위에 나타난 것을 설명하지 않는다. 밀폐된 상자 속 공기가 냉장고에 들어갔다 나올 때마다 무거워지는가? 도대체 세계 도처에서 이곳으로 공기가 어떻게 모이게 되는지를 알아야 될 것이다. 여름철 이곳 상황은 정반대이다. 거대한 지상 저기압이 이곳을 덮고 있는 것이다. 말하자면, 세계 도처로 공기가 상당히 빠져나간 상태가 여름철 모습이다. 히말라야 지역 대기의 산악 에너지의 계절 변동은 어떻게 일어나는가?
5. 식 (7.15)를 유도하고 각 항의 뜻을 설명하라.
6. 식 (7.16)을 유도하고, 오른쪽에 나타난 $\pi\dot{\sigma}+\left(\frac{\partial P}{\partial t}\right)_{\sigma}$의 뜻을 밝혀라.
7. $\frac{\partial \Phi}{\partial t}=0$과 $\frac{\partial P_s}{\partial t}=0$일 때, (7.18)이 성립함을 보여라.
8. 산악 에너지와 엔탈피 전량의 합에 대해 다음 표현

$$\Phi_S\pi/g+\int_0^1 C_p T\pi d\sigma/g=\int_0^1(C_v T+\Phi)\pi d\sigma/g+(\Phi_T-\Phi_S)p_T/g$$

을 얻어라. 오른쪽에서 그 마지막 항이 고도가 높아짐에 따라 급히 작아짐을 보여라.

9. 에너지 전량의 수지 방정식을

$$\frac{\partial}{\partial t}\left[\int_0^1\left(\frac{1}{2}\vec{V}^2+\Phi+C_v T\right)\pi d\sigma/g+(\Phi_T-\Phi_S)p_T/g\right]$$
$$=-\vec{\nabla}\cdot\int_0^1\left(\frac{1}{2}\vec{V}^2+\Phi+C_p T\right)\vec{V}\pi d\sigma/g$$

와 같이 유도하라. 본문에서와 달리 나타난 $(\Phi_T-\Phi_S)p_T/g$항의 뜻을 논술

하라.

10. 온위 공간에서의 질량 분포 $m(\theta)$는 무마찰 단열 과정 중에 변하지 않음을 증명하라. 여기서 $m(\theta)\delta\theta$는 온위가 θ와 $\theta+\delta\theta$ 사이에 있는 모든 공기 덩어리들의 총질량이다.

11. 등압 면 온위 편차 θ'와 등온위 면 압력 편차 P'' 사이에

$\theta' = -P''\dfrac{\partial\overline{\theta}}{\partial P}$가 성립할 조건은 무엇인가?

제8장

비탄성 계

8.1 비탄성 어림

8.1.1 음파의 제거

매우 작은 편차에 대해

$$\frac{Fr}{[Ro]} \ll 1 \tag{8.1}$$

이므로, $\rho^* \approx \rho_s^*$이 (5.82)에 적용될 수 있다. 식 (8.1)을 이용하고,

$$H_\rho \equiv D\rho_s^* / (-\partial \rho_s^* / \partial z^*)$$

을 감안하면, (5.82e)는 **무발산 방정식**(無發散方程式, nondivergence equation)

$$0 \simeq \vec{\nabla}^* \cdot \rho_s^* \vec{V}^* + \frac{1}{[Ri]} \frac{\partial}{\partial z^*} (\rho_s^* w^*) \tag{8.2}$$

와 같이 어림될 수 있다. 편차 방정식 계 (5.82)의 나머지 모두에서 $\rho^* = \rho_s^*$로 두면, 그 계의 **비탄성 어림**(非彈性近似, anelastic approximation)

$$[Ro]\, \rho_s^* \frac{du^*}{dt^*} = -\frac{\partial \delta p^*}{\partial x^*} + \frac{[Ro]}{Ro} \rho_s^* f^* v^* \tag{8.3a}$$

$$[Ro]\,\rho_s^* \frac{dv^*}{dt^*} = -\frac{\partial \delta p^*}{\partial y^*} - \frac{[Ro]}{Ro}\rho_s^* f^* u^* \tag{8.3b}$$

$$\left(\frac{D}{L}\right)^2 \frac{[Ro]}{[Ri]}\rho_s^* \frac{dw^*}{dt^*} = -\frac{\partial \delta p^*}{\partial z^*} - \delta\rho^* \tag{8.3c}$$

$$\rho_s^* \frac{d\delta T^*}{dt^*} - \frac{D}{H_\theta}\frac{d\delta p^*}{dt^*} = -\frac{Ri[Ro]}{[Ri]}\sigma_s^* \rho_s^* w^* + \frac{D/H_\theta}{[Ri]} w^* \delta\rho^* \tag{8.3d}$$

$$0 = \vec{\nabla}^* \cdot \rho_s^* \vec{V}^* + \frac{1}{[Ri]}\frac{\partial}{\partial z^*}(\rho_s^* w^*) \tag{8.3e}$$

$$\frac{\delta\rho^*}{\rho_s^*} = -\frac{\delta T^*}{T_s^*} + \left(1 + \sigma_s \frac{R}{C_p}\right)\frac{D}{H}\frac{\delta p^*}{p_s^*} \tag{8.3f}$$

이 얻어진다. 다만 (8.3f)의 오른쪽 괄호 안에서 $\sigma_s R/C_p$는, 다음 절에 보일 바와 같이, 어림된 틀 안에서 엔트로피의 단열적 보존을 위해 첨가된 것이다. 이 첨가된 항은 정지 안정도 때문에 연직 방향으로 다소 변할 수 있지만, $\varkappa \approx 0.285$이고 $0 < \sigma < 1$이어서, 그 크기는 1에 비해 꽤 작다. 더구나 (5.82f)에서 ρ^*가 ρ_s^*로 대체되어 (8.3f)가 얻어졌다는 점에서 이 작은 항의 첨가는 용납될 어림이다.

식 (8.3)은 비탄성 어림의 가장 일반적인 무차원 형식이다. 이제 차원 회복으로 (8.3)은

$$\rho_s \frac{du}{dt} = -\frac{\partial \delta p}{\partial x} + \rho_s f v \tag{8.4a}$$

$$\rho_s \frac{dv}{dt} = -\frac{\partial \delta p}{\partial y} - \rho_s f u \tag{8.4b}$$

$$\rho_s \frac{dw}{dt} = -\frac{\partial \delta p}{\partial z} - g\,\delta\rho \tag{8.4c}$$

$$C_p \rho_s \frac{d}{dt}\delta T - \frac{d}{dt}\delta p = -\sigma_s \rho_s g w + g w \delta\rho \tag{8.4d}$$

$$\vec{\nabla} \cdot \rho_s \vec{V} + \frac{\partial}{\partial z}\left(\rho_s w\right) = 0 \tag{8.4e}$$

$$\frac{\delta\rho}{\rho_s} = -\frac{\delta T}{T_s} + \left(1 + \sigma_s \frac{R}{C_p}\right)\frac{\delta p}{p_s} \tag{8.4f}$$

와 같이 표현될 수 있다.

8.1.2 에너지 논의

운동 에너지 방정식과 잠재 에너지 방정식은 (8.4)에서 각각

$$\rho_s \frac{d}{dt}\frac{1}{2}(u^2+v^2+w^2) = -\left(\vec{V}\cdot\nabla + w\frac{\partial}{\partial z}\right)\delta p - g\,w\,\delta\rho \tag{8.5a}$$

$$\rho_s \frac{d}{dt}\left(C_p\delta T - \frac{\delta p}{\rho_s} + \int^z \sigma_s g dz\right) = -\,\delta p\left(\vec{\nabla}\cdot\vec{V} + \frac{\partial w}{\partial z}\right) + gw\,\delta\rho \tag{8.5b}$$

과 같이 얻어진다. 이들을 더하면 에너지 방정식

$$\rho_s \frac{d}{dt}\left[\frac{1}{2}(u^2+v^2+w^2) + C_p\delta T - \frac{\delta p}{\rho_s} + \int^z \sigma_s g dz\right]$$
$$= -\left[\vec{\nabla}\cdot(\vec{V}\delta p) + \frac{\partial}{\partial z}(w\,\delta p)\right] \tag{8.5c}$$

이 나온다. 고정된 경계에 직교하는 흐름이 없는 삼차원 영역 R에 대한 (8.5c)의 적분은

$$\frac{\partial}{\partial t}\int_R \left[\frac{1}{2}(u^2+v^2+w^2) + C_p\delta T - \frac{\delta p}{\rho_s} + \int^z \sigma_s g\,dz\right]\rho_s dV = 0 \tag{8.6}$$

와 같이 에너지 보존 원리의 한 표현을 준다. 식 (8.6)은 (5.91)의 한 비탄성 어림이다.

식 (8.4a)~(8.4d)는 다음과 같이 표현될 수도 있다:

$$\frac{du}{dt} = -\frac{1}{\rho_s}\frac{\partial p}{\partial x} + fv \tag{8.7a}$$

$$\frac{dv}{dt} = -\frac{1}{\rho_s}\frac{\partial p}{\partial y} - fu \tag{8.7b}$$

$$\frac{dw}{dt} = -\frac{1}{\rho_s}\frac{\partial p}{\partial z} - g\frac{\rho}{\rho_s} \tag{8.7c}$$

$$C_p\frac{dT}{dt} = \alpha_s\frac{dp}{dt} + gw\frac{\delta\rho}{\rho_s} \tag{8.7d}$$

식 (8.7a)~(8.7c)는 (5.84a)~(5.84c)의 왼쪽과 코리올리의 힘에 나타난 ρ가 ρ_s로 교체될 때 얻어질 모습을 취한다. 특히 (8.7c)에서 중력 항을 나누어

$$-g\frac{\rho}{\rho_s} = -g - g\frac{\delta\rho}{\rho_s} \tag{8.8}$$

과 같이 두 부분으로 쓸 때, 오른쪽 첫째 항은 참고(대기에서 작용하는 중력과 똑같은) 중력이며 둘째 항은 그것으로부터의 편차로서 부양력이다. 흔히 주위보다 가벼운 공기는 상향, 그리고 무거운 공기는 하향의 부양력을 각각 받는다고 말하는데, 이때 주위란 참고 대기를 이른다. 참고 중력은 예외 없이 부양력보다 훨씬 크지만 상향의 기압 경도력으로 대부분 상쇄되므로, 자유 낙하를 일으킬 만한 하향 가속은 이로 인해 일어나지 못한다. 더구나 이것은 모든 비탄성 계에서 똑같은 모양으로 나타나기 때문에 역학적 흥미의 대상에서 종종 제외된다. 식 (8.7d)는 열역학 에너지 방정식 (5.84d)에서 $\alpha dp/dt \equiv \alpha\omega$ 항이 둘로 나뉘어

$$\alpha\omega \equiv \alpha_s\omega + \omega\delta\alpha \simeq \alpha_s\frac{dp}{dt} + (-\rho_s gw)\left(-\alpha_s\frac{\delta\rho}{\rho_s}\right) = \alpha_s\frac{dp}{dt} + gw\frac{\delta\rho}{\rho_s} \tag{8.9}$$

와 같이 어림됨으로써 얻어진 것으로 해석될 수 있다. 식 (8.7d) 또는 (8.9)의 오른쪽 첫째 항은, 근본적으로, 이미 논의된 바 있는 엔탈피와 운동 에너지 사이의 변환을 나타낸다. 이때 실제 비부피 대신에 참고 대기의 그것을 썼기 때문에 남은 $\omega\delta\alpha$의 어림이 그 둘째 항이다.

항등 관계 $d\Phi/dt \equiv gdz/dt$를 이용해 (8.7a)~(8.7c)에서 우리는 운동 에너지 방정식

$$\rho_s\frac{d}{dt}\left[\frac{1}{2}(u^2+v^2+w^2)+\Phi\right] = -\left(\vec{V}\cdot\vec{\nabla}p + w\frac{\partial p}{\partial z}\right) - g\,w\delta\rho \tag{8.10a}$$

을 얻을 수 있다. 이 식의 오른쪽 마지막 항, 곧 부양력의 일은 주위보다 무거운 공기의 하강과 가벼운 공기의 상승으로 운동 에너지가 증가할 수 있음을 나타낸다. 한편, 연속 방정식 (8.4e)를 이용해 (8.7d)에서 우리는 잠재 에너지 방정식

$$\rho_s\frac{d}{dt}\left(C_pT - \frac{p}{\rho_s}\right) = -p\left(\vec{\nabla}\cdot\vec{V} + \frac{\partial w}{\partial z}\right) + gw\delta\rho \tag{8.10b}$$

을 얻을 수 있다. 이들을 더하면 에너지 방정식

$$\rho_s \frac{d}{dt}\left[\frac{1}{2}(u^2+v^2+w^2)+\Phi+C_p T-\frac{p}{\rho_s}\right]=-\left[\vec{\nabla}\cdot(p\vec{V})+\frac{\partial}{\partial z}(pw)\right] \tag{8.10c}$$

이 나온다. 모양새에서, (8.5)와 (8.10)은 서로 다르다. 운동 에너지와 부양력만이 같은 모양새로 나타날 뿐이다.

비탄성 계로 취급될 운동 계의 참고 대기는 그것이 정지 대기라는 것 이외에 이제까지 아무 제한을 받지 않았다. 일반적으로 모든 구속 원리들이 어림된 계에 그대로 이전되기는 힘들지만, 적어도 기본 원리들은 어림된 모습으로나마 지탱되어야 한다는 것이 우리들의 기본 입장이었다. 예로 제2장에서 다룬 원리는 각운동량의 보존과 운동 방정식의 어림 불변 형식의 성립이었다. 개별 운동 계의 규모 분석의 입장에서 일관된 크기의 비교는 중요한 사항이지만 기본 원리를 깨뜨리면 안 될 것이다. 그런 연고로 우리는 에너지 방정식들을 점검해 본 것이다.

8.2 엔트로피 보존의 구속 효과

비탄성 계의 경우에 열역학 에너지 방정식과 상태 방정식, 특히 후자의 변모가 두드러지기 때문에 원래 이들이 함께 의미했던 엔트로피 보존의 형식적 변모를 살필 필요가 있다.

먼저 참고 온위 $\theta_s \equiv T_s(p_{00}/p_s)^{\kappa}$에 대한 온위 편차 $\delta\theta \equiv \theta - \theta_s$가

$$\delta\theta \equiv \theta_s\left(\frac{\delta T}{T_s}-\frac{R}{C_p}\frac{\delta p}{p_s}\right)=\frac{\theta_s}{C_p T_s}\left(C_p\delta T-\frac{\delta p}{\rho_s}\right) \tag{8.11a}$$

을 통해 정의된다. 그러면 온위는 비탄성 계에서

$$\theta = \theta_s + \frac{\theta_s}{C_p T_s}\left(C_p\delta T-\frac{\delta p}{\rho_s}\right) \tag{8.11b}$$

와 같이 주어질 것이다. 이제 (8.11a)의 양쪽을 미분하면,

$$\frac{d}{dt}\delta\theta = \frac{d}{dt}\left[\frac{\theta_s}{C_pT_s}\left(C_p\delta T - \frac{\delta p}{\rho_s}\right)\right]$$
$$= \left(C_p\delta T - \frac{\delta p}{\rho_s}\right)\frac{d}{dt}\left(\frac{\theta_s}{C_pT_s}\right) + \frac{\theta_s}{C_pT_s}\frac{d}{dt}\left(C_p\delta T - \frac{\delta p}{\rho_s}\right) \quad (8.12)$$

여기서 우리는 (8.4d)를 이용해

$$\frac{d}{dt}\left(C_p\delta T - \frac{\delta p}{\rho_s}\right) = -\frac{\delta p}{\rho_s}\left(-\frac{1}{\rho_s}\frac{\partial \rho_s}{\partial z}w\right) + gw\frac{\delta\rho}{\rho_s} - \sigma_s gw$$
$$= w\left[-\sigma_s g + g\frac{\delta\rho}{\rho_s} + \frac{\delta p}{\rho_s}\left(\frac{1}{p_s}\frac{\partial p_s}{\partial z} - \frac{1}{T_s}\frac{\partial T_s}{\partial z}\right)\right] \quad (8.13a)$$

을 얻고, 정지 안정도의 정의를 이용해

$$\frac{d}{dt}\left(\frac{\theta_s}{C_pT_s}\right) = \frac{T_s\frac{d\theta_s}{dt} - \theta_s\frac{dT_s}{dt}}{C_pT_s^{\ 2}}$$
$$= \frac{g\theta_s}{C_p^2T_s^2}\left(\frac{C_pT_s}{g\theta_s}\frac{\partial\theta_s}{\partial z} - \frac{C_p}{g}\frac{\partial T_s}{\partial z}\right)w$$
$$= \frac{g\theta_s}{C_p^2T_s^2}[\sigma_s - (\sigma_s - 1)]w = \frac{g\theta_s}{C_p^2T_s^2}w \quad (8.13b)$$

을 또한 얻는다. 이 두 결과를 대입해 간추리면 (8.12)는

$$\frac{d}{dt}\delta\theta = \left(C_p\delta T - \frac{\delta p}{\rho_s}\right)\frac{g\theta_s}{C_p^2T_s^2}w$$
$$+ \frac{\theta_s}{C_pT_s}w\left[-\sigma_s g + g\frac{\delta\rho}{\rho_s} + \frac{\delta p}{\rho_s}\left(\frac{1}{p_s}\frac{\partial p_s}{\partial z} - \frac{1}{T_s}\frac{\partial T_s}{\partial z}\right)\right]$$
$$= -\frac{\theta_s\sigma_s gw}{C_pT_s} + \frac{gw\theta_s}{C_pT_s}\left[\frac{\delta T}{T_s} - \frac{R}{C_p}\frac{\delta p}{p_s} + \left(1 + \frac{R}{C_p}\sigma_s\right)\frac{\delta p}{p_s} - \frac{\delta T}{T_s}\right.$$
$$\left. + \frac{\delta p}{p_s}\left(-1 - \frac{R}{C_p}(\sigma_s - 1)\right)\right] = -\frac{d\theta_s}{dt} \quad (8.14)$$

이 된다. 여기서 우리는 (8.3f)에 삽입된 안정도 항 때문에 (8.14)의 마지막 등호가 성립한다는 사실에 주목한다. 식 (8.11b)로 정의된 온위에 대해 (8.14)는 그것의 단열적 보존, 곧

$$\frac{d\theta}{dt} = 0 \tag{8.15}$$

을 준다. 식 (8.15)는 엔트로피의 보존을 말한다.

우리는 (8.4c)와 (8.4d)를 각각

$$\frac{dw}{dt} = -\frac{\partial}{\partial z}\frac{\delta p}{\rho_s} + g\frac{\delta\theta}{\theta_s} \tag{8.16}$$

$$\frac{d}{dt}\frac{\delta\theta}{\theta_s} = -\left(1+\frac{\delta\theta}{\theta_s}\right)\frac{g\sigma_s}{C_p T_s}\,w \tag{8.17}$$

와 같이 쓸 수 있다. 엄밀히 말하면 $-g\delta\rho/\rho_s$이 부양력이지만, (8.16)에 나오는 $+g\delta\theta/\theta_s$도 부양력이라 불린다. 식 (8.4a), (8.4b), (8.4e), (8.16) 및 (8.17)은 다섯 개 변수 $u, v, w, \delta p/\rho_s$ 및 $\delta\theta/\theta_s$에 대해 한 닫힌계를 이룬다.

8.3 비탄성 계의 다섯 가지 구분

음파와 같은 탄성파의 역할이 무시될 수 있고 매우 작은 편차의 조건 $Fr/[Ro] \ll 1$을 만족하는 대기 운동 계로 대류, 태풍, 구풍 등이 있다. 이들은 얕은 계와 깊은 계로 크게 분류될 수 있다. 얕은 계로서 가장 일반적인 계는 부시네스크 계이다. 깊은 계는 성층이 약한 오구라 계와 성층이 강한 중규모 계, 준지균 계 및 행성규모 계이다. 규모 분석의 입장에서 이 다섯 가지 계는 무차원 모수들의 위상 공간 $(D/\gamma H, Fr/[Ro], \sigma_0 D/H_\theta, Ro)$ 안에서 각각 서로 다른 영역을 점유하는 것으로 구별될 수 있다:

① 부시네스크 계: $D/\gamma H \ll 1$ 및 $Fr/[Ro] \ll 1$ (8.18a)

② 오구라 계: $D/\gamma H \simeq 1$ 및 $\sigma_0 D/H_\theta \lesssim Fr/[Ro] \ll 1 \lesssim Ro$ (8.18b)

③ 중규모 계: $D/\gamma H \simeq 1$ 및 $Fr/[Ro] \ll \sigma_0 D/H_\theta \ll 1 \lesssim Ro$ (8.18c)

④ 종관규모 계: $D/\gamma H \simeq 1$ 및 $Fr/[Ro] \ll \sigma_0 D/H_\theta \lesssim Ro \ll 1$ (8.18d)

⑤ 행성규모 계: $D/\gamma H \simeq 1$ 및 $Fr/[Ro] \ll Ro \ll \sigma_0 D/H_\theta \lesssim 1$ (8.18e)

성층의 강약과 규모의 대소는 모수들의 크기에 따라 정의될 수 있다. 성층은 $\sigma_0 D/H_\theta \lesssim Fr/[Ro]$ 이면 약하고, $Fr/[Ro] \ll \sigma_0 D/H_\theta$ 이면 강하다. 달리 말해, 성층은 $[Ri] \simeq 1$ 이면 약하고, $[Ri] \gg 1$ 이면 강하다. 이에 따라 오구라 계의 성층은 약하고, 중규모 계, 종관규모 계 및 행성규모 계의 성층은 강하다. 계의 규모는 로스비 수를 기준으로 $Ro \gtrsim 1$ 또는 $[Ro] \simeq 1$ 이면 작고, $Ro \ll 1$ 또는 $[Ro] \ll 1$ 이면 크다. 이에 따라 오구라 계와 중규모 계는 작은 규모에 속하고, 종관규모 계와 행성규모 계는 큰 규모에 속한다(아래 표를 참조하라. 여기서 $H_\theta = 25\ km$, $f_0 = 10^{-4}\ s^{-1}$ 및 $g = 9.8\ ms^{-2}$ 로 두었다).

	V m/s	D km	L km	σ_0	$\sigma_0 D/H_\theta$	[Ro]	Fr/[Ro]	[Ri]
오구라 계	10	5	10	.01	.002	1.0	.002	1.0
중규모 계	10	5	100	.1	.02	1.0	.002	10.
종관규모 계	10	10	1000	.3	.12	0.1	.01	12.
행성규모 계	10	16	10000	1.0	.64	.01	.063	10.

이 장에서 우리는 부시네스크 계, 오구라 계 및 종관규모 계만을 논의한다. 비록 중규모 계와 행성규모 계가 알려진 것은 꽤 오래지만, 강한 성층의 운동계로서 이들을 위상 공간에서 특징적으로 따로 구분한 것은 최근의 일이다. 이들에 대한 강의 내용이 아직 충분히 준비되지 못했기 때문에 이들에 대한 논의는 다른 기회로 미루어질 것이다. 특히 행성규모 계와 종관규모 계가 준지균 계라는 하나의 틀 안에서 함께 논의될 수 있다고 보아 온 점은 우리가 주목할 대기역학의 한 관례였다.

8.4 부시네스크 계

깊은 계들이 성층과 규모에 따라 분류된 것에 비해서 얕은 계들은 성층이나 규모로 구분되지 않고 모두 함께 부시네스크 계라 불렀다. 비탄성 계로서 얕은 운

동 계는 (8.18a), 곧

$$Fr/[Ro] \ll 1 \text{ 그리고 } D/\gamma H \ll 1$$

을 만족한다. 이제 계의 연직 규모와 더불어 연직 범위도 D 정도이고 T_s^*, ρ_s^* 및 σ_s가 그 범위 안에서 모두 상수로 볼 수 있다고 하자. 그러면 (8.3a)~(8.3f)는

$$[Ro]\,\rho_0^* \frac{du^*}{dt^*} = -\frac{\partial \delta p^*}{\partial x^*} + \frac{[Ro]}{Ro}\,\rho_0^* f^* v^* \tag{8.19a}$$

$$[Ro]\,\rho_0^* \frac{dv^*}{dt^*} = -\frac{\partial \delta p^*}{\partial y^*} - \frac{[Ro]}{Ro}\,\rho_0^* f^* u^* \tag{8.19b}$$

$$\left(\frac{D}{L}\right)^2 \frac{[Ro]}{[Ri]}\,\rho_0^* \frac{dw^*}{dt^*} = -\frac{\partial \delta p^*}{\partial z^*} - \delta\rho^* \tag{8.19c}$$

$$\rho_0^* \frac{d\delta T^*}{dt^*} = -\frac{Ri[Ro]}{[Ri]}\,\sigma_0^* \rho_0^* w^* \tag{8.19d}$$

$$0 = \frac{\partial}{\partial z^*}\left(\rho_0^* \frac{w^*}{[Ri]}\right) + \vec{\nabla}^* \cdot (\rho_0^* \vec{V}^*) \tag{8.19e}$$

$$\frac{\delta\rho^*}{\rho_0^*} = -\frac{\delta T^*}{T_0^*} \tag{8.19f}$$

와 같이 어림될 수 있다. 여기서 $\rho_0^* \equiv 1$, $\sigma_0^* \equiv 1$ 및 $T_0^* \equiv 1$ 이지만 이들이 나타나는 곳을 쉽게 추적하기 위해 기호로 표현되었다. 이제 (8.19)에서

$$\mathrm{V}\vec{\mathrm{V}}^* \equiv \vec{\mathrm{V}}, \quad V\frac{D}{L}\frac{1}{[Ri]}\,w^* \equiv w; \quad P\frac{Fr}{[Ro]}\frac{D}{H}\,\delta p^* \equiv \delta p \equiv p - p_s(z)$$

$$\frac{P}{R\Theta}\frac{Fr}{[Ro]}\,\delta\rho^* \equiv \delta\rho \equiv \rho - \rho_0; \quad \Theta\delta T^* \equiv \delta T \equiv T - T_0$$

를 이용해 차원을 회복하고, 참고 대기의 정수관계를

$$\frac{\partial p_s}{\partial z} = -g\,\rho_0 \tag{8.20}$$

라 두면, 우리는

$$\frac{du}{dt} = -\frac{1}{\rho_0}\frac{\partial p}{\partial x} + fv \tag{8.21a}$$

$$\frac{dv}{dt} = -\frac{1}{\rho_0}\frac{\partial p}{\partial y} - fu \tag{8.21b}$$

$$\frac{dw}{dt} = -\frac{1}{\rho_0}\frac{\partial p}{\partial z} - g\frac{\rho}{\rho_0} \tag{8.21c}$$

$$C_p\frac{dT}{dt} = -\sigma_0 g w \tag{8.21d}$$

$$\vec{\nabla}\cdot\vec{V} + \frac{\partial w}{\partial z} = 0 \tag{8.21e}$$

$$\rho = \rho_0[1 - \beta_0(T - T_0)] \tag{8.21f}$$

를 얻는다. 여기서 $\beta_0 \equiv 1/T_0$은 부피 팽창 계수이다. 식 (8.21a)~(8.21c)는 (5.84a)~(5.84c)의 부시네스크 어림이다. 특히 (8.21c)는 (8.20)과 (8.21f)의 도움으로

$$\rho_0\frac{dw}{dt} = -\frac{\partial}{\partial z}\delta p + g\rho_0\beta_0(T - T_0) \tag{8.22}$$

와 같이 표현될 수 있다. 식 (8.22)의 오른쪽에서 베타항은 부양력이다. 덩이에 작용하는 부양력은 주위보다 따뜻하면($T > T_0$) 상향, 차가우면($T < T_0$) 하향이다.

열역학 에너지 방정식의 부시네스크 어림인 (8.21d)의 오른쪽은 $\omega\alpha$항의 어림으로 볼 수 있다. 상승하는 공기의 엔탈피는 감소하고, 하강하는 공기의 엔탈피는 증가한다. 부시네스크 계에 대해서 엔트로피의 보존은 (8.21d)에서 쉽게 유도될 수 있는

$$\frac{d\theta_B}{dt} = 0: \ \theta_B \equiv \theta_0 + \frac{\theta_0}{C_p T_0}[C_p(T - T_0) + \sigma_0 g(z - z_0)] \tag{8.23}$$

으로 표현된다. 우리는 θ_B가 비탄성 계에 대한 온위의 부시네스크 어림임을 곧 보일 것이다. 일반적으로 비탄성 계의 온위 편차는 (8.11a)로 정의되었으므로 우리는

$$\delta\theta \equiv \theta_s\left(\frac{\delta T}{T_s} - \frac{R}{C_p}\frac{\delta p}{p_s}\right) \simeq \theta_0\frac{T - T_0}{T_0} \tag{8.24a}$$

을 얻는다. 여기서 부시네스크 계가 얕은 계이므로 (8.24a)를 위해 δp항이 무시되었다. 더욱 테일러 전개에 따라 얕은 계에 대해

$$\theta_s \simeq \theta_0 + \left(\frac{\partial \theta_s}{\partial z}\right)_0 (z - z_0) = \theta_0 + \frac{g\theta_0\sigma_0}{C_p T_0}(z - z_0) \tag{8.24b}$$

이 얻어진다. 이제 $\theta \equiv \theta_s + \delta\theta$에 (8.24a)와 (8.24b)를 대입하면, 우리는

$$\theta \simeq \theta_0 + \frac{\theta_0}{C_p T_0}[C_p(T - T_0) + g\sigma_0(z - z_0)] = \theta_B \tag{8.24c}$$

을 얻는다. 식 (8.24c)는 (8.23)에 정의된 θ_B가 비탄성 계에 대한 온위의 부시네스크 어림임을 말한다.

이제 부시네스크 계에 대한 에너지 논의를 위해, 우리는 (8.21a)~(8.21c)와 (8.21f)에서 운동 에너지 방정식을

$$\begin{aligned} &\rho_0 \frac{d}{dt}\frac{1}{2}(u^2 + v^2 + w^2) \\ &= -\left(\vec{V} \cdot \vec{\nabla} p + w\frac{\partial p}{\partial z}\right) - g\rho_0 w + g\rho_0\beta_0(T - T_0)w \end{aligned} \tag{8.25a}$$

또는 (8.21e)와 항등 관계 $d\Phi/dt \equiv g\,dz/dt$ 때문에

$$\begin{aligned} &\rho_0 \frac{d}{dt}\left[\frac{1}{2}(u^2 + v^2 + w^2) + \Phi\right] \\ &= -\left[\vec{\nabla} \cdot (p\vec{V}) + \frac{\partial}{\partial z}(pw)\right] + g\rho_0\beta_0(T - T_0)w \end{aligned} \tag{8.25b}$$

와 같이 얻는다. 식 (8.25a)의 오른쪽에서, 괄호 안 항들은 기압 경도력이 하는 일이고, 그 나머지는 중력이 하는 일을 두 가지로 나타낸다. 그 첫 가지는 참고 중력이 하는 일로서 연직 방향의 기압 경도력이 하는 일 $-w\,\partial p/\partial z$의 대부분, 곧 $-w\,\partial p_s/\partial z$을 정확하게 상쇄한다. 그 상쇄가 없었더라면, 그 항은 지위 에너지 Φ의 변화를 초래했을 것이다. 실제로 부시네스크 계의 덩이들이 자유 낙하를 하는 일은 일어나지 않는다. 다시 말해, 하향 중력을 거의 모두 상쇄하는 상향 기압 경도력이 있으므로, 곧

$$-w\frac{\partial p}{\partial z}-\rho_0 gw \simeq 0 \tag{8.26}$$

이므로, 그 항은 다른 항들에 비해 그 엄청난 크기에도 불구하고 운동 에너지의 주요 원천이 되지 못한다. 이제 (8.25b)가 흔히 주는 오해, 곧 위치 에너지가 운동 에너지의 한 원천이라고 보는 생각은 필요하지 않다. 이 오해는 자유 낙하의 오해라 불린다. 이미 앞에서 말한 이유로 부시네스크 덩이는 자유로 낙하하지 않는다.

역학적으로 중요한 것은 (8.25)의 오른쪽 마지막 항이 나타내는 부양력의 일이다. 이것은 더운 덩이가 상승하거나 찬 덩이가 하강할 때 생기는 운동 에너지의 증가를 가리킨다. 여기서 덥다거나 차다는 표현의 기준이 참고 대기임을 유념하자. 부양력의 일로 운동 에너지가 증가할 때, (8.21d)에 따라 단열적으로 상승하는 더운 덩이는 차가워지고 단열적으로 하강하는 찬 덩이는 더워지므로 기온 편차의 크기가 감소하게 되고 따라서 기온 분산(氣溫分散, temperature variance)의 감소가 나타날 것이다. 이를 보기 위해서 (8.21d)에 $\beta(T-T_0)/\sigma_0$를 곱하면 우리는 잠재 에너지 방정식

$$\rho_0\frac{d}{dt}\frac{1}{2}\frac{C_p\beta_0}{\sigma_0}\delta T^2=-\beta_0 g\rho_0 w(T-T_0) \tag{8.27}$$

을 얻게 된다. 식 (8.27)의 왼쪽에 나타난 $1/2\,C_p\beta_0\delta T^2/\sigma_0$은 부시네스크 계의 단위 질량당 APE이다. 여기서 그 가용 잠재 에너지가 기온 편차의 부호에 상관없이 그 크기에만 달려 있음에 주의하자. 앞 단 끝에서 잠깐 논의한 바와 같이, 운동 에너지의 변화는 자유 낙하에 따른 지위 에너지의 감소가 아니라, 주로 더운 덩이의 상승과 찬 덩이의 하강에 따른 APE의 감소 그리고 수평 기압 경도력이 하는 일의 합으로 일어날 것이다. 사실 (8.26) 때문에 (8.25a)는

$$\rho_0\frac{d}{dt}\frac{1}{2}(u^2+v^2+w^2)\simeq-\vec{V}\cdot\vec{\nabla}p+\beta_0 g\rho_0 w(T-T_0) \tag{8.28}$$

와 같이 어림될 수 있을 것이다.

8.5 오구라 계

비탄성 계의 틀 안에서 이제 깊은 계를 생각하자:

$$Fr/[Ro] \ll 1 \quad 및 \quad D/\gamma H \simeq 1$$

더욱 연직 규모와 더불어 연직 범위가 적어도 D 정도인 것으로 가정하여 영역 안에서 T_s^*와 ρ_s^*를 상수로 볼 수 없다 하자. 그렇다면 기본적으로 우리가 가질 지배 체계는 이미 앞에서 주어진 비탄성 계이다. 이 범주 안에 드는 깊은 계들 가운데 적운 군집, 태풍, 구풍 등이 있다.

오구라(Ogura, 1963)는 이들 가운데서 깊은 대류를 이론적으로 다루기 위한 비탄성 어림을 고안했는데, 이때 그의 참고 대기는 등온위 대기였다. 이 경우에 $\sigma_s = 0$ 임을 감안하여 (8.3)은

$$[Ro]\rho_s^* \frac{du^*}{dt^*} = -\frac{\partial \delta p^*}{\partial x^*} + \frac{[Ro]}{Ro}\rho_s^* f^* v^* \tag{8.29a}$$

$$[Ro]\rho_s^* \frac{dv^*}{dt^*} = -\frac{\partial \delta p^*}{\partial y^*} - \frac{[Ro]}{Ro}\rho_s^* f^* u^* \tag{8.29b}$$

$$\left(\frac{D}{L}\right)^2 \frac{[Ro]}{[Ri]}\rho_s^* \frac{dw^*}{dt^*} = -\frac{\partial \delta p^*}{\partial z^*} - \delta\rho^* \tag{8.29c}$$

$$\rho_s^* \frac{d\delta T^*}{dt^*} - \frac{D}{H_\theta}\frac{d\delta p^*}{dt^*} = \frac{D}{H_\theta}\frac{1}{[Ri]} w^* \delta\rho^* \tag{8.29d}$$

$$0 = \frac{\partial}{\partial z^*}\left(\frac{1}{[Ri]}\rho_s^* w^*\right) + \vec{\nabla}^* \cdot \left(\rho_s^* \vec{V}^*\right) \tag{8.29e}$$

$$\frac{\delta\rho^*}{\rho_s^*} = -\frac{\delta T^*}{T_s^*} + \frac{D}{H}\frac{\delta p^*}{p_s^*} \tag{8.29f}$$

이 된다. 식 (8.3a)~(8.3c) 및 (8.3e)는 똑같은 모양으로 각각 (8.29a)~(8.29c) 및 (8.29e)에 나타났지만, 우리는 여기서 참고 대기의 밀도가 등온위 대기의 그것이라는 점에 유의한다.

차원 회복으로 (8.29)에서 계 1

$$\rho_s \frac{du}{dt} = -\frac{\partial \delta p}{\partial x} + \rho_s f v \tag{8.30a}$$

$$\rho_s \frac{dv}{dt} = -\frac{\partial \delta p}{\partial y} - \rho_s f u \tag{8.30b}$$

$$\rho_s \frac{dw}{dt} = -\frac{\partial \delta p}{\partial z} - g\delta\rho \tag{8.30c}$$

$$C_p \rho_s \frac{d}{dt}\delta T - \frac{d}{dt}\delta p = g w \delta\rho \tag{8.30d}$$

$$\vec{\nabla} \cdot (\rho_s \vec{V}) + \frac{\partial}{\partial z}(\rho_s w) = 0 \tag{8.30e}$$

$$\frac{\delta\rho}{\rho_s} = -\frac{\delta T}{T_s} + \frac{\delta p}{p_s} \tag{8.30f}$$

이 얻어지고, 이로부터 곧 계 2

$$\rho_s \frac{du}{dt} = -\frac{\partial p}{\partial x} + f\rho_s v \tag{8.31a}$$

$$\rho_s \frac{dv}{dt} = -\frac{\partial p}{\partial y} - f\rho_s u \tag{8.31b}$$

$$\rho_s \frac{dw}{dt} = -\frac{\partial p}{\partial z} - g\rho_s - g\delta\rho \tag{8.31c}$$

$$\rho_s \frac{d}{dt}\left(C_p T - \frac{p}{\rho_s}\right) = -p\left(\vec{\nabla} \cdot \vec{V} + \frac{\partial w}{\partial z}\right) + gw\delta\rho \tag{8.31d}$$

$$\vec{\nabla} \cdot (\rho_s \vec{V}) + \frac{\partial}{\partial z}(\rho_s w) = 0 \tag{8.31e}$$

$$\frac{\delta\rho}{\rho_s} = -\frac{\delta T}{T_s} + \frac{\delta p}{p_s} \tag{8.31f}$$

가 얻어진다. (8.31e)와 (8.31f)는 각각 (8.30e)와 (8.30f)와 같고, (8.31d)는 $\sigma_s = 0$ 때문에 (8.30d)와 같다. 계 1과 계 2는 동등한 계이며, 그 둘 가운데서 어느 것을 선택하든지 덩이의 엔트로피 $C_p \log\theta$는 그 계의 일정한 온위 θ_0에 대해

$$\theta \equiv \theta_0\left[1 + \left(\frac{\delta T}{T_s} - \frac{R}{C_p}\frac{\delta p}{p_s}\right)\right] \tag{8.32a}$$

로 정의되며, 우리는

$$\frac{d\theta}{dt} = 0 \tag{8.32b}$$

을 쉽게 얻을 수 있다.

계 1에 대한 에너지 수지는

$$\rho_s \frac{d}{dt}\frac{1}{2}(u^2+v^2+w^2) = -\left(\vec{V}\cdot\nabla + w\frac{\partial}{\partial z}\right)\delta p - gw\,\delta\rho \tag{8.33a}$$

$$\rho_s \frac{d}{dt}\left(C_p\delta T - \frac{\delta p}{\rho_s}\right) = -\,\delta p\left(\vec{\nabla}\cdot\vec{V} + \frac{\partial w}{\partial z}\right) + gw\,\delta\rho \tag{8.33b}$$

으로 표현된다. 반면에 계 2에 대한 에너지 수지는

$$\rho_s \frac{d}{dt}\left[\frac{1}{2}(u^2+v^2+w^2) + gz\right] = -\left(\vec{V}\cdot\vec{\nabla} + w\frac{\partial}{\partial z}\right)p - gw\,\delta\rho \tag{8.34a}$$

$$\rho_s \frac{d}{dt}\left(C_pT - \frac{p}{\rho_s}\right) = -\,p\left(\vec{\nabla}\cdot\vec{V} + \frac{\partial w}{\partial z}\right) + gw\,\delta\rho \tag{8.34b}$$

으로 표현된다.

우리는 앞에 보인 서로 동등한 두 계들과 완벽하게 동등한 셋째 계가 있음을 보인다. 이를 위해 우리는 수평 운동 방정식에서 ρ_s와 p_s가 각각 고도만의 함수임과 (8.16) 및 (8.17)을 이용할 것이다. 그러면 우리는 계 3

$$\frac{du}{dt} = -\frac{\partial}{\partial x}\left(\frac{\delta p}{\rho_s}\right) + fv \tag{8.35a}$$

$$\frac{dv}{dt} = -\frac{\partial}{\partial y}\left(\frac{\delta p}{\rho_s}\right) - fu \tag{8.35b}$$

$$\frac{dw}{dt} = -\frac{\partial}{\partial z}\left(\frac{\delta p}{\rho_s}\right) + g\frac{\delta\theta}{\theta_0} \tag{8.35c}$$

$$\frac{d}{dt}\frac{\delta\theta}{\theta_0} = 0 \tag{8.35d}$$

$$\vec{\nabla}\cdot\rho_s\vec{V} + \frac{\partial}{\partial z}(\rho_s w) = 0 \tag{8.35e}$$

을 얻게 된다. 식 (8.35a)~(8.35e)들은 다섯 변수 $u, v, w, \delta\theta, \delta p$에 대해 완결된 한 계를 구성한다. 이 계는 특히 오구라의 비탄성 계 또는 간단히 오구라 계(Ogura system)라 불린다.

오구라 계의 에너지 논의를 위해 (8.35a), (8.35b) 및 (8.35c)의 각각에 $\rho_s u$, $\rho_s v$ 및 $\rho_s w$를 곱하고 그 결과들을 모두 더한 다음에 (8.35e)를 이용하면 우리

는

$$\rho_s \frac{d}{dt}\left[\frac{1}{2}(u^2+v^2+w^2)\right] = -\left[\vec{\nabla}\cdot(\delta p\vec{V}) + \frac{\partial}{\partial z}(w\delta p)\right] + g\rho_s w\frac{\delta\theta}{\theta_0} \tag{8.36a}$$

을 얻는다. 한편, (8.35d)의 양변에 $-\rho_s gz$를 곱하고 $w \equiv dz/dt$을 이용하면 우리는

$$\rho_s \frac{d}{dt}\left(-gz\frac{\delta\theta}{\theta_0}\right) = -\rho_s gw\frac{\delta\theta}{\theta_0} \tag{8.36b}$$

을 얻는다. 더운 덩이의 상승과 찬 덩이의 하강은 (8.36b)의 오른쪽을 음으로 만들고, (8.36a)의 오른쪽 중괄호 안 과정들이 무시된다면 이 같은 과정들은 (8.36a)의 오른쪽을 양으로 만들 것이다. 이제 (8.36a)와 (8.36b)를 더하고 한 시간 상수 A_s에 대해

$$A \equiv A_s - gz\frac{\delta\theta}{\theta_0}, \quad \delta A \equiv A - A_s$$

을 쓰면, 우리는

$$\rho_s \frac{d}{dt}\left[\frac{1}{2}(u^2+v^2+w^2) + \delta A\right] = -\left[\vec{\nabla}\cdot(\vec{V}\delta p) + \frac{\partial}{\partial z}(w\delta p)\right] \tag{8.37a}$$

을 얻는다. 그러나 계 1에 대한 에너지 수지를 나타내는 (8.33a)와 (8.33b)를 합하면

$$\rho_s \frac{d}{dt}\left[\frac{1}{2}(u^2+v^2+w^2) + C_p\delta T - \frac{\delta p}{\rho_s}\right] = -\left[\vec{\nabla}\cdot(\vec{V}\delta p) + \frac{\partial}{\partial z}(w\delta p)\right] \tag{8.37b}$$

이 얻어진다. 식 (8.37a)와 (8.37b)는 오구라 계의 에너지 수지를 나타내는 동등한 표현들이기 때문에 그것들의 비교로 얻어지는

$$\frac{d\delta A}{dt} = \frac{d}{dt}\left(C_p\delta T - \frac{\delta p}{\rho_s}\right) \tag{8.38}$$

은 쉽게 증명될 수 있다.

한 영역 R 안에 갇힌 모든 덩이들에 대한 (8.37a)의 물적은

$$\frac{\partial}{\partial t}\int_R \left[\frac{1}{2}(u^2+v^2+w^2)+\delta A\right]\rho_s dV = 0 \tag{8.39}$$

을 준다. 이제 **총체 정지 안정도**(總體靜止安定度, gross static stability)

$$G \equiv \int_R \left(gz\frac{\theta}{\theta_0}\right)\rho_s dV > 0 \tag{8.40a}$$

를 생각하자. G는 온위와 고도의 총체적 상관으로 결정되므로 높은 온위가 상층에 나타나고 낮은 온위가 하층에 나타날수록 커진다. 그러면 오구라 계에 대한 참고 대기의 총체 정지 안정도는

$$G_s \equiv \int_R gz\rho_s dV > 0 \tag{8.40b}$$

와 같을 것이고, 총체 정지 안정도의 편차는

$$\delta G \equiv G - G_s = -\int_R \delta A \rho_s dV \tag{8.40c}$$

와 같이 표현될 것이다. G_s는 시간 상수이므로 (8.39)는

$$\frac{\partial}{\partial t}\left[\int_R \frac{1}{2}(u^2+v^2+w^2)\rho_s dV - G\right] = 0 \tag{8.41}$$

와 같이 표현될 수 있다. 식 (8.41)은 오구라 계의 전체 운동 에너지의 증가(감소)가 총체 정지 안정도의 증가(감소)를 동반할 것임을 말한다. Arakawa(1962)는 구풍 계의 발전 단계에서 동시적으로 관측되는 바람의 증가와 정지 안정도의 증가를 (8.41)로 설명하고 이들이 단열 과정으로 나타나는 것임을 밝혔다.

8.6 준지균 계

비탄성 어림을 보이는 다른 한 예로 중위도 구풍 계를 생각하자. 이 계에 대해, $V \equiv 10\, ms^{-1}$, $L \equiv 10^6\, m$, $D \simeq 10^4 m$ 및 $f_0 \simeq 10^{-4} s^{-1}$이므로 $Ro \simeq 0.1$

과 $Fr \simeq 10^{-3}$이고, 따라서

$$Fr/[Ro] \simeq 10^{-2} \ll 1$$

이 성립한다. 그러므로 구풍 계는 그 역학적 기반을 (8.3)에 두는 한 비탄성 계이다.

그 계에 대해 $\partial T_s/\partial z \simeq -6.5\,K/10^3 m$ 및 $C_p/g \simeq 1000\,Jkg^{-1}K^{-1}/10ms^{-2}$이므로

$$\sigma_s \equiv 1 + C_p/g \partial T_s/\partial z \simeq 0.35 \equiv \sigma_0$$

이고, $H_\theta \equiv C_p \Theta/g \simeq 1000J/kg/K \times 300K/10m/s^2$이므로,

$$\sigma_0 D/H_\theta \simeq 0.12 \simeq Ro \ll 1 \tag{8.42}$$

이다. 더욱, 앞에 제시된 상수들의 보다 상세한 크기 비교에서

$$Fr/[Ro] \ll \sigma_0 D/H_\theta \simeq Ro \ll 1 \tag{8.43}$$

을 얻을 수 있다. 구풍 계는 깊은 계로서 $\sigma_0 D/H_\theta \ll 1$의 입장에서 오구라 계와 유사하지만, 오구라 계의 특징인 $\sigma_0 D/H_\theta \lesssim Fr/[Ro]$와 반대되는 (8.43)의 입장에서 정지 안정도의 효과를 무시할 수 없기 때문에 오구라 계와 구별된다.

이제 구풍 계의

$$Ri \equiv \frac{\sigma_0 D}{H_\theta Fr} \simeq 0.12 \times 10^3 = 120, \quad Ro \simeq 0.1$$

로부터 크기가 $O(1)$인 모수들을 구성해 보면,

$$RiRo^2 \simeq 1.2 \lesssim O(1) \quad \text{또는} \quad \varepsilon \equiv \frac{1}{Ri\,Ro^2} \simeq 1/1.2 \lesssim O(1) \tag{8.44a}$$

$$S \equiv \frac{\sigma_0 D/H_\theta}{Ro} \simeq \frac{0.12}{10^{-1}} = 1.2 \tag{8.44b}$$

$$\delta \equiv \frac{D}{L}\frac{1}{Ro^2} \simeq \frac{10^{-2}}{10^{-2}} = 1 \tag{8.44c}$$

$$\beta_0^* \equiv \frac{\beta_0 L/f_0}{Ro} \simeq \frac{1.6\times10^{-11}\times10^6}{10^{-4}\times10^{-1}} = 1.6 \tag{8.44d}$$

가 있다. 특히 ε은 정지 안정도의 효과를 추적하기에 적합하다. 이 안정도 모수는

$$\varepsilon = \frac{FrH_\theta}{\sigma_0 DRo^2} = \frac{(f_0 L)^2/(gD)}{\sigma_0 D/H_\theta} \tag{8.45a}$$

와 같이 쓸 수 있어, 회전 프루드 수(rotational Froude number) $(f_0 L)^2/(gD)$에 비교되어, 내부 회전 프루드 수(internal rotational Froude number)라 불린다. 그러면 우리는

$$\varepsilon Ro = \frac{[Ro]}{Ro}\frac{Fr/[Ro]}{\sigma_0 D/H_\theta} \tag{8.45b}$$

을 얻고, $Ro/[Ro] \le 1$, $\varepsilon \lesssim O(1)$ 그리고 $Ro \simeq 0.1 \ll 1$ 이므로

$$\frac{Fr}{[Ro]} = \frac{Ro}{[Ro]}\,\varepsilon Ro\frac{\sigma_0 D}{H_\theta} \lesssim Ro\frac{\sigma_0 D}{H_\theta} \ll \frac{\sigma_0 D}{H_\theta} \tag{8.46}$$

을 또한 얻는다.

이제 (8.3)에서

$$\frac{1}{[Ri]} = \varepsilon Ro, \quad \frac{D^2}{L^2}\frac{[Ro]}{[Ri]} = \delta^2 \varepsilon Ro^6 \text{ 및 } \frac{\beta_0 L}{f_0} = \beta_0^* Ro \tag{8.47}$$

과 같이 둘 수 있으므로, (8.3a)~(8.3e)는

$$Ro\,\rho_s^*\frac{du^*}{dt^*} = -\frac{\partial \delta p^*}{\partial x^*} + \rho_s^*(1 + Ro\beta_0^* y^*)v^* \tag{8.48a}$$

$$Ro\,\rho_s^*\frac{dv^*}{dt^*} = -\frac{\partial \delta p^*}{\partial y^*} - \rho_s^*(1 + Ro\beta_0^* y^*)u^* \tag{8.48b}$$

$$Ro^6\delta^2\varepsilon\rho_s^*\frac{dw^*}{dt^*} = -\frac{\partial \delta p^*}{\partial z^*} - \delta\rho^* \tag{8.48c}$$

$$\rho_s^*\frac{d\delta T^*}{dt^*} - \frac{D}{H_\theta}\frac{d\delta p^*}{dt^*} = -\sigma_s^*\rho_s^* w^* + Ro\frac{D}{H_\theta}\varepsilon w^*\delta\rho^* \tag{8.48d}$$

$$0 = Ro\frac{\partial}{\partial z^*}\left(\rho_s^*\varepsilon w^*\right) + \vec{\nabla}^* \cdot \rho_s^*\vec{V}^* \tag{8.48e}$$

가 된다. 여기서 물도 연산자는

$$\frac{d}{dt^*} \equiv \frac{L}{V\tau}\frac{\partial}{\partial t^*} + \vec{V}^* \cdot \vec{\nabla}^* + Ro\,\varepsilon w^*\frac{\partial}{\partial z^*} \tag{8.49}$$

이다. 하지만, 시간 변화가 중요함을 강조하려 할 때 우리는

$$\tau \equiv L/V \tag{8.50a}$$

$$\frac{d}{dt^*} = \frac{\partial}{\partial t^*} + \vec{V}^* \cdot \vec{\nabla}^* + Ro\,\varepsilon w^*\frac{\partial}{\partial z^*} \tag{8.50b}$$

으로 놓고, **준정체성**(準停滯性, quasi-stationarity)을 강조하려 할 때 우리는

$$\tau \equiv \frac{L/V}{Ro} \gg L/V \tag{8.51a}$$

$$\frac{d}{dt^*} = Ro\frac{\partial}{\partial t^*} + \vec{V}^* \cdot \vec{\nabla}^* + Ro\,\varepsilon w^*\frac{\partial}{\partial z^*} \tag{8.51b}$$

로 놓는다. 이 절에서 우리는 (8.50)을 따른다.

이제 우리는 계의 변수들을 작은 모수 Ro의 **멱급수**(冪級數, power series)로 표현해

$$\begin{aligned}(u^*, v^*, w^*, \delta p^*, \delta\rho^*, \delta T^*) \equiv\ & (u_0, v_0, w_0, \delta p_0, \delta\rho_0, \delta T_0) \\ & + (u_1, v_1, w_1, \delta p_1, \delta\rho_1, \delta T_1)Ro \\ & + (u_1, v_1, w_1, \delta p_1, \delta\rho_1, \delta T_1)Ro^2 + \cdots\end{aligned}$$

와 같이 둔다. 이들을 (8.48)에 대입하고 **영계**(零階, zero order)항들만 남기면,

$$0 = -\frac{\partial}{\partial x^*}\delta p_0 + \rho_s^* v_0 \tag{8.52a}$$

$$0 = -\frac{\partial}{\partial y^*}\delta p_0 - \rho_s^* u_0 \tag{8.52b}$$

$$0 = -\frac{\partial}{\partial z^*}\delta p_0 - \delta\rho_0 \tag{8.52c}$$

$$\left(\frac{\partial}{\partial t^*}+\vec{V}_0\cdot\vec{\nabla}^*\right)\left(\delta T_0-\frac{D}{H_\theta}\frac{\delta p_0}{\rho_s^*}\right)=-\sigma_s^* w_0 \tag{8.52d}$$

$$\frac{\partial u_0}{\partial x^*}+\frac{\partial v_0}{\partial y^*}=0 \tag{8.52e}$$

이 얻어진다. 식 (8.52a)와 (8.52b)는 영계 수평 속도가 **지균풍**(地均風, geostrophic wind)이고 **무발산풍**(無發散風, nondivergent wind)임을 보이고, **따라서** (8.52e)는 자동적으로 만족된다. 그럼으로 연속 방정식의 일차적 정보는 (8.48e)에서 **일계**(一階, first order) 항들의 모음으로 얻어지는

$$0=\varepsilon\frac{\partial}{\partial z^*}(\rho_s^* w_0)+\rho_s^*\left(\frac{\partial u_1}{\partial x^*}+\frac{\partial v_1}{\partial y^*}\right) \tag{8.53}$$

에서나 나올 수 있다. 힘들의 **지균 균형**(地均均衡, geostrophic balance) **때문에** 영계 발산이 0이 되었으므로 발산에 관한 일차적 정보는 수평 운동 방정식에서 나와야 된다. 이제 우리는 먼저 (8.48a)와 (8.48b)에서 일계 항들의 모음으로 각각

$$\rho_s^*\left(\frac{\partial}{\partial t^*}+\vec{V}_0^*\cdot\vec{\nabla}^*\right)u_0=-\frac{\partial\,\delta p_1}{\partial x^*}+\rho_s^* v_1+\rho_s^*\beta_0^* y^* v_0 \tag{8.54a}$$

$$\rho_s^*\left(\frac{\partial}{\partial t^*}+\vec{V}_0^*\cdot\vec{\nabla}^*\right)v_0=-\frac{\partial\,\delta p_1}{\partial y^*}-\rho_s^* u_1-\rho_s^*\beta_0^* y^* u_0 \tag{8.54b}$$

을 얻고, 다음에 (8.54a)와 (8.54b)로부터 일계 기압 편차를 소거해

$$-\left(\frac{\partial u_1}{\partial x^*}+\frac{\partial v_1}{\partial y^*}\right)=\left(\frac{\partial}{\partial t^*}+\vec{V}_0^*\cdot\vec{\nabla}^*\right)\left(\frac{\partial v_0}{\partial x^*}-\frac{\partial u_0}{\partial y^*}\right)+\beta_0^* v_0 \tag{8.55}$$

을 얻는다. 식 (8.53)과 (8.55)에서 발산이 소거되면 와도 방정식의 영계 형식

$$\left(\frac{\partial}{\partial t^*}+\vec{V}_0\cdot\vec{\nabla}^*\right)\left(\frac{\partial v_0}{\partial x^*}-\frac{\partial u_0}{\partial y^*}\right)+\beta_0^* v_0=\frac{\varepsilon}{\rho_s^*}\frac{\partial}{\partial z^*}(\rho_s^* w_0) \tag{8.56}$$

이 얻어진다.

지균 관계(地均關係, geostrophic relation) (8.52a)와 (8.52b)를 이용해 (u_0, v_0)을 δp_0으로 표현할 수 있으므로 (8.56)은 두 변수 δp_0와 w_0에 대한 편미분 방정식

$$\left(\frac{\partial}{\partial t^*} + \vec{V}_0 \cdot \vec{\nabla}^*\right)\nabla^2 \delta p_0 + \beta_0^* \frac{\partial \delta p_0}{\partial x^*} = \varepsilon \frac{\partial}{\partial z^*}(\rho_s^* w_0) \tag{8.57}$$

이 된다. 그 두 변수들에 대한 다른 한 편미분 방정식은 정수 방정식 (8.52c), 열역학 에너지 방정식 (8.52d) 그리고 상태 방정식 (8.3f)의 영계 형식인

$$\frac{\delta \rho_0}{\rho_s^*} = -\frac{\delta T_0}{T_s^*} + \frac{D}{H}\left(1 + \frac{R}{C_p}\sigma_s\right)\frac{\delta p_0}{p_s^*} \tag{8.58}$$

을 이용해

$$\left(\frac{\partial}{\partial t^*} + \vec{V}_0 \cdot \vec{\nabla}^*\right)\frac{1}{\sigma_s^*}\left[T_s^* \frac{\partial}{\partial z^*} + \frac{D}{H}\left(1 - \frac{R}{C_p} + \frac{R}{C_p}\sigma_s^*\right)\right]\delta p_0 = -\rho_s^* w_0 \tag{8.59}$$

와 같이 얻어진다. 이제 (8.56)과 (8.59)에서 w_0이 소거되면, **준지균 잠재 와도**(準地均潛在渦度, quasi-geostrophic potential vorticity)

$$\begin{aligned} q_0 &\equiv \frac{1}{\rho_s^*}\nabla^2 \delta p_0 + \beta_0^* y^* \\ &+ \frac{\varepsilon}{\rho_s^*}\frac{\partial}{\partial z^*}\left[\frac{T_s^*}{\sigma_s^*}\frac{\partial}{\partial z^*} + \frac{D}{\sigma_s^* H}\left(1 - \frac{R}{C_p} + \frac{R}{C_p}\sigma_s\right)\right]\delta p_0 \end{aligned}$$

에 대한 수평 이류 방정식

$$\left(\frac{\partial}{\partial t^*} + \vec{V}_0 \cdot \vec{\nabla}^*\right) q_0 = 0 \tag{8.60}$$

이 얻어진다. 준지균 잠재 와도 방정식이라 불리는 (8.60)은, (8.52a)와 (8.52b)의 도움으로, 압력 편차에 대해 한 완결 계가 된다. 식 (8.60)으로 서술되는 계는 일반적으로 준지균 계(準地均系, quasi-geostrophic system)라 불린다.

우리는 이제 모두 9개 변수들 $u_0, v_0, w_0, \delta p_0, \delta \rho_0, \delta T_0, u_1, v_1, \delta p_1$로 서술될 한 완결 계를 개발한다. 이를 위해 우리는 먼저 (8.52a), (8.52b), (8.52c), (8.58), (8.52d), (8.53), (8.54a) 및 (8.54b)를 그 순서대로

$$v_0 = \frac{1}{\rho_s^*}\frac{\partial}{\partial x^*}\delta p_0 \tag{8.61a}$$

$$u_0 = -\frac{1}{\rho_s^*}\frac{\partial}{\partial y^*}\delta p_0 \tag{8.61b}$$

$$\delta\rho_0 = -\frac{\partial}{\partial z^*}\delta p_0 \tag{8.61c}$$

$$\left(\frac{\partial}{\partial t^*} + \vec{V}_0 \cdot \vec{\nabla}^*\right)\left(\delta T_0 - \frac{D}{H_\theta}\frac{\delta p_0}{\rho_s^*}\right) = -\sigma_s^* w_0 \tag{8.61d}$$

$$\frac{\partial u_1}{\partial x^*} + \frac{\partial v_1}{\partial y^*} + \frac{\varepsilon}{\rho_s^*}\frac{\partial}{\partial z^*}(\rho_s^* w_0) = 0 \tag{8.61e}$$

$$\left(\frac{\partial}{\partial t^*} + \vec{V}_0^* \cdot \vec{\nabla}^*\right)u_0 = -\frac{1}{\rho_s^*}\frac{\partial \delta p_1}{\partial x^*} + v_1 + \beta_0^* y^* v_0 \tag{8.61f}$$

$$\left(\frac{\partial}{\partial t^*} + \vec{V}_0^* \cdot \vec{\nabla}^*\right)v_0 = -\frac{1}{\rho_s^*}\frac{\partial \delta p_1}{\partial y^*} - u_1 - \beta_0^* y^* u_0 \tag{8.61g}$$

$$\delta T_0 = \frac{T_s^*}{\rho_s^*}\left[-\delta\rho_0 + \rho_s^*\frac{D}{H}\left(1 + \frac{R}{C_p}\sigma_s\right)\frac{\delta p_0}{p_s^*}\right] \tag{8.61h}$$

와 같이 다시 쓴다. 그 완결 계를 위해 한 식이 더 필요하다. 여기서 우리는 w_0을 제외한 모든 영계 변수들, 곧 δp_0와 $v_0, u_0, \delta\rho_0, \delta T_0$이 일계 변수들에 상관없이 결정됨에 주목한다. δp_0는 (8.60)의 풀이로써 얻어지고 나머지는 각각 (8.61a), (8.61b), (8.61c), (8.61h)로써 얻어질 것이다. 영계 연직 속도 w_0도 일계 변수들의 '직접적 간섭 없이' 얻어질 것이다: 왜냐하면, 먼저 기압 편차의 영계 경향 $\partial\delta p_0/\partial t^*$에 대해 (8.57)과 (8.59)를

$$\nabla^2\frac{\partial\delta p_0}{\partial t^*} = -(\vec{V}_0 \cdot \vec{\nabla}^*)\nabla^2\delta p_0 - \beta_0^*\frac{\partial\delta p_0}{\partial x^*} + \varepsilon\frac{\partial}{\partial z^*}(\rho_s^* w_0) \tag{8.62a}$$

$$\begin{aligned}&\frac{1}{\sigma_s^*}\left[T_s^*\frac{\partial}{\partial z^*} + \frac{D}{H}\left(1 - \frac{R}{C_p} + \frac{R}{C_p}\sigma_s^*\right)\right]\frac{\partial\delta p_0}{\partial t^*}\\ &= -(\vec{V}_0 \cdot \vec{\nabla}^*)\frac{1}{\sigma_s^*}\left[T_s^*\frac{\partial}{\partial z^*} + \frac{D}{H}\left(1 - \frac{R}{C_p} + \frac{R}{C_p}\sigma_s^*\right)\right]\delta p_0 - \rho_s^* w_0\end{aligned} \tag{8.62b}$$

와 같이 쓰고 다음에 (8.62a)와 (8.62b)에서 그 영계 경향을 소거하면, 이른바 오메가 방정식

$$\sigma_s^* \rho_s^* \nabla^2 w_0 + \left[T_s^* \frac{\partial}{\partial z^*} + \frac{D}{H}\left(1 - \frac{R}{C_p} + \frac{R}{C_p}\sigma_s^*\right)\right] \varepsilon \frac{\partial}{\partial z^*}(\rho_s^* w_0)$$
$$= -\nabla^2 \left\{ (\vec{V}_0 \cdot \vec{\nabla}^*) \left[T_s^* \frac{\partial}{\partial z^*} + \frac{D}{H}\left(1 - \frac{R}{C_p} + \frac{R}{C_p}\sigma_s^*\right)\right] \delta p_0 \right\}$$
$$+ \left[T_s^* \frac{\partial}{\partial z^*} + \frac{D}{H}\left(1 - \frac{R}{C_p} + \frac{R}{C_p}\sigma_s^*\right)\right] \left[(\vec{V}_0 \cdot \vec{\nabla}^*) \nabla^2 + \beta_0^* \frac{\partial}{\partial x^*} \right] \delta p_0 \tag{8.62c}$$

이 얻어지기 때문이다. 식 (8.62c)는 w_0에 대한 이계 타원형 편미분 방정식으로서 그 오른쪽은 δp_0의 공간 분포로부터 결정될 강제 항이다. 따라서 일계 변수들의 구조까지 결정하기 위해 추가될 한 방정식은 영계들을 구속하면 안 되고 오직 일계들의 행동만을 제약해야 될 것이다.

이에 두 가지 방안이 있다:

방안 1 : $$\nabla^{*2} \delta p_1 = 0 \tag{8.63a}$$

방안 2 : $$\frac{\partial v_1}{\partial x^*} - \frac{\partial u_1}{\partial y^*} = 0 \tag{8.63b}$$

이제 일계 보정에서 전개를 마감하면, 우리는

$$\nabla^{*2} \delta p^* \equiv \nabla^{*2} \delta p_0 + Ro \nabla^{*2} \delta p_1 \tag{8.64a}$$

$$\frac{\partial v^*}{\partial x} - \frac{\partial u^*}{\partial x} \equiv \frac{\partial v_0}{\partial x} - \frac{\partial u_0}{\partial x} + Ro\left(\frac{\partial v_1}{\partial x} - \frac{\partial u_1}{\partial x}\right) \tag{8.64b}$$

을 쓰고, (8.63a)와 (8.63b)에서 각각

방안 1 : $$\nabla^{*2} \delta p^* = \nabla^{*2} \delta p_0 = \frac{\partial v_0}{\partial x^*} - \frac{\partial u_0}{\partial y^*} \tag{8.65a}$$

방안 2 : $$\frac{\partial v^*}{\partial x} - \frac{\partial u^*}{\partial x} = \frac{\partial v_0}{\partial x} - \frac{\partial u_0}{\partial x} = \nabla^{*2} \delta p_0 \tag{8.65b}$$

을 얻는다. 그래서 방안 1은 $\nabla^{*2} \delta p^*$이 지균 와도라는 것이고, 방안 2는 와도가 $\nabla^{*2} \delta p_0$라는 것이다. 어느 방안을 따르든지 (8.54a)와 (8.54b)로부터 우리는

$$\left(\frac{\partial v_1}{\partial x^*} - \frac{\partial u_1}{\partial y^*}\right) - \frac{1}{\rho_s^*} \nabla^{*2} \delta p_1 = f(\delta p_0) \equiv$$

$$\frac{\partial}{\partial x^*}(\vec{V}_0 \cdot \vec{\nabla}^*) u_0 + \frac{\partial}{\partial y^*}(\vec{V}_0 \cdot \vec{\nabla}^*) v_0 - \beta_0^* \left[\frac{\partial(y^* v_0)}{\partial x^*} - \frac{\partial(y^* u_0)}{\partial y^*}\right] \tag{8.66}$$

을 얻는다. 여기서 $f(\delta p_0)$는 방안 1에서 일계 와도를 주고 방안 2에서 $\nabla^{*2} \delta p_1^* / \rho_s^*$을 준다.

8.6.1 에너지 논의

준지균 계의 에너지 논의도 방안의 선택에 상관없다. 식 (8.54a)와 (8.54b)에 각각 u_0와 v_0을 곱한 다음에 그 결과들을 더하고 정리하면 준지균 운동 에너지 방정식이

$$\rho_s^* \left(\frac{\partial}{\partial t^*} + \vec{V}_0 \cdot \vec{\nabla}^*\right) \frac{1}{2}(u_0^2 + v_0^2)$$

$$= -\left[\frac{\partial}{\partial x^*}(u_0 \delta p_1) + \frac{\partial}{\partial y^*}(v_0 \delta p_1)\right] + \rho_s^*(u_0 v_1 - v_0 u_1)$$

$$= -\left[\frac{\partial}{\partial x^*}(u_0 \delta p_1 + u_1 \delta p_0) + \frac{\partial}{\partial y^*}(v_0 \delta p_1 + v_1 \delta p_0)\right] + \delta p_0 \left(\frac{\partial u_1}{\partial x^*} + \frac{\partial v_1}{\partial y^*}\right)$$

$$= -\left[\frac{\partial}{\partial x^*}(u_0 \delta p_1 + u_1 \delta p_0) + \frac{\partial}{\partial y^*}(v_0 \delta p_1 + v_1 \delta p_0) + \frac{\partial}{\partial z^*}(\varepsilon w_0 \delta p_0)\right]$$

$$+ \rho_s^* \varepsilon w_0 \frac{\partial}{\partial z^*}\left(\frac{\delta p_0}{\rho_s^*}\right) \tag{8.67}$$

와 같이 얻어진다. 그런데 (8.52c)와 (8.58)로부터

$$\frac{\partial}{\partial z^*}\left(\frac{\delta p_0}{\rho_s^*}\right) = \frac{\delta T_0}{T_s^*} - \frac{R}{C_p} \frac{D}{H} \frac{\delta p_0}{p_s^*} \tag{8.68}$$

이 얻어지고, 이를 (8.11a)의 무차원 형식에서 영계항들만 모아 얻어지는

$$\frac{\delta\theta_0}{\theta_s^*}=\frac{\delta T_0}{T_s^*}-\frac{R}{C_p}\frac{D}{H}\frac{\delta p_0}{p_s^*}=\frac{\delta T_0}{T_s^*}-\frac{D}{H_\theta}\frac{\delta p_0}{\rho_s^*} \tag{8.69}$$

와 비교하면, 우리는 (8.52c) 대신에 정수 방정식을

$$\frac{\partial}{\partial z^*}\left(\frac{\delta p_0}{\rho_s^*}\right)=\frac{\delta\theta_0}{\theta_s^*} \tag{8.70}$$

와 같이 쓸 수 있다. 식 (8.70)을 대입하면 (8.67)은

$$\rho_s^*\left(\frac{\partial}{\partial t^*}+\vec{V}_0\cdot\vec{\nabla}^*\right)\frac{1}{2}(u_0^2+v_0^2)=\varepsilon\rho_s^* w_0\frac{\delta\theta_0}{\theta_s^*}$$
$$-\left[\frac{\partial}{\partial x^*}(u_0\,\delta p_1+u_1\delta p_0)+\frac{\partial}{\partial y^*}(v_0\,\delta p_1+v_1\delta p_0)+\frac{\partial}{\partial z^*}(\varepsilon\, w_0\delta p_0)\right] \tag{8.71}$$

가 된다.

다른 한편, (8.69)를 이용해 우리는 (8.61d)를

$$\left(\frac{\partial}{\partial t^*}+\vec{V}_0\cdot\vec{\nabla}^*\right)\delta\theta_0=-\frac{\theta_s^*}{T_s^*}\sigma_s^* w_0 \tag{8.72}$$

와 같이 쓸 수 있다. 이제 $(\delta\theta_0/\theta_s^*)\,T_s^*\varepsilon\rho_s^*/(\sigma_s^*\theta_s^*)$ 을 곱하고 정리하면 (8.72)는

$$\left(\frac{\partial}{\partial t^*}+\vec{V}_0\cdot\vec{\nabla}^*\right)\frac{1}{2}\left(\frac{\delta\theta_0}{\theta_s^*}\right)^2\frac{T_s^*}{\sigma_s^*}\varepsilon\rho_s^*=-\varepsilon\rho_s^* w_0\frac{\delta\theta_0}{\theta_s^*} \tag{8.73}$$

을 준다. 식 (8.72)와 (8.73)은 준지균 단열 방정식과 가용 잠재 에너지 방정식이라 각각 불린다.

이 에너지 논의에서 온위 편차는 중요한 역할을 담당한다. 이 때문에 우리는 (8.61)을

$$0=-\frac{\partial}{\partial x^*}\frac{\delta p_0}{\rho_s^*}+v_0 \tag{8.74a}$$

$$0=-\frac{\partial}{\partial y^*}\frac{\delta p_0}{\rho_s^*}-u_0 \tag{8.74b}$$

$$0=-\frac{\partial}{\partial z^*}\left(\frac{\delta p_0}{\rho_s^*}\right)+\frac{\delta\theta_0}{\theta_s^*} \tag{8.74c}$$

$$\left(\frac{\partial}{\partial t^*} + \vec{V}_0 \cdot \vec{\nabla}^*\right)\frac{\delta\theta_0}{\theta_s^*} = -\frac{\sigma_s^*}{T_s^*} w_0 \tag{8.74d}$$

$$\vec{\nabla}^* \cdot \rho_s^* \vec{V}_1 + \frac{\partial}{\partial z^*}(\rho_s^* \varepsilon w_0) = 0 \tag{8.74e}$$

$$\left(\frac{\partial}{\partial t^*} + \vec{V}_0 \cdot \vec{\nabla}^*\right) u_0 = -\frac{\partial}{\partial x^*}\frac{\delta p_1}{\rho_s^*} + v_1 + \beta_0^* y^* v_0 \tag{8.74f}$$

$$\left(\frac{\partial}{\partial t^*} + \vec{V}_0 \cdot \vec{\nabla}^*\right) v_0 = -\frac{\partial}{\partial y^*}\frac{\delta p_1}{\rho_s^*} - u_1 - \beta_0^* y^* u_0 \tag{8.74g}$$

와 같이 쓴다. 물론 일계 보정의 완결을 위해 방안 1 또는 방안 2가 사용되어야 한다. 하지만, 사용된 방안에 상관없이, 그 완결로 얻을 영계 구조가 준지균 계의 그것과 동일하기 때문에, 그 계는 준지균 계이다. 그 준지균 계의 차원 회복을 위해

$$\vec{V}_g \equiv (u_g, v_g) \equiv V(u_0, v_0); \quad w \equiv \frac{VD/L}{RiRo} w_0$$

$$\delta p \equiv P\frac{D}{H}\frac{Fr}{Ro}\delta p_0; \quad \delta\rho \equiv \frac{P}{gH}\frac{Fr}{Ro}\delta\rho_0; \quad \delta\theta \equiv \Theta\frac{Fr}{Ro}\delta\theta_0$$

$$\vec{V}_a \equiv (u_a, v_a) \equiv VRo(u_1, v_1); \quad \delta p_a \equiv P\frac{D}{H}\frac{Fr}{Ro}\delta p_1$$

$$\rho_s \equiv \frac{P}{gH}\rho_s^*; \quad T_s \equiv \Theta T_s^*; \quad p_s \equiv P p_s^*$$

및

$$\sigma_s \equiv \sigma_0 \sigma_s^*; \quad \beta_0 \equiv \frac{f_0}{L} Ro \beta_0^*; \quad gH \equiv R\Theta$$

라 두면, 간단한 대입으로 (8.74)는

$$0 = -\frac{\partial}{\partial x}\frac{\delta p}{\rho_s} + f_0 v_g \tag{8.75a}$$

$$0 = -\frac{\partial}{\partial y}\frac{\delta p}{\rho_s} - f_0 u_g \tag{8.75b}$$

$$0 = -\frac{\partial}{\partial z}\frac{\delta p}{\rho_s} + g\frac{\delta\theta}{\theta_s} \tag{8.75c}$$

$$\left(\frac{\partial}{\partial t} + \vec{V}_g \cdot \vec{\nabla}\right)\frac{\delta\theta}{\theta_s} = -\frac{g\sigma_s}{C_p T_s} w; \quad \vec{V}_g \equiv (u_g, v_g) \tag{8.75d}$$

$$\vec{\nabla} \cdot \rho_s \vec{V}_a + \frac{\partial}{\partial z}(\rho_s w) = 0 \tag{8.75e}$$

$$\left(\frac{\partial}{\partial t} + \vec{V}_g \cdot \vec{\nabla}\right) u_g = -\frac{\partial}{\partial x}\frac{\delta p_a}{\rho_s} + f_0 v_a + \beta_0 y v_g \tag{8.75f}$$

$$\left(\frac{\partial}{\partial t} + \vec{V}_g \cdot \vec{\nabla}\right) v_g = -\frac{\partial}{\partial y}\frac{\delta p_a}{\rho_s} - f_0 u_a - \beta_0 y u_g \tag{8.75g}$$

가 된다.

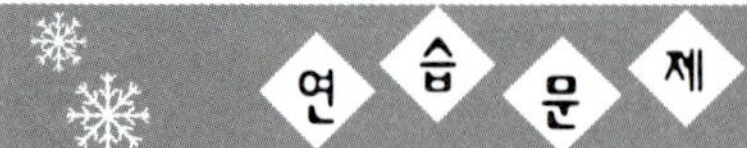

1. 식 (5.83a)~(5.83d)에 나타나는 ρ를 참고 대기의 밀도 ρ_s로 대치시켜 형식적으로 (8.3a)~(8.3d)를 얻어라.
2. 식 (5.84a)~(5.84c)에 나타나는 ρ를 참고 대기의 밀도 ρ_s로 대치시켜 형식적으로 (8.7a)~(8.7c)를 얻어라.
3. 다음을 증명하라:

$$\alpha_s \omega = \frac{d}{dt}\left(\frac{p}{\rho_s}\right) - \alpha_s p\left(\frac{\partial u}{\partial x} + \frac{\partial v}{\partial y} + \frac{\partial w}{\partial z}\right)$$

4. $\omega \approx -\rho_s g w$를 가정해, 작은 편차들에 대해 다음을 보여라:

$$\omega \delta\alpha \simeq g w \frac{\delta\rho}{\rho_s}$$

5. 일반적으로 이상기체의 무마찰 단열 과정에 대한 열역학 에너지 방정식을

$$\rho \frac{d}{dt}\left(C_p T - \frac{p}{\rho}\right) = -p \vec{\nabla} \cdot \vec{u}$$

와 같이 쓸 수 있음을 보여라. 비탄성 계에 대한 결과와 이를 비교하고 겉모습의 차이점을 지적하라.
6. 공기 덩이의 단위 질량당 엔트로피는 $C_p \log\theta$이다. 비탄성 계의 무마찰 단열 과정에 대해

$$\frac{d\theta}{dt} = 0$$

을 보여라. 비탄성 계에서 $\theta \equiv \theta_s\left[1 + \left(\frac{\delta T}{T_s} - \frac{R}{C_p}\frac{\delta p}{p_s}\right)\right]$이다.
7. 오구라 계에 대해 다음 두 식이 동등함을 보여라:

$$\frac{dw}{dt} = -\frac{1}{\rho_s}\frac{\partial \delta p}{\partial z} - g\frac{\delta\rho}{\rho_s}, \quad \frac{dw}{dt} = -\frac{\partial}{\partial z}\left(\frac{\delta p}{\rho_s}\right) + g\frac{\delta\theta}{\theta_0}$$

8. 부시네스크 계의 총체 정지 안정도를

$$G \equiv \int_R gz\beta\theta\rho_s dV$$

와 같이 정의할 때, 먼저 이 정의가 오구라 계의 총체 정지 안정도의 정의와

형식적으로 동등함을 보이고, 다음 오구라 계에 대해 얻었던 것과 같은 방정식

$$\frac{d}{dt}\left[\int_R \frac{1}{2}(u^2+v^2+w^2)\rho_0 dV - G\right] = 0$$

이 성립함을 증명하라. 여기서 R은 공간적으로 고정된 닫힌 영역이다.

9. 정지 안정도

$$\sigma_s \equiv \frac{C_p T_s}{g^2}\frac{g}{\theta_s}\frac{\partial \theta_s}{\partial z} \equiv \sigma_0 \sigma_s^*$$

의 특성 값 σ_0에 대해

$$\sigma_s^* = \left(\frac{\sigma_0 D}{H_\theta}\right)^{-1}\frac{T_s^*}{\theta_s^*}\frac{\partial \theta_s^*}{\partial z^*}$$

을 유도하라. 이로부터 지균 계에 대해

$$\frac{T_s^*}{\theta_s^*}\frac{\partial \theta_s^*}{\partial z^*} \ll 1$$

을 보여라.

10. 식 (8.55)를 유도하라.

11. 식 (8.66)에 정의된 $f(\delta p_0)$가

$$f(\delta p_0) =$$

$$\frac{1}{(\rho_s^*)^2}\left[\left(\frac{\partial^2 \delta p_0}{\partial x^* \partial y^*}\right)^2 - \frac{\partial^2 \delta p_0}{\partial x^{*2}}\frac{\partial^2 \delta p_0}{\partial y^{*2}}\right] - \frac{\beta_0^*}{\rho_s^*}\left(y^* \nabla^2 \delta p_0 + \frac{\partial \delta p_0}{\partial y^*}\right)$$

와 같음을 보여라.

12. 식 (8.75d)의 무차원화로

$$\left(\frac{\partial}{\partial t^*} + \vec{V}_0 \cdot \vec{\nabla}^*\right)\delta\theta_0 = -\frac{\theta_s^*}{T_s^*}\sigma_s^* w_0$$

을 유도하라.

13. 문제 10의 결과가

$$\left(\frac{\partial}{\partial t} + \vec{V}\cdot\vec{\nabla}\right)\delta\theta + w\frac{\partial \theta_s}{\partial z} = 0$$

의 영계항들의 모음임을 보여라. 원래의 엔트로피 방정식에서 무엇이 무시되었는가? 준지균 계에서 엔트로피는 보존되는가?

14. 정수 방정식의 무차원 형식

$$\frac{\partial}{\partial z^*}\left(\frac{\delta p_0}{\rho_s^*}\right)=\frac{\delta\theta_0}{\theta_s^*}$$

을 유도하라.

15. 본문에 보인 무차원 준지균 잠재 와도 방정식의 차원을 회복시켜라.

16. 준지균 계의 일계 편차를 다루는 방안 1을 선택할 때 일계 압력 편차를 항등적으로 0으로 두어도 되겠는가?

17. 준지균 계의 일계 편차를 다루는 방안 2를 선택할 때 일계 압력 편차는 어떻게 구할 것인가? 그 편차의 보정적 의미를 논술하라.

제9장

선형 계

9.1 내부 중력파

내부 중력파(內部重力波, internal gravity wave)는 코리올리의 힘을 무시하고 부시네스크 어림 (8.21)의 선형화로 얻어지는 선형 섭동 계

$$\left(\frac{\partial}{\partial t}+\overline{u}\frac{\partial}{\partial x}\right)u' = -\frac{\partial}{\partial x}\left(\frac{p'}{\rho_0}\right) \tag{9.1a}$$

$$\left(\frac{\partial}{\partial t}+\overline{u}\frac{\partial}{\partial x}\right)w' = -\frac{\partial}{\partial z}\left(\frac{p'}{\rho_0}\right) - g\frac{\rho'}{\rho_0} \tag{9.1b}$$

$$C_p\left(\frac{\partial}{\partial t}+\overline{u}\frac{\partial}{\partial x}\right)T' = -\sigma_0 g w' \tag{9.1c}$$

$$\frac{\partial u'}{\partial x}+\frac{\partial w'}{\partial z} = 0 \tag{9.1d}$$

$$\frac{\rho'}{\rho_0} = -\beta_0 T' \tag{9.1e}$$

의 고찰을 통해 가장 간단하게 설명된다. 여기서 x축은 기초 흐름의 방향에 두었고 따라서 $\overline{u} \geq 0$ 이고 $\overline{v} = \overline{w} = 0$이다. 부시네스크 섭동에 대해 (주의: 얕은 계에 대해 $D \ll \gamma H$)

$$\frac{\theta'}{\theta_0} = \frac{T'}{T_0} = \beta_0 T' = -\frac{\rho'}{\rho_0} \tag{9.2a}$$

이므로, 밀도 편차와 온도 편차 둘 다를 온위 편차로 나타내면 (9.1b)와 (9.1c)는

$$\left(\frac{\partial}{\partial t} + \bar{u}\frac{\partial}{\partial x}\right)w' + \frac{\partial}{\partial z}\left(\frac{p'}{\rho_0}\right) = g\frac{\theta'}{\theta_0} \tag{9.2b}$$

$$\left(\frac{\partial}{\partial t} + \bar{u}\frac{\partial}{\partial x}\right)g\frac{\theta'}{\theta_0} = -N_0^2 w' \tag{9.2c}$$

가 된다. 여기서 $N_0^2 \equiv \beta_0 \sigma_0 g^2 / C_p$은 부양 진동수의 제곱이다. 식 (9.1a), (9.1d), (9.2b), (9.2c)는 네 변수 u', w', p', θ'에 대해 한 완결 계를 준다.

9.1.1 파군의 전파

가장 간단한 파군은 단색 형 파군이다. 이 파군은 위상 $\phi \equiv kx + mz - \nu t$을 가지고

$$\left(u', w', \frac{p'}{\rho_0}, g\frac{\theta'}{\theta_0}\right) \equiv Re[(\hat{u}, \hat{w}, \hat{p}, \hat{\theta})e^{i\phi}] \tag{9.3}$$

와 같이 정의된 섭동의 국지적 표현이다. 이 섭동은 '파수 벡터가 $(k, m) \neq 0$이고 진동수가 ν인 단색 파'의 모습으로 나타난 파동들의 한 '묶음'이다. 식 (9.3)에서, 파군의 위상은 빠르게, 그리고 그 진폭 $\hat{u}, \hat{w}, \hat{p}, \hat{\theta}$는 느리게 변한다. 달리, 한 예로 말하면

$$|\partial\hat{u}/\partial t| \ll |\hat{u}\partial\phi/\partial t| = |\nu||\hat{u}| \tag{9.4a}$$

와 같다. 그래서 u'의 시공 변화율은

$$\begin{aligned} \frac{\partial u'}{\partial t} &= Re\left[\left(\frac{\partial\hat{u}}{\partial t} + i\frac{\partial\phi}{\partial t}\hat{u}\right)e^{i\phi}\right] \simeq Re(-i\nu\hat{u}e^{i\phi}) \\ \frac{\partial u'}{\partial x} &\simeq Re(+ik\hat{u}e^{i\phi}) \\ \frac{\partial u'}{\partial z} &\simeq Re(+im\hat{u}e^{i\phi}) \end{aligned} \tag{9.4b}$$

와 같이 어림될 수 있다. 따라서 단색 파에 대한 파동 산술은 파군의 시공 변화율을 계산함에 적용될 수 있다. 그러면 (9.1a), (9.1d), (9.2b), (9.2e)는 파동 산술로

$$(-i\nu + ik\overline{u})\hat{u} + ik\hat{p} = 0 \tag{9.5a}$$

$$ik\hat{u} + im\hat{w} = 0 \tag{9.5b}$$

$$(-i\nu + ik\overline{u})\hat{w} + im\hat{p} = \hat{\theta} \tag{9.5c}$$

$$(-i\nu + ik\overline{u})\hat{\theta} = -N_0^2\hat{w} \tag{9.5d}$$

와 같이 변환될 것이다.

우리는 파수 벡터가 0이 아님에 한정해서 특별한 경우 두 가지를 생각한다. 먼저 $k = 0$(위상 평면이 수평면)인 경우에 (9.5b)는 $\hat{w} = 0$을 주고, 그래서 (9.5d)는 $i\nu\hat{\theta} = 0$을 줄 것이다. 만일 $\nu \neq 0$이면 $\hat{\theta} = 0$이기 때문에, (9.5c)는 $\hat{p} = 0$을 주고 이어서 (9.5a)가 $\hat{u} = 0$을 줄 것이기 때문에 사소한 해가 얻어질 것이다. 사소하지 않은 해를 얻기 위해 $\nu = 0$을 가정하면, (9.5a)는 스스로, 그리고 (9.5d)는 $\hat{w} = 0$으로 각각 만족될 것이다. 이제 (9.5c)에서 나오는 $im\hat{p} = \hat{\theta}$만이 그 사소하지 않은 해를 결정할 조건으로 남지만, 그 한 식으로 $\hat{u}, \hat{p}, \hat{\theta}$은 결정될 수 없다. 이 결과는 선형 계의 결정론적 특징이다. 다음에 $m = 0$(위상 평면이 연직 면)인 경우에 (9.5b)는 $\hat{u} = 0$을 주고, (9.5a)는 $\hat{p} = 0$을 준다. 이제 (9.5c)와 (9.5d)는 각각 $-i\nu\hat{w} = \hat{\theta}$와 $-i\nu\hat{\theta} = -N_0^2\hat{w}$이 되어, 사소하지 않은 파군에 대해 $\nu^2 = N_0^2$을 준다. 수평 속도와 압력 섭동이 없고 연직 속도와 온위 섭동만이 있는 이 파군은 그 위상 평면이 수평으로 움직이는 부양 진동을 나타낸다.

일반적으로 사소하지 않은 섭동에 대해 (9.5)는 한 분산 관계

$$\nu = k\overline{u} \pm N_0 \frac{k}{\varkappa} \tag{9.6}$$

을 준다. 여기서 $\varkappa \equiv \sqrt{m^2 + k^2}$는 이차원 파수이다. 식 (9.6)은 내부 중력파

의 분산 관계이다. 물론 이 식은 앞에서 생각한 두 가지 특별한 경우를 모두 준다. 식 (9.6)에서 $k\overline{u}$와 $N_0 k/\kappa$는 각각 도플러(Doppler) 진동수와 내재적(intrinsic) 진동수라 불린다. 복부호는 한 주어진 파수에 대해 진동수가 두 값을 가지고 나타날 수 있음을 말한다. 한 값은 도플러 진동수보다 더 크고 그 다른 값은 그보다 더 작다.

식 (9.6)에서, 기초 흐름 (x) 방향과 연직 (z) 방향으로 군 속도의 성분들은

$$c_{gx} \equiv \frac{\partial \nu}{\partial k} = \overline{u} \pm \frac{N_0}{\kappa}\frac{m^2}{\kappa^2}; \quad c_{gx} - \overline{u} = \pm \frac{N_0}{\kappa}\frac{m^2}{\kappa^2} \tag{9.7a}$$

$$c_{gz} \equiv \frac{\partial \nu}{\partial m} = \mp \frac{N_0}{\kappa}\frac{km}{\kappa^2} \tag{9.7b}$$

와 같이 얻어지고, 위상 속도의 성분들은

$$c_{px} \equiv \frac{\nu}{\kappa}\frac{k}{\kappa} = \frac{k^2}{\kappa^2}\left(\overline{u} \pm \frac{N_0}{\kappa}\right); \quad c_{px} - \frac{k}{\kappa}\frac{k\overline{u}}{\kappa} = \pm \frac{k}{\kappa}\frac{kN_0}{\kappa^2} \tag{9.8a}$$

$$c_{pz} \equiv \frac{\nu}{\kappa}\frac{m}{\kappa} = \frac{mk}{\kappa^2}\left(\overline{u} \pm \frac{N_0}{\kappa}\right); \quad c_{pz} - \frac{m}{\kappa}\frac{k\overline{u}}{\kappa} = \pm \frac{m}{\kappa}\frac{kN_0}{\kappa^2} \tag{9.8b}$$

와 같이 얻어진다. 식 (9.7)에서 $(c_{gx} - \overline{u},\, c_{gz})$는 내재적(intrinsic) 군 속도라 불리고, (9.8)에서 $(c_{px} - (k/\kappa)k\overline{u}/\kappa,\, c_{pz} - (m/\kappa)k\overline{u}/\kappa)$는 내재적 위상 속도라 불린다. 그 내재적 군 속도는 기초 흐름 $(\overline{u}, 0)$에 대해 정의되고, 그 내재적 위상 속도는 도플러 속도 $((k/\kappa)k\overline{u}/\kappa, (m/\kappa)k\overline{u}/\kappa)$에 대해 정의된다. 도플러 속도는 그 크기가 $k\overline{u}/\kappa$이고 그 방향이 파수 벡터의 그것과 같은 벡터이다. 식 (9.7)과 (9.8)에 나타난 복부호는 내부 중력파가 '내재적으로' 두 모드로 나타날 것임을 말한다. $m \neq 0$일 때, 군 속도는 모드별로 다르다. 하나는 기초 흐름보다 더 빠른 수평성분 $c_{gx} > \overline{u}$으로, 그 다른 하나는 더 느린 수평성분 $c_{gx} < \overline{u}$으로 각각 전파한다. 위상 평면의 기울기가 후향($km > 0$)일 때, 그 빠른 모드는 하향으로($c_{gz} < 0$), 그 느린 모드는 상향으로($c_{gz} > 0$) 각각 전파한다. 위상 평면의 기울기가 전향($km < 0$)일 때, 그 빠른 모드는 상향으로, 느린 모드는 하향으로 각각 전파한다. 여기서 전파의 향은 내재적 군 속도의 향

을 말한다.

하지만, (9.7)과 (9.8)에서

$$(c_{gx}-\overline{u})\left(c_{px}-\frac{k}{\chi}\frac{k\overline{u}}{\chi}\right)=\left(\frac{N_0}{\chi}\right)^2\frac{(km)^2}{\chi^4}\geq 0 \tag{9.9a}$$

$$c_{gz}\left(c_{pz}-\frac{m}{\chi}\frac{k\overline{u}}{\chi}\right)=-\left(\frac{N_0}{\chi}\right)^2\frac{(km)^2}{\chi^4}\leq 0 \tag{9.9b}$$

이 얻어지므로, 내부 중력파의 군 속도와 위상 속도는 모드에 상관없이 '내재적으로' 같은 향의 수평 성분과 반대 향의 연직 성분을 가진다. 더욱, (9.9a)와 (9.9b)를 더하면

$$(c_{gx}-\overline{u})\left(c_{px}-\frac{k}{\chi}\frac{k\overline{u}}{\chi}\right)+c_{gz}\left(c_{pz}-\frac{m}{\chi}\frac{k\overline{u}}{\chi}\right)=0 \tag{9.9c}$$

이 얻어지므로, 내부 중력파의 군 속도와 위상 속도는 모드에 상관없이 '내재적으로' 직교한다. 또한 (9.7)과 (9.8) 각각에서 우리는

$$k(c_{gx}-\overline{u})+mc_{gz}=0 \tag{9.10}$$

$$mc_{px}-kc_{pz}=0 \tag{9.11}$$

을 얻는다. 식 (9.10)은 내재적 군 속도가 파수 벡터 (k, m)에 직교함을 말하고, (9.11)은 위상 속도가 파수 벡터에 평행함을 말한다. 파수 벡터가 0이 아니므로, (9.10)과 (9.11)에서 우리는

$$(c_{gx}-\overline{u})c_{px}+c_{gz}c_{pz}=0 \tag{9.12}$$

을 얻는다. 그럼으로 내재적 군 속도는 내재적 위상 속도뿐만 아니라 위상 속도에도 직교한다. 식 (9.9c)와 (9.12)의 비교로 얻어지는

$$(c_{gx}-\overline{u})\frac{k}{\chi}\frac{k\overline{u}}{\chi}+c_{gz}\frac{m}{\chi}\frac{k\overline{u}}{\chi}=0 \tag{9.13}$$

은 내부 중력파의 내재적 군 속도가 그 도플러 속도에도 직교함을 말한다. 우리는 도플러 속도와 위상 속도가 모두 파수 벡터와 같은 방향을 가짐을 상기한다.

위상 속도가 x축과 이루는 각도 α의 여현은, (9.8)에 따라,

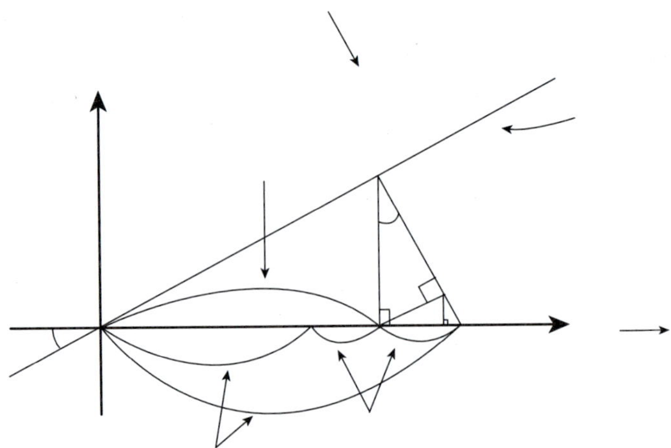

| 그림 9.1 | k, m, $\overline{u}$, N_0을 주고 우리는 파동 작도법으로 χ, ν를 구한다.

$$\cos \alpha \equiv \frac{c_{px}}{\sqrt{c_{px}^2 + c_{pz}^2}} = \frac{k}{\chi} \tag{9.14}$$

와 같다. 식 (9.14)의 대입으로 (9.6)은

$$\nu = k\overline{u} \pm N\cos \alpha \tag{9.15}$$

이 된다. 위상 평면이 수평면이면 $\alpha = \pi/2$이고 $k = 0$ 이므로 $\nu = 0$이다. 이 정체파에 대해 그 군 속도의 연직 성분과 위상 속도는 0이지만 그 군 속도의 수평 성분은 0이 아니라 $\overline{u} \pm N_0/m$이다. 이때 $m \neq 0$임에 유념하자. 그러므로 그 정체된 위상 평면 위에서 에너지는 수평으로 전파될 수 있다. 반대로 위상 평면이 연직 면이면, $\alpha = 0$이고 $m = 0$이므로 $\nu = k\overline{u} \pm N$이다. 내재적 진동수는 부양 진동수와 같다. 이 경우에, 위상 속도의 연직 성분과 내재적 군 속도는 0이지만, 그 위상 속도의 수평 성분은 0이 아니라 $\overline{u} \pm N_0/k$이다. 그 위상 평면의 수평 이동에도 불구하고 에너지는 내재적으로 전파될 수 없다. 일반적으로 내부 중력파의 연직 전파는 (9.7b)에 보인 바와 같이 위상 평면의 기울기($km \neq 0$)를 요구한다.

내부 중력파의 군 속도와 위상 속도 사이 관계를 보다 더 명시적으로 보기 위해, 우리는 (9.7)과 (9.8)에서

$$c_{gx}c_{px} = \frac{N_0^2}{\varkappa^2}\frac{k^2}{\varkappa^2}\left(\frac{\varkappa\bar{u}}{N_0} \pm \frac{m^2}{\varkappa^2}\right)\left(\frac{\varkappa\bar{u}}{N_0} \pm 1\right) \tag{9.16a}$$

$$c_{gz}c_{pz} = \mp\frac{N_0^2}{\varkappa^2}\frac{k^2}{\varkappa^2}\frac{m^2}{\varkappa^2}\left(\frac{\varkappa\bar{u}}{N_0} \pm 1\right) \tag{9.16b}$$

을 먼저 얻고 그 다음에 (9.16a)와 (9.16b)의 합에서

$$c_{gx}c_{px} + c_{gz}c_{pz} = \frac{N_0^2}{\varkappa^2}\frac{k^2}{\varkappa^2}\frac{\varkappa\bar{u}}{N_0}\left(\frac{\varkappa\bar{u}}{N_0} \pm 1\right) \tag{9.16c}$$

을 얻는다. $\bar{u} = 0$일 때, 모드에 구별 없이, (9.16a), (9.16b) 및 (9.16c)는 각각

$$c_{gx}c_{px} \geq 0 \tag{9.17a}$$

$$c_{gz}c_{pz} \leq 0 \tag{9.17b}$$

$$c_{gx}c_{px} + c_{gz}c_{pz} = 0 \tag{9.17c}$$

을 준다. 식 (9.17a), (9.17b) 및 (9.17c)는 (9.9a), (9.9b) 및 (9.9c)에서 내재적 군 속도와 내재적 위상 속도에 대해 개발된 내용들을 군 속도와 위상 속도에 대해 말한다. $\bar{u} \neq 0$일 때, (9.17a)와 (9.17b)는 그 빠른 모드에 대해 그대로 성립한다. 그러나 그 느린 모드에 대해 (9.17a)와 (9.17b)는 $\varkappa\bar{u} \geq N_0$이면 성립하지만, 그렇지 않으면 성립하지 않을 것이다. 곧 느린 모드에 대해

$$\frac{\varkappa\bar{u}}{N_0} \geq 1\text{이면} \quad c_{gx}c_{px} \geq 0; \quad c_{gz}c_{pz} \leq 0 \tag{9.18a}$$

$$\frac{m^2}{\varkappa^2} \leq \frac{\varkappa\bar{u}}{N_0} \leq 1\text{이면} \quad c_{gx}c_{px} \leq 0; \quad c_{gz}c_{pz} \geq 0 \tag{9.18b}$$

$$\frac{\varkappa\bar{u}}{N_0} \leq \frac{m^2}{\varkappa^2}\text{이면} \quad c_{gx}c_{px} \geq 0; \quad c_{gz}c_{pz} \geq 0 \tag{9.18c}$$

식 (9.18a)는 도플러 진동수가 부양성 진동수에 비해 $\varkappa < \varkappa_c$을 줄 만큼 클 때 그 느린 모드가 그 빠른 모드와 같은 특성을 가짐을 보인다. 여기서 $\varkappa_c \equiv N_0/\bar{u}$는 기초 상태로 정해질 임계 파수이다. 식 (9.18b)는 도플러 진동수가 부양성 진동수보다는 작지만 $\varkappa \geq \varkappa_c m^2/\varkappa^2$일 만큼 클 때 성립하고, (9.18c)는

도플러 진동수가 $\varkappa \leq \varkappa_c m^2/\varkappa^2$일 만큼 작을 때 성립한다. 한 예로, $\overline{u}=10ms^{-1}$이고 $2\pi/N_0=5\min$일 때, 그 임계 파수는 $\varkappa_c=N_0/\overline{u}=2.1\times 10^{-3}m^{-1}$이고 임계 파장 $\Lambda_c\equiv 2\pi/\varkappa_c$은 $3km$이다. 표 9-1은 파수의 범위와 그에 해당하는 부등 관계를 정리한 것이다.

표 9-1 파수 범위에 따른 부등 관계

$\frac{\varkappa\overline{u}}{N_0}\leq\frac{m^2}{\varkappa^2}$	$\frac{m^2}{\varkappa^2}\leq\frac{\varkappa\overline{u}}{N_0}\leq 1$	$1\leq\frac{\varkappa\overline{u}}{N_0}$
빠른 모드 $c_{gx}c_{px}\geq 0$	빠른 모드 $c_{gx}c_{px}\geq 0$	빠른 모드 $c_{gx}c_{px}\geq 0$
느린 모드 $c_{gx}c_{px}\geq 0$	느린 모드 $c_{gx}c_{px}\leq 0$	느린 모드 $c_{gx}c_{px}\geq 0$
빠른 모드 $c_{gz}c_{pz}\leq 0$	빠른 모드 $c_{gz}c_{pz}\leq 0$	빠른 모드 $c_{gz}c_{pz}\leq 0$
느린 모드 $c_{gz}c_{pz}\geq 0$	느린 모드 $c_{gz}c_{pz}\geq 0$	느린 모드 $c_{gz}c_{pz}\leq 0$

파군의 에너지와 그의 전파를 서술하기 위해 먼저 우리는 덩이의 단위 질량당 섭동 에너지

$$E\equiv\frac{1}{2}\left[u'^2+w'^2+\left(\frac{g\theta}{N_0\theta_0}\right)^2\right] \tag{9.19}$$

를 생각한다. 식 (9.19)는 (6.41)의 부시네스크 어림에서 $v'\equiv 0$가 고려된 표현이다. 앞에서와 같이 우리는 섭동을 '단색 형' 파군으로 표현할 것이다:

$$u'=Re(\hat{u}e^{i\phi})=\frac{\hat{u}e^{i\phi}+\hat{u}^*e^{-i\phi}}{2} \tag{9.20a}$$

$$w'=Re(\hat{w}e^{i\phi})=\frac{\hat{w}e^{i\phi}+\hat{w}^*e^{-i\phi}}{2} \tag{9.20b}$$

$$g\frac{\theta'}{\theta_0}=Re(\hat{\theta}e^{i\phi})=\frac{\hat{\theta}e^{i\phi}+\hat{\theta}^*e^{-i\phi}}{2} \tag{9.20c}$$

여기서 *은 복소 공액을 나타낸다. 그러면, 우리는 간단한 산술로

$$u'^2=\frac{1}{4}(\hat{u}^2e^{2i\phi}+\hat{u}^{*2}e^{-2i\phi}+2\hat{u}\hat{u}^*) \tag{9.21a}$$

$$w'^2 = \frac{1}{4}(\hat{w}^2 e^{2i\phi} + \hat{w}^{*2} e^{-2i\phi} + 2\hat{w}\hat{w}^*) \tag{9.21b}$$

$$\left(\frac{g\theta'}{\theta_0}\right)^2 = \frac{1}{4}(\hat{\theta}^2 e^{2i\phi} + \hat{\theta}^{*2} e^{-2i\phi} + 2\hat{\theta}\hat{\theta}^*) \tag{9.21c}$$

을 얻을 것이고, 이 결과들의 대입으로 덩이의 단위 질량당 섭동 에너지 (9.19)를

$$E = \frac{1}{4}\left(\hat{u}\,\hat{u}^* + \hat{w}\,\hat{w}^* + \frac{\hat{\theta}\,\hat{\theta}^*}{N_0^2}\right) + \frac{1}{8}(\hat{u}^2 + \hat{w}^2 + \hat{\theta}^2/N_0^2)\,e^{2i\phi}$$
$$+ \frac{1}{8}(\hat{u}^{*2} + \hat{w}^{*2} + \hat{\theta}^{*2}/N_0^2)\,e^{-2i\phi} \tag{9.22}$$

와 같이 쓸 수 있다. 그러나 (9.5b)와 (9.5d)를 써서 $\hat{\theta}$와 $\hat{w}$을 모두 $\hat{u}$로 표현하고, 분산 관계 (9.6)을 이용하면, 우리는

$$\hat{u}^2 + \hat{w}^2 + \hat{\theta}^2/N_0^2 = \hat{u}^2 + \frac{k^2}{m^2}\hat{u}^2 + \frac{-N_0^4 k^2/m^2}{\nu - k\bar{u}}\frac{\hat{u}^2}{N_0^2}$$
$$= \hat{u}^2\left[\frac{k^2+m^2}{m^2} - \frac{N_0^2/k^2}{m^2(\nu - k\bar{u})^2}\right] = 0 \tag{9.23a}$$

을 얻는다. 그 양쪽의 복소 공액으로 (9.23a)는

$$\hat{u}^{*2} + \hat{w}^{*2} + \hat{\theta}^{*2}/N_0^2 = 0 \tag{9.23b}$$

을 준다. 식 (9.23)의 도움으로 (9.22)는

$$E = \frac{1}{4}\left(\hat{u}\hat{u}^* + \hat{w}\hat{w}^* + \frac{\hat{\theta}\hat{\theta}^*}{N_0^2}\right) = \frac{1}{4}\left(|\hat{u}|^2 + |\hat{w}|^2 + \frac{|\hat{\theta}|^2}{N_0^2}\right) \tag{9.24}$$

와 같이 표현된다. 식 (9.24)는 파군의 에너지가 느리게 변하는 시공 함수임을 말한다.

한편, (9.5b)와 (9.5d)에서

$$\hat{w}\,\hat{w}^* = \frac{k^2}{m^2}\hat{u}\,\hat{u}^* \tag{9.25a}$$

$$\hat{\theta}\,\hat{\theta}^* = \frac{N_0^4 k^2/m^2}{(\nu - k\bar{u})^2}\hat{u}\,\hat{u}^* \tag{9.25b}$$

이 쉽게 얻어짐으로, 이 결과와 (9.6)의 도움으로 (9.24)는

$$\begin{aligned} E &= \frac{1}{4}\left(|\hat{u}|^2 + |\hat{w}|^2 + \frac{|\hat{\theta}|^2}{N_0^2}\right) \\ &= \frac{|\hat{u}|^2}{4}\left[1 + \frac{k^2}{m^2} + \frac{N_0^2 k^2/m^2}{(\nu - k\bar{u})^2}\right] = \frac{|\hat{u}|^2}{2}\frac{\kappa^2}{m^2} \end{aligned} \tag{9.26}$$

와 같이 간단히 표현될 수 있다. 다른 한편,

$$\begin{aligned} p'u' &= \rho_0 \frac{1}{4}(\hat{p}e^{i\phi} + \hat{p}^* e^{-i\phi})(\hat{u}e^{i\phi} + \hat{u}^* e^{-i\phi}) \\ &= \rho_0 \frac{1}{4}(\hat{p}\hat{u}e^{2i\phi} + \hat{p}^*\hat{u}^* e^{-2i\phi} + \hat{p}\hat{u}^* + \hat{p}^*\hat{u}) \end{aligned} \tag{9.27a}$$

$$\begin{aligned} p'w' &= \rho_0 \frac{1}{4}(\hat{p}\hat{w}e^{2i\phi} + \hat{p}^*\hat{w}^* e^{-2i\phi} + \hat{p}\hat{w}^* + \hat{p}^*\hat{w}) \\ &= -\rho_0 \frac{m}{k}\frac{1}{4}(\hat{p}\hat{u}e^{2i\phi} + \hat{p}^*\hat{u}^* e^{-2i\phi} + \hat{p}\hat{u}^* + \hat{p}^*\hat{u}) \\ &= -\rho_0 \frac{k}{m} p'u' \end{aligned} \tag{9.27b}$$

이 얻어지는데, (9.5a)를 이용해 $\hat{p}$을 소거하면 (9.27a)와 (9.27b)는 각각

$$p'u' = \rho_0 \frac{1}{4}\frac{\nu - k\bar{u}}{k}(\hat{u}^2 e^{2i\phi} + \hat{u}^{*2} e^{-2i\phi} + 2\hat{u}\hat{u}^*) \tag{9.28a}$$

$$p'w' = -\rho_0 \frac{k}{m}\frac{1}{4}\frac{\nu - k\bar{u}}{k}(\hat{u}^2 e^{2i\phi} + \hat{u}^{*2} e^{-2i\phi} + 2\hat{u}\hat{u}^*) \tag{9.28b}$$

가 된다. 식 (9.28)을 미분할 때 진폭이 공간 좌표의 느린 함수임에 착안하고, (9.26), (9.6) 및 (9.7)을 이용하면, 우리는

$$\begin{aligned} &\frac{\partial}{\partial x}(p'u') + \frac{\partial}{\partial z}(p'w') \\ &= \rho_0 \frac{1}{4}\frac{\nu - k\bar{u}}{k}\left[2i(\hat{u}^2 e^{2i\phi} - \hat{u}^{*2} e^{-2i\phi})\left(k - \frac{k}{m}m\right) + \frac{\partial}{\partial x}2\hat{u}\hat{u}^* - \frac{k}{m}\frac{\partial}{\partial z}2\hat{u}\hat{u}^*\right] \\ &= \rho_0 \frac{\nu - k\bar{u}}{k}\left(\frac{m^2}{\kappa^2}\frac{\partial E}{\partial x} - \frac{k}{m}\frac{m^2}{\kappa^2}\frac{\partial E}{\partial z}\right) = \rho_0\left(\pm\frac{m^2 N_0}{\kappa^3}\frac{\partial E}{\partial x} \mp \frac{kmN_0}{\kappa^3}\frac{\partial E}{\partial z}\right) \\ &= \rho_0\left[(c_{gx} - \bar{u})\frac{\partial E}{\partial x} + c_{gz}\frac{\partial E}{\partial z}\right] \end{aligned} \tag{9.29}$$

을 얻는다. 식 (9.29)의 결과를 이용하면 에너지 수지 방정식

$$\rho_0 \frac{\partial E}{\partial t} + \frac{\partial}{\partial x}(\rho_0 E \overline{u} + p' u') + \frac{\partial}{\partial z}(p' w') = 0$$

은 파군의 에너지가 이류됨을 나타내는 꼴

$$\frac{\partial E}{\partial t} + c_{gx} \frac{\partial E}{\partial x} + c_{gz} \frac{\partial E}{\partial z} = 0 \quad \text{또는} \quad \frac{\partial E}{\partial t} + \vec{c}_g \cdot \vec{\nabla} E = 0 \tag{9.30}$$

을 보인다. 여기서 이류 속도는 군 속도 $\vec{c}_g \equiv (c_{gx}, c_{gz})$이다. 이제 파군을 에너지 장의 한 구조로 보면, 그 파군은 군 속도로 전파한다.

9.1.2 엘리아센-팜(Eliassen-Palm)의 정리

기초 흐름의 속도 $\overline{u}$와 밀도 $\overline{\rho}$의 연직 변화가 무시될 수 없는 경우에, 지배 방정식은 섭동 변수 u', w', p', θ'에 대해

$$\left(\frac{\partial}{\partial t} + \overline{u}\frac{\partial}{\partial x}\right)u' + w' \frac{\partial \overline{u}}{\partial z} + \frac{\partial}{\partial x}\left(\frac{p'}{\overline{\rho}}\right) = 0 \tag{9.31a}$$

$$\left(\frac{\partial}{\partial t} + \overline{u}\frac{\partial}{\partial x}\right)w' + g\frac{\theta'}{\overline{\theta}} + \frac{\partial}{\partial z}\left(\frac{p'}{\overline{\rho}}\right) = 0 \tag{9.31b}$$

$$\frac{\partial}{\partial x}(\overline{\rho}u') + \frac{\partial}{\partial z}(\overline{\rho}w') = 0 \tag{9.31c}$$

$$\left(\frac{\partial}{\partial t} + \overline{u}\frac{\partial}{\partial x}\right)\theta' + w' \frac{\partial \overline{\theta}}{\partial z} = \frac{\overline{\theta}}{C_p \overline{T}} J' \tag{9.31d}$$

와 같이 선형화될 수 있다. 식 (6.38)을 참고하라. 여기서 J는 덩이의 단위 질량당 비단열 가열률이다. 우리는 섭동이 x방향으로 한 순환 길이에 대해 반복된다고 가정한다.

이제 우리는 구조의 변화 없이 x방향으로 일정한 위상 속도 c로 움직이는 교란을 생각한다. 그런 교란의 모든 섭동 변수들에 대해, 연산자 관계

$$\frac{\partial}{\partial t} = -c\frac{\partial}{\partial x} \tag{9.32}$$

가 성립한다.

□ 첫째 정리

그 교란에 대해 (9.31a)는

$$\frac{\partial}{\partial x}[\bar{\rho}(\bar{u}-c)u'+p']+\bar{\rho}w'\frac{\partial \bar{u}}{\partial z}=0 \tag{9.33}$$

가 된다. 식 (9.33)에 $[\bar{\rho}(\bar{u}-c)u'+p']$을 곱하고 섭동의 x방향의 한 순환 길이에 걸쳐 평균하면, 기초 연직 시어가 0이 아닌 아무 고도에서 (9.33)은

$$\overline{p'w'}=(c-\bar{u})\bar{\rho}\,\overline{u'w'} \tag{9.34}$$

을 준다. 식 (9.34)는 기초 시어가 0인 고도에서도 성립한다. 왜냐하면 (9.33)은 그 고도에서 $p'=\bar{\rho}(c-\bar{u})u'$을 줄 것이고, 그 결과에 w'을 곱해 x방향의 한 순환 길이에 걸쳐 평균하면 (9.34)가 나오기 때문이다. 식 (9.34)는 엘리아센-팜의 첫째 정리이다: 에너지 속 $\overline{p'w'}$와 운동량 속 $\bar{\rho}\,\overline{u'w'}$은 $c>\bar{u}$일 때 같은 부호를 가지고, $c<\bar{u}$일 때 반대 부호를 가진다.

먼저, $c>\bar{u}$일 때, 위로 전파하는($\overline{p'w'}>0$) 내부 중력파는 편서 운동량을 상향으로 수송하고($\bar{\rho}\,\overline{u'w'}>0$), 아래로 전파하는($\overline{p'w'}<0$) 것은 편서 운동량을 아래로 수송한다($\bar{\rho}\,\overline{u'w'}<0$). 달리 말하면, 기초 흐름보다 더 빠른 내부 중력파는 편서 운동량을 수송한다. 다음에, $c<\bar{u}$일 때, 위로 전파하는 중력파는 편동 운동량을 위로 수송하고($\bar{\rho}\,\overline{u'w'}<0$), 아래로 전파하는 것은 편동 운동량을 아래로 수송한다($\bar{\rho}\,\overline{u'w'}>0$). 달리 말하면, 기초 흐름보다 더 느린 내부 중력파는 편동 운동량을 수송한다.

이처럼 전파성(propagatory) 내부 중력파는 기초 흐름보다 더 빠르면 편서 운동량을 수송하고 더 느리면 편동 운동량을 수송한다. 그러므로,

> 내부 중력파로 운동량이 국지적으로 퇴적되면, 기초 흐름은 그 파의 위상 속도에 접근하게 될 것이다.

실제로 엘리아센-팜의 첫째 정리로 잘 알려진 형식은 이 명제이다. 내부 중력파에 의한 운동량의 퇴적과 그로 인한 기초 흐름의 변화에 관한 더 이상의 논의

는 이 책의 범위를 벗어난다.

□ 둘째 정리

교란이 파동이든 요란이든 간에 섭동은 에너지 보존의 원리를 따를 것이다. 이를 보이기 위해 먼저 (9.31a)에 $\overline{\rho}u'$를 곱하고 (9.31b)에 $\overline{\rho}w'$를 곱한 다음에 그 두 결과를 더하고 (9.31c)를 이용해 정리하면, 교란의 운동 에너지 수지 방정식

$$\frac{\partial[\overline{\rho}(u'^2+w'^2)/2]}{\partial t}+\frac{\partial}{\partial x}[\overline{u}\,\overline{\rho}(u'^2+w'^2)/2+p'u'] \\ +\frac{\partial}{\partial z}(\overline{u}\,\overline{\rho}u'w'+p'w')=\overline{\rho}w'g\frac{\theta'}{\overline{\theta}}+\overline{u}\frac{\partial}{\partial z}(\overline{\rho}u'w') \tag{9.35}$$

이 나온다. 그 운동 에너지와 교환되는 에너지는 열 에너지로 나타난다.

식 (9.31d)에 θ'을 곱하고 정리하면 교란의 열 에너지 수지 방정식

$$\overline{\rho}\left(\frac{\partial}{\partial t}+\overline{u}\frac{\partial}{\partial x}\right)\frac{1}{2}\frac{(g\theta'/\overline{\theta})^2}{N^2}=-\overline{\rho}w'g\frac{\theta'}{\overline{\theta}}+\frac{\overline{\rho}J'g^2\theta'/\overline{\theta}}{C_p\overline{T}N^2} \tag{9.36}$$

이 나온다.

식 (9.35)와 (9.36)을 더하면, 교란의 에너지 수지 방정식

$$\frac{\partial\overline{\rho}E}{\partial t}+\frac{\partial}{\partial x}(E\overline{\rho}\,\overline{u}+p'u')+\frac{\partial}{\partial z}(\overline{u}\,\overline{\rho}u'w'+p'w') \\ =\overline{u}\frac{\partial}{\partial z}(\overline{\rho}u'w')+(\gamma-1)\frac{\overline{\rho}g^2}{c_s^2N^2}\frac{J'\theta'}{\overline{\theta}} \tag{9.37}$$

이 얻어진다. 여기서

$$E\equiv\frac{1}{2}\left[u'^2+w'^2+\frac{g^2}{N^2}\left(\frac{\theta'}{\overline{\theta}}\right)^2\right] \tag{9.38}$$

는 덩이의 단위 질량당 교란 에너지이다. 이제 교란 에너지 속 $\vec{F}=(F_x,F_z)$의 수평 및 연직 성분이

$$F_x\equiv\overline{\rho}\,\overline{u}E+p'u' \tag{9.39}$$

$$F_z\equiv\overline{\rho}\,\overline{u}u'w'+p'w' \tag{9.40}$$

와 같이 정의되면, (9.37)은

$$\frac{\partial \bar{\rho} E}{\partial t}+\frac{\partial F_x}{\partial x}+\frac{\partial F_z}{\partial z} = \bar{u}\frac{\partial}{\partial z}(\bar{\rho} u' w')+(\gamma-1)\frac{\bar{\rho} g^2}{c_s^2 N^2}\frac{J'\theta'}{\bar{\theta}} \tag{9.41}$$

와 같이 표현된다. 우리는 에너지 수지 방정식 (9.37) 또는 (9.41)이 국지 수지를 말하는 것임에 유의한다.

이제 교란의 연직 전파를 설명하기 위해, x 방향의 한 순환 길이에 걸쳐 (9.41)을 평균해 얻어지는

$$\frac{\partial \bar{\rho} \overline{E}}{\partial t}+\frac{\partial \overline{F_z}}{\partial z} = \bar{u}\frac{\partial}{\partial z}(\bar{\rho}\,\overline{u' w'})+(\gamma-1)\frac{\bar{\rho} g^2}{c_s^2 N^2}\frac{\overline{J'\theta'}}{\bar{\theta}} \tag{9.42}$$

을 해석해 보자. 식 (9.42)의 왼쪽에서 둘째 항은 연직 속의 발산이고, 오른쪽에서 첫째 항은 기초 흐름 에너지의 변환, 그리고 그 나머지는 비단열 가열 과정에 의한 에너지 생성을 각각 나타낸다. 우리가 고찰하는 내부 중력파에 대해서, (9.42)의 왼쪽에서 첫째 항은 0이고, 둘째 항은 (9.40)과 (9.34)를 이용해 $c\,\partial(\bar{\rho}\,\overline{u' w'})/\partial z$로 바뀔 수 있다. 따라서 엘리아센-팜의 둘째 정리(Eliassen-Palm's second theorem)가

$$(c-\bar{u})\frac{\partial}{\partial z}(\bar{\rho}\,\overline{u' w'})=(\gamma-1)\frac{\bar{\rho} g^2}{c_s^2 N^2}\frac{\overline{J'\theta'}}{\bar{\theta}} \tag{9.43a}$$

와 같이 얻어진다. 단열 과정에 대해 (9.43a)는

$$(c-\bar{u})\frac{\partial}{\partial z}(\bar{\rho}\,\overline{u' w'})=0 \tag{9.43b}$$

이 된다. 그러므로

> $c=\bar{u}$인 임계 고도(臨界高度, critical level) 밖에서, 내부 중력파는 단열적으로 운동량을 퇴적시킬 수 없다. 내부 중력파에 의한 운동량의 단열적 퇴적은 임계 고도에서만 일어날 수 있다.

실제로 엘리아센-팜의 둘째 정리로 잘 알려진 것은 이 명제이다. 이미 앞에서 언급된 바와 같이, 운동량의 퇴적과 그로 인한 기초 흐름의 변화에 관한 더 이상의 논의는 이 책의 범위를 벗어난다. 다만 운동량의 퇴적으로 변할 기초 흐름은 아무 경우에

$$\frac{\partial}{\partial t}(\overline{\rho}\,\overline{u}) = -\frac{\partial}{\partial z}(\overline{\rho}\;\overline{u'w'}) \tag{9.44}$$

으로 지배될 것이다. 그 기초 흐름은 교란에 의한 운동량 수송의 연직 수렴으로 변할 수 있다. 식 (9.44)에 $\overline{u}$을 곱해 얻어지는

$$\frac{\partial}{\partial t}\frac{1}{2}\overline{\rho}\,\overline{u}^2 = -\overline{u}\frac{\partial}{\partial z}(\overline{\rho}\;\overline{u'w'}) \tag{9.45}$$

의 오른쪽은 (9.42)의 오른쪽 첫째 항과 크기가 같고 부호가 반대인 것으로 나타난다. 앞에서 말한 대로, 이 항은 운동량의 퇴적에 따른 기초 흐름과 교란 사이 에너지 변환을 나타낼 것이다.

9.2 파동 방정식

우리는 치환

$$(u^*, w^*, \theta^*, p^*, \rho^*) = (\overline{\rho}^{\,1/2}u',\ \overline{\rho}^{\,1/2}w',\ \overline{\rho}^{\,1/2}\theta'/\overline{\theta},\ \overline{\rho}^{\,-1/2}p',\ \overline{\rho}^{\,-1/2}\rho')$$

으로 (9.31)을

$$\left(\frac{\partial}{\partial t} + \overline{u}\frac{\partial}{\partial x}\right)u^* + w^*\frac{\partial \overline{u}}{\partial z} + \frac{\partial p^*}{\partial x} = 0 \tag{9.46a}$$

$$\left(\frac{\partial}{\partial t} + \overline{u}\frac{\partial}{\partial x}\right)w^* + g\rho^* + \frac{\partial p^*}{\partial z} - \frac{1}{2}\left(\frac{1}{\gamma H} + \frac{1}{\overline{\theta}}\frac{\partial \overline{\theta}}{\partial z}\right)p^* = 0 \tag{9.46b}$$

$$\left(\frac{\partial}{\partial t} + \overline{u}\frac{\partial}{\partial x}\right)\rho^* + \frac{\partial u^*}{\partial x} + \frac{\partial w^*}{\partial z} - \frac{1}{2}\left(\frac{1}{\gamma H} + \frac{1}{\overline{\theta}}\frac{\partial \overline{\theta}}{\partial z}\right)w^* = 0 \tag{9.46c}$$

$$\left(\frac{\partial}{\partial t} + \overline{u}\frac{\partial}{\partial x}\right)\theta^* + w^*\frac{1}{\overline{\theta}}\frac{\partial \overline{\theta}}{\partial z} = \frac{\overline{\rho}^{\,1/2}J'}{C_p\overline{T}} \tag{9.46d}$$

$$\rho^* + \theta^* = \frac{p^*}{g\gamma H} \tag{9.46e}$$

와 같이 쓸 수 있다. 여기서 $\gamma \equiv C_p/C_v \fallingdotseq 1.4$, $H \equiv R\overline{T}/g$ 이다. 더욱, 에너지의 논의를 위해, 우리는 ρ^* 대신에 p^*를 예단 변수로 삼는다. 식 (9.46e)를 이용해 (9.46b)와 (9.46c)에서 ρ^*를 소거하고 정리하면 우리는 (9.46b), (9.46c) 그리고 (9.46d) 대신에

$$\left(\frac{\partial}{\partial t} + \overline{u}\frac{\partial}{\partial x}\right)w^* - g\theta^* + \left(\frac{\partial}{\partial z} + \frac{1}{2D}\right)p^* = 0 \tag{9.47a}$$

$$\left(\frac{\partial}{\partial t} + \overline{u}\frac{\partial}{\partial x}\right)\frac{p^*}{c_s^2} + \frac{\partial u^*}{\partial x} + \left(\frac{\partial}{\partial z} - \frac{1}{2D}\right)w^* = \frac{\varkappa J^*}{gH} \tag{9.47b}$$

$$\left(\frac{\partial}{\partial t} + \overline{u}\frac{\partial}{\partial x}\right)g\theta^* + N^2 w^* = \frac{\varkappa J^*}{H} \tag{9.47c}$$

을 얻는다. 여기서 $c_s^2 \equiv \gamma R\overline{T} = \gamma gH$이고, $J^* \geq \overline{\rho}^{\,-\frac{1}{2}} J'$ 그리고 연직 규모 D는

$$\frac{1}{D} \equiv \frac{1}{\gamma H} - \frac{N^2}{g} = \frac{2-\gamma}{\gamma H} - \frac{1}{\overline{T}}\frac{\partial \overline{T}}{\partial z}$$

을 통해 정의되었다. 특히 건조 단열 감률 g/C_p에 대해 $D = \gamma H$이다. 일반적으로, $\partial\overline{T}/\partial z < 0$(대류권)에서 $D < \gamma H/(2-\gamma)$이고, $\partial\overline{T}/\partial z \geq 0$(성층권)에서 $D \geq \gamma H/(2-\gamma)$이다. 그 에너지 논의를 위한 편의로 우리는 (9.47c)를

$$\left(\frac{\partial}{\partial t} + \overline{u}\frac{\partial}{\partial x}\right)\frac{\theta^*}{N^2/g^2} + gw^* = \frac{\varkappa J^*}{gH}\frac{1}{N^2/g^2} \tag{9.48}$$

와 같이 쓴다. 그러면 우리는 에너지 수지 방정식들의 한 완결된 형식

$$\left(\frac{\partial}{\partial t} + \overline{u}\frac{\partial}{\partial x}\right)\frac{1}{2}u^{*2} + u^* w^* \frac{\partial \overline{u}}{\partial z} + u^* \frac{\partial p^*}{\partial x} = 0 \tag{9.49a}$$

$$\left(\frac{\partial}{\partial t} + \overline{u}\frac{\partial}{\partial x}\right)\frac{1}{2}w^{*2} - g\theta^* w^* + w^*\left(\frac{\partial}{\partial z} + \frac{1}{2D}\right)p^* = 0 \tag{9.49b}$$

$$\left(\frac{\partial}{\partial t}+\overline{u}\frac{\partial}{\partial x}\right)\frac{1}{2}\left(\frac{p^*}{c_s}\right)^2+p^*\frac{\partial u^*}{\partial x}+p^*\left(\frac{\partial}{\partial z}-\frac{1}{2D}\right)w^*=\frac{\varkappa J^* p^*}{gH} \tag{9.49c}$$

$$\left(\frac{\partial}{\partial t}+\overline{u}\frac{\partial}{\partial x}\right)\frac{1}{2}\left(\frac{g\theta^*}{N}\right)^2+g\theta^* w^*=\frac{\varkappa J^*\theta^*}{gH}\frac{g^2}{N^2} \tag{9.49d}$$

을 얻는다.

식 (9.46a)와 (9.47b) 사이에서 u^*가 소거되면

$$\left(\frac{\partial}{\partial z}-\frac{1}{2D}\right)\left(\frac{\partial}{\partial t}+\overline{u}\frac{\partial}{\partial x}\right)w^*-2\frac{\partial\overline{u}}{\partial z}\frac{\partial w^*}{\partial x}$$
$$+\left[\frac{1}{c_s^2}\left(\frac{\partial}{\partial t}+\overline{u}\frac{\partial}{\partial x}\right)^2-\frac{\partial^2}{\partial x^2}\right]p^*=\left(\frac{\partial}{\partial t}+\overline{u}\frac{\partial}{\partial x}\right)\frac{\varkappa J^*}{gH} \tag{9.50a}$$

그리고 (9.47a)와 (9.47c) 사이에서 θ^*가 소거되면

$$\left[\left(\frac{\partial}{\partial t}+\overline{u}\frac{\partial}{\partial x}\right)^2+N^2\right]w^*+\left(\frac{\partial}{\partial t}+\overline{u}\frac{\partial}{\partial x}\right)\left(\frac{\partial}{\partial z}+\frac{1}{2D}\right)p^*=\frac{\varkappa J^*}{H} \tag{9.50b}$$

이 각각 나온다. 식 (9.50a)와 (9.50b)는 시어를 갖는 기초 흐름에 얹힌 섭동에 대해 한 완결된 계를 구성한다.

□ 등온 정지 대기의 단열 섭동 ($\overline{T}=T_0$, $\overline{u}=0$ 그리고 $J^*=0$)

먼저, 정지 대기에 대해 (9.50a)와 (9.50b)는 각각

$$\left(\frac{\partial}{\partial z}-\frac{1}{2D}\right)\left(\frac{\partial}{\partial t}\right)w^*+\left[\frac{1}{c_s^2}\left(\frac{\partial}{\partial t}\right)^2-\frac{\partial^2}{\partial x^2}\right]p^*=\left(\frac{\partial}{\partial t}\right)\frac{\varkappa J^*}{gH} \tag{9.51a}$$

$$\left[\left(\frac{\partial}{\partial t}\right)^2+N^2\right]w^*+\left(\frac{\partial}{\partial t}\right)\left(\frac{\partial}{\partial z}+\frac{1}{2D}\right)p^*=\frac{\varkappa J^*}{H} \tag{9.51b}$$

이 된다. 다음에, 등온 대기에 대해 N와 c_s, 그리고 D는 모두 상수이므로 (9.51a)와 (9.51b)에서 p^*의 소거는

$$\left[\left(\frac{1}{c_s^2}\frac{\partial^2}{\partial t^2}-\frac{\partial^2}{\partial x^2}\right)\left(\frac{\partial^2}{\partial t^2}+N^2\right)-\frac{\partial^2}{\partial t^2}\left(\frac{\partial^2}{\partial z^2}-\frac{1}{4D^2}\right)\right]w^*$$
$$=\left[\frac{1}{g}\left(\frac{g}{c_s^2}-\left(\frac{\partial}{\partial z}+\frac{1}{2D}\right)\right)\frac{\partial^2}{\partial t^2}-\frac{\partial^2}{\partial x^2}\right]\frac{\varkappa J^*}{H} \quad (9.52a)$$

을 준다. 그 다음에 단열 섭동에 대해 (9.52a)는

$$\left[\left(\frac{1}{c_s^2}\frac{\partial^2}{\partial t^2}-\frac{\partial^2}{\partial x^2}\right)\left(\frac{\partial^2}{\partial t^2}+N^2\right)-\frac{\partial^2}{\partial t^2}\left(\frac{\partial^2}{\partial z^2}-\frac{1}{4D^2}\right)\right]w^*=0 \quad (9.52b)$$

이 된다.

□ 등온 정지 대기 안 단열 섭동의 두 가지 중립 모드

파수가 (k, m)이고 진동수가 ν인 단색 파군 $w^*=Re[w_0^*\exp i(kx+mz-\nu t)]$에 대해 (9.52b)는 분산 관계

$$\left(\frac{\nu^2}{c_s^2}-k^2\right)(N^2-\nu^2)+\nu^2\left(m^2+\frac{1}{4D^2}\right)=0 \quad (9.53a)$$

곧, ν^2에 대해 풀면,

$$\nu^2=\frac{B}{2}\left(1\pm\sqrt{1-\frac{4c_s^2k^2N^2}{B^2}}\right) \quad (9.53b)$$

을 준다. 여기서

$$B\equiv c_s^2\varkappa^2+\frac{c_s^2}{4D^2}+N^2>0: \quad \varkappa\equiv\sqrt{k^2+m^2} \quad (9.54)$$

가 정의되었다. 이제 아무 파수 k에 대해, 우리는

$$B^2-4c_s^2k^2N^2=\left(c_s^2\varkappa^2-N^2+\frac{c_s^2}{4D^2}\right)^2$$
$$+4c_s^2N^2\left(m^2+\frac{1}{4D^2}\right)>0 \quad (9.55)$$

을 보일 수 있다: 식 (9.55)는 곧 $4c_s^2k^2N^2/B^2\leq 1$을 준다. 따라서 (9.53b)는

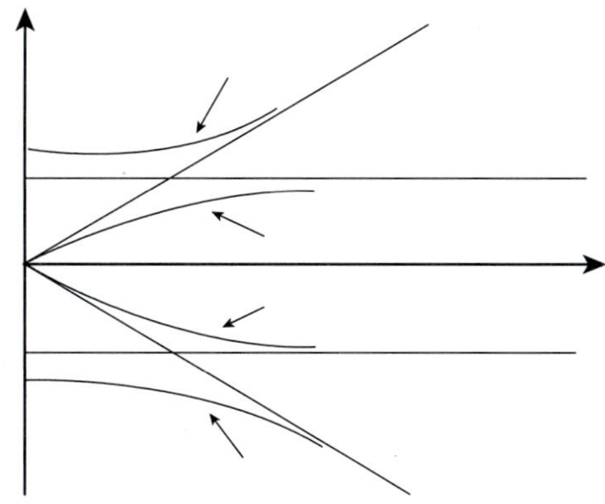

| 그림 9.2 | 등온 정지 대기의 두 섭동 모드

$\nu^2 > 0$을 준다. 이는 등온 정지 대기 안에서 (9.50)으로 지배되는 작은 섭동들이 중립 섭동들임을 말한다. 그래서 진동수는 두 가지의 음양 짝으로 나타날 것이다:

$$\nu = \begin{cases} \pm\nu_A:\ \nu_A^2 \equiv \dfrac{B}{2}\left(1+\sqrt{1-\dfrac{4c_s^2k^2N^2}{B^2}}\right) \text{ 음파 모드} \\ \pm\nu_B:\ \nu_B^2 \equiv \dfrac{B}{2}\left(1-\sqrt{1-\dfrac{4c_s^2k^2N^2}{B^2}}\right) \text{ 중력파 모드} \end{cases} \quad (9.56)$$

그런데 파수의 두 극단($k \to 0$ 그리고 $k \to \infty$)에서 $4c_s^2k^2N^2/B^2 \to 0$이므로, 우리는 그 두 극단에서

$$\nu_A^2 \simeq \frac{B}{2}\left[1+\left(1-\frac{1}{2}\frac{4c_s^2k^2N^2}{B^2}\right)\right] \simeq B \quad (9.57a)$$

$$\nu_B^2 \simeq \frac{B}{2}\left[1-\left(1-\frac{1}{2}\frac{4c_s^2k^2N^2}{B^2}\right)\right] = \frac{c_s^2k^2N^2}{B} \quad (9.57b)$$

을 얻는다.

1. 등온 정지 대기의 작은 섭동들에 대한 분산 관계 (9.53a)를 유도하라. 이 섭동들이 양방으로 전파하는 음파와 양방으로 전파하는 중력파들이며, 이 두 종류의 파동들이 작은 파장에 대해서 서로 다른 진동수를 가짐을 보여라.

참고문헌

Arakawa, A., 1962: Non-geostrophic effects in the baroclinic prognostic equations. The Proceedings of the International Symposium on Numerical Weather Prediction, Tokyo, 1960, Meteorological Society of Japan, 161-175.

Arakawa, A., 1966: Computational design for long-term numerical integration of the equations of fluid motion: two-dimensional incompressible flow Part I. ***J. Compu. Phys.***, 1(1), 119-143.

Arakawa, A., A. Katayama, and Y. Mintz, 1968: Numerical simulation of the general circulation of the atmosphere. Proceedings of the WMO/IUGG Symposium on Numerical Weather Prediction, Tokyo, 1968, 20pp.

Arakawa, A., 1972: Design of the UCLA General Circulation Model. Numerical Simulation of Weather and Climate, Tech. Rept. No. 7, UCLA Dept. of Meteorology, 116pp.

Batchelor, G.K., 1967: ***Introduction to Fluid Dynamics***. Cambridge University Press, Cambridge, 615pp.

Borg, S.F., 1990: ***Matrix-Tensor Methods in Continuum Mechanics***. World Scientific, Singapore, 336pp.

Charney, J.G., 1948: On the scale of atmospheric motions. ***Geofys. Publ.***(Oslo), 17(2), 1-17.

Charney, J.G., 1963: A note on large-scale motions in the tropics. ***J. Atmos. Sci.***, 20(6), 607-609.

Charney, J.G., 1969: A further note on large-scale motrions in the tropics. ***J. Atmos. Sci.***, 26, 182-185.

Eckart, C., 1960: ***Hydrodynamics of Oceans and Atmospheres***. Pergamon Press, New York, 290pp.

Holton, J., 1992: ***An Introduction to Dynamic Meteorology***. 3rd Edition, Academic Press Inc., New York, 511pp.

Lindzen, R.S., 1967: Planetary waves on beta-planes. ***Mon. Wea. Rev.***, 95, 441-451.

Lindzen, R.S., 1990: ***Dynamicis in Atmospheric Physics***. Cambridge University Press, Cambridge, 310pp.

Lorenz, E.N., 1955: Available potential energy and the maintenance of the general circulation. ***Tellus***, 7, 157-167.

Lorenz, E.N., 1967: The Nature and Theory of the General Circulation of the Atmosphere. WMO Monograph No. 218, 115pp.

Matsuno, T., 1966: Quasi-geostrophic motion in the equatorial area. ***J. Met. Soc. Japan***, 44, 25-42.

Moore, D.W., and S.G.H. Philander, 1977: Modeling of the tropical ocean circulation. 319-361.

North, G.R., T.L. Bell, R.F. Calahan, and F.J. Moeng, 1982: Sampling errors in the estimation of empirical orthogonal functions. ***Mon. Wea. Rev.***, 110, 699-706.

Ogura, Y., 1964: Frictionally controlled, thermally driven circulation in a circular vortex with application to tropical cyclones. ***J. Atmos. Sci.***, 24, 208-215.

Phillips, N.A., 1966: The equations of motion for a shallow rotating atmosphere and "the traditional approximation". ***J. Atmos. Sci.***, 23, 626-628.

Stern, M.E., 1975: ***Ocean Circulation Physics***. Academic Press, New York, 240pp.

부 록

부록 1

기상학자 John Dalton

– Judy Moody, Bette Bridges

충실한 청교도였던 조나단 달톤은 그의 친아우, 존 달톤이 죽은 후에 그를 기리며 다음 글을 썼다. 이 글은 존 달톤이 어떻게 기상학을 알게 되었는지, 그리고 얼마나 기상학을 사랑했는지를 여실하게 보여 준다.

내 아우, 존

내 아우 존이 태어났을 때 우리는 컴버랜드의 이글스필드에서 한 작은 초가집에 살았다. 나는 일곱 살이었고, 내 누이동생 메리는 두 살이었다. 존의 탄생은 가족 성경에 기록되지 않았는데, 그가 뒤에 물었을 때 노인들은 생일이 1766년 9월 5일이었다고 그에게 말했다. 우리 가족은 1690년 이래로 청교도였는데, 그때 내 이름과 같은 조나단 할아버지가 개종했던 것이다. 아비가일 할머니의 지참금은 우리 가족에게 한 토지를 가져다준 복덩이였고 할아버지는 그것을 60에이커로 불려 놓았다. 그들의 둘째 아들인 내 아버지 요셉은 이 토지를 물려받았다. 내 어머니는 한 퀘이커 농촌 가족 출신의 데보라 그린업이었다. 존과 나는 밭일과 아버지가 천을 짜는 가게에서 일손을 도왔다. 메리는 어머니를 도와 집안을 돌보면서, 종이와 잉크 및 깃촉을 팔았다. 굶주리지는 않았지만, 우리는 가난했다. 다른 가난한 소년들은 거의 교육을 못 받았지만, 우리 달톤 어린이들은 청교도로서 가장 가까운 청교도 학교에서 경험적이고 실용적인 교육을 받았다. 당시에 영국인 215명당 한 명만이 읽을 수 있었던 사실에 비추어 이것은 굉장한 일이었다.

존과 나는 파쇼우 홀에 있는 퀘이커 학교에 다녔다. 존은 배움에 빨랐고 수학 문제에 지칠 줄 몰랐다. 존 플레처 선생님은 회초리를 써서 두들겨 패며 가르치지 않는 수준 높은 사람이었다. 그는 존에게 기막힌 기초 환경과 지식의 평생 탐구를 가져다주었음에 틀림없다. 한 부유한 퀘이커 신사인 엘리후 로빈슨은 존의 스승으로서 수학과 과학, 특히 기상학에 있어서 정신적 자극의 또 하나의 원천이 되었다.

내 아우가 열두 살이었을 때 그는 이글스필드에 한 학교를 열었다. 그는 그 어린 선생님과 싸우려는 위 또래 소년들로부터 위협을 받았지만, 명백히 2년 동안이나 그들을 제압하는 데 성공했다. 낮은 봉급 때문에 존은 잠시 귀향해서 우리의 부유한 삼촌을 위해 일했다. 한편, 나는 집을 떠나 조지 뷸리의 조수로서 켄달에 있는 그의 학교에서 일했다. 1781년에 존이 나와 합세하면서 우리는 조지 사촌이 은퇴하면 그 학교를 함께 운영하기로 계획했다. 1785년에 우리의 학교가 열렸고 우리는 모두 21개의 수학 및 과학 과목들과 더불어 영어, 라틴어, 그리스어, 불어 강좌를 제공했다. 메리가 가사를 돌보기 위해 우리에게 왔다. 학생들이 60명이나 되었지만, 버티기 위해 우리는 자주 돈을 빌렸고 외부 일들을 해야만 했다.

켄달에서의 12년 동안에, 존은 부인 및 신사 잡지들에서 보내오는 질문들에 답하는 것을 포함해서 자영업자로서도 일했다. 그의 대답들은 60번이나 출판되었다. 존은 한 부유한 무역업자의 아들로서 시력 장애자인 존 고우를 새로운 친구이자 스승으로 맞게 되었는데, 고우는 존에게 언어학, 수학 및 광학을 가르쳤고, 그의 넓은 서재를 나누어 썼다. 후에 존은 그의 첫 두 책을 고우에게 헌정했다. 고우는 존에게 일지를 계속 쓰도록 권유함으로써 기상학에 대한 평생 관심을 고무시켰던 것이다. 과학에 대한 존의 관심이 확장되어 광학, 기체역학, 천문학 및 지리학을 포함하면서, 1787년부터 대중 강의로써 그의 낮은 수입을 보충하기 시작했다. 그는 그의 11권짜리로 분류된 식물 표본 집을 팔려고 인근 박물관도 방문했다. 그는 나비들을 수집했고, 달팽이와 진드기 그리고 구더기를 물과 진공 속에 부유시켜 연구했다. 그는 음식의 섭취를 측정해서 그의 배설물 생산에 비교했다. 그의 연구들은 의과대학에 진학하기 위한 준비였지만 우리는 돈 때문에, 그리고 그가 의사로서 적격하지 않다고 느꼈기 때문에 그를 말렸다.

한번은, 우리 어머니의 생신날에, 존이 그녀에게 매우 특별한 양말을 사 왔다. 그녀는 늘 자신이 짠 양말들만을 신었었기 때문에 이것은 정말 큰 기쁨이어야 했다. 어머니는 존에게 외쳤다. "왜 진홍색 양말을 샀느냐?" 존은 그 양말이 파란색이라고 생각했고 나에게 고개를 돌려 양말의 색깔을 증명해 주기를 바랐다. 우리 둘이 모두 진홍 대신에 파랑을 보았기 때문에 어머니는 양말을 내다 다른 여자에게 주었다. 그렇게 스물여섯의 나이에 존은 우리 형제가 둘 다 색맹이었음을 발견했다. 존은 그의 첫 번째로 중요한 과학 논문에서 이 현상에 관해 실험하고 집필했다. 오랜 뒤에 그가 국왕을 모신 청중 앞에 섰을 때, 존은 칼을 차는 관례 의복을 거절했다. 한 타협으로, 그는 옥스퍼드 명예박사 의상을 착용하기로 합의했다. 존은 그 의상이 회색인 것으로 생각했지만, 실제로 그것은 붉은색이었고 그 당시에 퀘이커에게 적절한 색이 아니었다. 그 색맹의 조건은 프랑스에서 달터니즘(=적록색약)으로 알려지게 되었다.

1793년에 존은 맨체스터로 옮겨 장로교파가 세운 뉴 칼리지에서 개인교수가 되었다. 바로 여기서 존은 그의 시골 교사 배경을 뛰어 넘어 그의 최대의 업적을 이루었다. 그는 즉시 맨체스터 인문철학 학회에 가입했다. 1793년에 그는 그의 첫 번째 책, 『기상 관측과 소론들』을 출간했다. 그 안에서 그는 각 기체가 독립적으로 그리고 화학적이 아니라 순전히 물리적으로 존재한다고 말했다. 이것은 기체들이 화학적 인력이 아니라 오히려 기계적인 척력에 따라 행동함을 뜻한다. 한 화학 개인교사로서, 존은 라봐지에르의 "화학 원론"을 가르쳤다. 6년 뒤에 존은 사직하고 한 강의에 2실링짜리 개인 교수로 연명하면서 개인 연구에 몰두했다.

1802년에, 웅장하게 표제를 단 『혼합 기체의 구성에 관한; 토리첼리 진공에서 상이한 온도에 놓인 물과 기타 액체들로부터의 김 또는 증기의 힘에 관한; 증발에 관한; 그리고 열에 의한 기체들의 팽창에 관한 실험적 소론들』에서, 존은 그의 분압 법칙을 천명했다. 그가 설명한 바는 두 탄성 유체 A와 B가 함께 혼합될 때 그 두 가지 입자들 사이에 상호 척력이 없다. 곧 A입자는 B입자를 밀지 않는다. 하지만, 한 B입자는 다른 B입자를 민다는 것이다. 따라서 압력, 곧 그 기체의 전체 무게는 단지 그 입자들로부터만 일어난다. 그의 실험들 중 하나는 수증기를 건조 공기에 추가하는 것이었다. 압력의 증가는 추가된 수증기의 압력과 같았다. 그는 또한 증기압과 온도 사이의 한 관계를 수립했다.

기체들에 관한 존의 관심은 그의 기상 연구에서 발생했다. 그는 어디를 가든지, 심지어 좀처럼 가지 않는 휴가 중에도, 그의 날씨 장치 한 벌을 늘 가지고 다녔다. 그는 날씨와 대기를 지속적으로 공부하고 있었다. 그의 평생 동안 존은 20만 번이 넘는 관측을 했고 그의 항시적 동반자인 한 일지에 그것들을 기록했다. 그의 수학적 마음이 그 자료들 사이의 수치적 연관을 알아내게 된 것은 바로 이 관측들을 통해서였다.

1803년에, 그의 분압 법칙을 설명하려던 중에, 존은 그의 가장 중요한 과학에의 기여, 곧 원자론을 꾸미기 시작했다. 그는 공기 중 질소의 백분율에 대한 프리슬리 박사의 시험을 위해 산화질소를 연구하고 있었다. 그가 연구한 반응들 가운데 산소와 아산화질소의 반응이 있었다. 그는 그 반응이 두 가지의 서로 다른 비율로 정확한 비례로 일어날 수 있음을 발견했다. 곧

$$2NO + O \rightarrow N_2O_3$$

$$NO + O \rightarrow NO_2$$

존은 산소가 질소와 무게로 따져 때로 1 대 1.7로 다른 때는 1 대 3.4로 화합함을 진술했다. 1803년 8월 4일에, 그는 다중 비례의 법칙, 곧 원소들의 무게는 늘 작은 정수 비례로 화합함을 진술했다. 존은 그 해에 원자량과 원소 기호에 관한 그의 첫 번째 목록을 발표했는데, 이것은 화학에 그 자체의 언어를 제공한 것이다.

그 다음 해들은 내 아우에게 매우 바빴다. 그는 강의했고, 개인교수를 했고, 물론 실험을 했다. 그는 "인문철학"에서 그 실험 결과들을 구두로 보고했고, 1808년에 그들을 한 책으로 출간했다. 이것은 "화학적 철학의 신체계, 제1부"로 알려진 그의 가장 유명한 작품이다. 그 책의 71쪽에서 그는 말한다. "아마 어느 두 탄성 유체들도 동일한 수의 입자들, 곧 동일한 무게를 갖지 않는다." 존은 그의 관측과 수학적 추리에 의거해서 한 혁명적 이론을 포함한 한 혁명적 책자를 생산했다. 그의 "최대 단순성의 법칙"(원자들의 모든 화합은 가능한 최대 단

순함으로 일어난다)으로부터 시작해서 칼로리 이론에 대한 그의 믿음에 이르기까지 그의 줄 이은 사고가 그를 이 이론으로 인도한 것이다. 존은 원자들의 생각을 채용했고 화학 반응들을 예증하기 위해 개별적 입자들을 끌어들인 것이다.

모든 이가 그 원자론을 수용한 것은 아니었고 존은 비평가들로부터 그것을 방어해야만 했다. 1810년에 그의 "신체계"의 제2부를 출간하면서, 그는 그 이론에 대한 더 경험적인 증거를 주었다. 내 작은 아우 존이 화학적 이론을 정량화한 그 이론을 생산할 수 있었다는 것이 내게는 경이롭기만 하다.

존은 1844년 7월 27일 그의 일지에 그날의 날씨 조건들을 적어 둔 다음 심장마비로 죽었다. 그는 그의 색맹의 원인을 밝힐 시체 해부를 당부했었다. 이것은 그의 마지막 실험이었고 달토니즘이라 불린 그 조건이 눈 자체가 아니라 다소 부족한 감각 능력에 기인함을 증명했다. 맨체스터는 존을 정장 안치하고 한 군주에게나 있을 법한 장례로써 그를 제왕의 대우로 묻었다. 그가 정장 안치된 동안에 40만 명이 넘는 사람들이 존을 보았고, 그 행렬의 길이는 1마일이 넘었다. 이것은 존이 살았던 그 단순한 퀘이커 원리들에 어긋난 것이었다. 더욱, 맨체스터 시는 한 조상과 한 큰 기념비를 세워 그에게 경의를 표했다.

참고문헌

J. Dalton, J. Gay-Lussac, and A. Avogadro, Foundation of the Molecular Theory: Comprising Papers and Extracts, The University of Chicago Press, Chicago, 1906, pp. 5-7.

D. A. Davenport, "John Dalton's First Paper and Last Experiment", ChemMatters, 1984, April, p.14.

J. T. Moore, A History of Chemistry, McGraw-Hill Book, Co., Inc., New York, London, 1939, pp.115-131.

E. C. Patterson, John Dalton and the Atomic Theory, Doubleday and Co, Inc., Garden City, New York, 1970.

A. J. Rocke, Chemical Atomism in the Nineteenth Century, Ohio State University Press, Columbus, Ohio, 1984, pp.21-43.

H. E. Roscoe, John Dalton and the Rise of Modern Chemistry, MacMillan and Co., New York and London, 1895.

T. Thomson, The History of Chemistry, Arno Press, New York, 1975, pp.277-308.

A. G. VanMelsen, From Atomos to Atom, Harper Torchbooks, The Science Library, New York, 1952, pp. 136-138.

부록 2

구면 극 좌표 계에서 표현된 이차원 응력과 변형

구면 극좌표 계의 두 수평 단위 벡터인 동향 단위 벡터 $\vec{e}_\lambda$ 와 북향 단위 벡터 $\vec{e}_\phi$ 을 이용하여 속도와 구배 연산자, 단위 텐서, 변형, 그리고 응력을

$$\vec{V} \equiv u\vec{e}_\lambda + v\vec{e}_\phi; \quad \vec{\nabla}_p \equiv \frac{\vec{e}_\lambda}{h_\lambda}\frac{\partial}{\partial\lambda} + \frac{\vec{e}_\phi}{h_\phi}\frac{\partial}{\partial\phi} \tag{1a}$$

$$\delta_H \equiv \vec{e}_\lambda\vec{e}_\lambda + \vec{e}_\phi\vec{e}_\phi \tag{1b}$$

$$S \equiv \vec{e}_i S_{ij}\vec{e}_j = \vec{e}_\lambda S^{\lambda\lambda}\vec{e}_\lambda + \vec{e}_\lambda S^{\lambda\phi}\vec{e}_\phi + \vec{e}_\phi S^{\phi\lambda}\vec{e}_\lambda + \vec{e}_\phi S^{\phi\phi}\vec{e}_\phi \tag{1c}$$

$$\tau_H \equiv \vec{e}_i \tau_{ij}\vec{e}_j = \vec{e}_\lambda \tau^{\lambda\lambda}\vec{e}_\lambda + \vec{e}_\lambda \tau^{\lambda\phi}\vec{e}_\phi + \vec{e}_\phi \tau^{\phi\lambda}\vec{e}_\lambda + \vec{e}_\phi \tau^{\phi\phi}\vec{e}_\phi \tag{1d}$$

와 같이 표현한다. 여기서 $h_\lambda = a\cos\phi$ 는 지표에 가까운 고도 z 에서 어림된 '자오 평면들'의 규모 인자이고, $h_\phi = a$ 는 마찬가지로 어림된 '위도 원추 면들'의 규모 인자이다. 이 '천층 어림'의 얼개 안에서, 수평 단위 벡터들의 동향 및 북향 변화는

$$\begin{aligned} \frac{\partial\vec{e}_\lambda}{\partial\lambda} &= \sin\phi\,\vec{e}_\phi\text{: 연직 성분 무시됨} \\ \frac{\partial\vec{e}_\phi}{\partial\lambda} &= -\sin\phi\,\vec{e}_\lambda \\ \frac{\partial\vec{e}_\lambda}{\partial\phi} &= 0 \\ \frac{\partial\vec{e}_\phi}{\partial\phi} &= 0\text{: 연직 성분 무시됨} \end{aligned} \tag{2}$$

와 같이 어림된다. 따라서 속도 경도 $\vec{\nabla}_p\vec{V}$와 그 전치 $(\vec{\nabla}_p\vec{V})^\dagger$는 각각

$$\begin{aligned}\vec{\nabla}_p\vec{V} &\equiv \left(\frac{\vec{e}_\lambda}{h_\lambda}\frac{\partial}{\partial\lambda}+\frac{\vec{e}_\phi}{h_\phi}\frac{\partial}{\partial\phi}\right)(u\vec{e}_\lambda+v\vec{e}_\phi)\\ &=\vec{e}_\lambda\frac{1}{h_\lambda}\left(\frac{\partial u}{\partial\lambda}-v\sin\phi\right)\vec{e}_\lambda+\vec{e}_\lambda\frac{1}{h_\lambda}\left(u\sin\phi+\frac{\partial v}{\partial\lambda}\right)\vec{e}_\phi\\ &\quad+\vec{e}_\phi\frac{\partial u}{h_\phi\partial\phi}\vec{e}_\lambda+\vec{e}_\phi\frac{\partial v}{h_\phi\partial\phi}\vec{e}_\phi\end{aligned} \tag{3a}$$

$$\begin{aligned}(\vec{\nabla}_p\vec{V})^\dagger &\equiv \vec{e}_\lambda\frac{1}{h_\lambda}\left(\frac{\partial u}{\partial\lambda}-v\sin\phi\right)\vec{e}_\lambda+\vec{e}_\phi\frac{1}{h_\lambda}\left(u\sin\phi+\frac{\partial v}{\partial\lambda}\right)\vec{e}_\lambda\\ &\quad+\vec{e}_\lambda\frac{\partial u}{h_\phi\partial\phi}\vec{e}_\phi+\vec{e}_\phi\frac{\partial v}{h_\phi\partial\phi}\vec{e}_\phi\end{aligned} \tag{3b}$$

와 같이, 그리고 변형은

$$\begin{aligned}S &\equiv \frac{1}{2}[\vec{\nabla}_p\vec{V}+(\vec{\nabla}_p\vec{V})^\dagger]\\ &=\vec{e}_\lambda\frac{1}{h_\lambda}\left(\frac{\partial u}{\partial\lambda}-v\sin\phi\right)\vec{e}_\lambda+\vec{e}_\lambda\frac{1}{2h_\lambda}\left(u\sin\phi+\frac{\partial v}{\partial\lambda}+\cos\phi\frac{\partial u}{\partial\phi}\right)\vec{e}_\phi\\ &\quad+\vec{e}_\phi\frac{1}{2h_\lambda}\left(\bar{u}\sin\phi+\frac{\partial v}{\partial\lambda}+\cos\phi\frac{\partial u}{\partial\phi}\right)\vec{e}_\lambda+\vec{e}_\phi\frac{1}{h_\phi}\frac{\partial v}{\partial\phi}\vec{e}_\phi\end{aligned} \tag{4}$$

과 같이 각각 전개될 것이다. 식 (1c)와 (4)의 비교는 변형의 구면 성분들을

$$\begin{aligned}S_{\lambda\lambda} &= \frac{\partial u}{h_\lambda\partial\lambda}-\frac{v}{h_\lambda}\sin\phi;\\ S_{\lambda\phi} &= S_{\phi\lambda}=\frac{1}{2}\left(\frac{u}{h_\lambda}\sin\phi+\frac{\partial v}{h_\lambda\partial\lambda}+\frac{\partial u}{h_\phi\partial\phi}\right);\\ S_{\phi\phi} &= \frac{\partial v}{h_\phi\partial\phi}\end{aligned} \tag{5}$$

와 같이 결정한다. 특히, 변형의 자국은 속도의 발산과 같다:

$$\begin{aligned}S_{ii} &\equiv S_{\lambda\lambda}+S_{\phi\phi}=\frac{\partial u}{h_\lambda\partial\lambda}-\frac{v}{h_\lambda}\sin\phi+\frac{\partial v}{h_\phi\partial\phi}\\ &=\frac{1}{h_\lambda}\left(\frac{\partial u}{\partial\lambda}+\frac{\partial}{\partial\phi}(v\cos\phi)\right)\equiv\vec{\nabla}_p\cdot\vec{V}\end{aligned} \tag{6}$$

이제 (4)와 (6), 그리고 (1b)를 이용하면, 응력은 그 정의에 따라

$$\tau_H \equiv 2\mu_H\left[S - S_{ii}\frac{\delta_H}{(\delta_H)_{kk}}\right] = 2\mu_H\left[\vec{e}_\lambda\left(\frac{\partial u}{h_\lambda \partial\lambda} - \frac{v}{h_\lambda}\sin\phi\right)\vec{e}_\lambda\right.$$
$$+\vec{e}_\lambda\frac{1}{2}\left(\frac{u}{h_\lambda}\sin\phi + \frac{\partial v}{h_\lambda\partial\lambda} + \frac{\partial u}{h_\phi\partial\phi}\right)\vec{e}_\phi$$
$$+\vec{e}_\phi\frac{1}{2}\left(\frac{u}{h_\lambda}\sin\phi + \frac{\partial v}{h_\lambda\partial\lambda} + \frac{\partial u}{h_\phi\partial\phi}\right)\vec{e}_\lambda + \vec{e}_\phi\frac{\partial v}{h_\phi\partial\phi}\vec{e}_\phi$$
$$\left.-\frac{1}{h_\lambda}\left(\frac{\partial u}{\partial\lambda} + \frac{\partial}{\partial\phi}(v\cos\phi)\right)\frac{1}{2}(\vec{e}_\lambda\vec{e}_\lambda + \vec{e}_\phi\vec{e}_\phi)\right] \tag{7}$$

과 같이 전개된다. 식 (1d)와 (7)의 비교는 응력의 구면 성분들을

$$\tau_{\lambda\lambda} = \mu_H\left(\frac{\partial u}{h_\lambda\partial\lambda} - \frac{v}{h_\lambda}\sin\phi - \frac{\partial v}{h_\phi\partial\phi}\right)$$
$$= \mu_H\left[\frac{\partial u}{h_\lambda\partial\lambda} - \frac{\cos\phi\,\partial}{h_\phi\partial\phi}\left(\frac{v}{\cos\phi}\right)\right] \equiv \mu_H D_T \tag{8a}$$

$$\tau_{\lambda\phi} = \mu_H\left(\frac{u}{h_\lambda}\sin\phi + \frac{\partial v}{h_\lambda\partial\lambda} + \frac{\partial u}{h_\phi\partial\phi}\right)$$
$$= \mu_H\left[\frac{\partial v}{h_\lambda\partial\lambda} + \frac{\cos\phi\,\partial}{h_\phi\partial\phi}\left(\frac{u}{\cos\phi}\right)\right] \equiv \mu_H D_S \tag{8b}$$

$$\tau_{\phi\lambda} = \mu_H\left(\frac{u}{h_\lambda}\sin\phi + \frac{\partial v}{h_\lambda\partial\lambda} + \frac{\partial u}{h_\phi\partial\phi}\right) = \mu_H D_S = \tau_{\lambda\phi} \tag{8c}$$

$$\tau_{\phi\phi} = -\mu_H\left(\frac{\partial u}{h_\lambda\partial\lambda} - \frac{v}{h_\lambda}\sin\phi - \frac{\partial v}{h_\phi\partial\phi}\right) = -\mu_H D_T = -\tau_{\lambda\lambda} \tag{8d}$$

와 같이 결정한다. 식 (8)에서 정의된 D_T는 **횡단 변형**(tranverse deformation), 그리고 D_S는 **전단 변형**(shear deformation)이라 불린다. 이제 $\mu_H \equiv [\pi]A_H$라 두면 응력의 네 구면 성분들은

$$\tau^{\lambda\lambda} = -\tau^{\phi\phi} = [\pi]A_H D_T;\quad \tau^{\lambda\phi} = +\tau^{\phi\lambda} = [\pi]A_H D_S \tag{9}$$

과 같이 이 변형들로 표현된다. 여기서 $[\pi]$는 덩이가 속한 공기 기둥의 기압 두께이고, A_H는 운동량의 **수평 확산도**(diffusivity)라 불린다.

운동량의 수평 확산도는 흔히 상수로 가정된다. 이 경우는 응력과 변형이 선형 관계에 있을 때 성립할 것이다. 그러나 실제로 응력은 변형의 변화에 대하여 빠르게 반응한다. 이를 반영하는 한 방안은 확산도가 다음과 같이 변형의 크기 D에 비례할 것으로 보는 것이다.

$$A_H \equiv {l_H}^2 D: \ \ l_H \equiv k_0 \varDelta_H; \ \ D \equiv \sqrt{{D_T}^2 + {D_S}^2} \tag{10}$$

여기서 $\varDelta_H$는 흐름의 특성 수평 규모이고, $k_0 \simeq 0.4$는 von Karman 상수이다.

우리는 이제까지 나온 모든 공간 도함수들이 등압 면 위에서 정의된 것임에 유의한다. 실제로 우리는 시그마 좌표 계를 사용하기 때문에 '등시그마' 변형들을

$$D_T^\sigma \equiv \frac{\partial_\sigma u}{h_\lambda \partial \lambda} - \frac{\cos\phi \partial_\sigma}{h_\phi \partial \phi}\left(\frac{v}{\cos\phi}\right) \tag{11a}$$

$$D_S^\sigma \equiv \frac{\partial_\sigma v}{h_\lambda \partial \lambda} + \frac{\cos\phi \partial_\sigma}{h_\phi \partial \phi}\left(\frac{u}{\cos\phi}\right) \tag{11b}$$

와 같이 먼저 계산하고, 이들을 변환 공식

$$D_T = D_T^\sigma - \sigma\left(\frac{\partial[\pi]}{h_\lambda \partial \lambda}\frac{\partial u}{[\pi]\partial \sigma} - \frac{\partial[\pi]}{h_\phi \partial \phi}\frac{\partial v}{[\pi]\partial \sigma}\right) \tag{12a}$$

$$D_S = D_S^\sigma - \sigma\left(\frac{\partial[\pi]}{h_\lambda \partial \lambda}\frac{\partial v}{[\pi]\partial \sigma} + \frac{\partial[\pi]}{h_\phi \partial \phi}\frac{\partial u}{[\pi]\partial \sigma}\right) \tag{12b}$$

에 대입하여 '등압' 변형들을 얻는다.

시그마 좌표 계에서 정수 대기에 대한 운동 방정식은

$$\frac{d\vec{V}}{dt} - \vec{F}_C + \vec{\nabla}_\sigma \varPhi + \sigma\alpha\vec{\nabla}[\pi] = \frac{1}{[\pi]}\left(\vec{\nabla}_\sigma \cdot \tau_H + \frac{\partial \vec{\tau}_V}{\partial \sigma}\right) \tag{13}$$

과 같다. 여기서 $\vec{F}_C$는 코리올리 힘이고, τ_H는 (7), (8) 또는 (9)로 주어지고, 요란의 연직 수송은

$$\vec{\tau}_V \equiv -[\pi][\dot{\sigma}'\vec{V}'] = K_V(\overline{\rho}g)^2 \frac{\partial \vec{V}}{[\pi]\partial \sigma} - \sigma\vec{\nabla}\log[\pi] \cdot \tau_H \tag{14}$$

과 같이 주어진다. 이제 (13)을 구면 성분 별로 쓰기 위해, (1d)와 (2), 그리고 응력의 대칭성과 자국 없음을 이용하고 정리하면

$$
\begin{aligned}
\vec{\nabla}_{\sigma}\cdot\tau_H &= \left(\frac{\vec{e}_{\lambda}}{h_{\lambda}}\frac{\partial_{\sigma}}{\partial\lambda}+\frac{\vec{e}_{\phi}}{h_{\phi}}\frac{\partial_{\sigma}}{\partial\phi}\right)\\
&\quad\cdot\left(\vec{e}_{\lambda}\tau^{\lambda\lambda}\vec{e}_{\lambda}+\vec{e}_{\lambda}\tau^{\lambda\phi}\vec{e}_{\phi}+\vec{e}_{\phi}\tau^{\phi\lambda}\vec{e}_{\lambda}+\vec{e}_{\phi}\tau^{\phi\phi}\vec{e}_{\phi}\right)\\
&=\left[\frac{\partial_{\sigma}\tau^{\lambda\lambda}}{h_{\lambda}\partial\lambda}-\frac{\tau^{\lambda\phi}+\tau^{\phi\lambda}}{h_{\lambda}}\sin\phi+\frac{\partial_{\sigma}\tau^{\phi\lambda}}{h_{\phi}\partial\phi}\right]\vec{e}_{\lambda}\\
&\quad+\left[\frac{\partial_{\sigma}\tau^{\phi\phi}}{h_{\phi}\partial\phi}+\frac{\tau^{\lambda\lambda}-\tau^{\phi\phi}}{h_{\lambda}}\sin\phi+\frac{\partial_{\sigma}\tau^{\lambda\phi}}{h_{\lambda}\partial\lambda}\right]\vec{e}_{\phi}\\
&=\frac{1}{h_{\lambda}}\left[\left(\frac{\partial_{\sigma}\tau^{\lambda\lambda}}{\partial\lambda}+\frac{\partial_{\sigma}\tau^{\phi\lambda}\cos^2\phi}{\cos\phi\partial\phi}\right)\vec{e}_{\lambda}\right.\\
&\quad\left.+\left(\frac{\partial_{\sigma}\tau^{\lambda\phi}}{\partial\lambda}+\frac{\partial_{\sigma}\tau^{\phi\phi}\cos^2\phi}{\cos\phi\partial\phi}\right)\vec{e}_{\phi}\right]\\
&=\frac{1}{h_{\lambda}^2}\left[\left(\frac{\partial_{\sigma}h_{\lambda}\tau^{\lambda\lambda}}{\partial\lambda}+\frac{\partial_{\sigma}h_{\lambda}\tau^{\phi\lambda}\cos\phi}{\partial\phi}\right)\vec{e}_{\lambda}\right.\\
&\quad\left.+\left(\frac{\partial_{\sigma}h_{\lambda}\tau^{\lambda\phi}}{\partial\lambda}+\frac{\partial_{\sigma}h_{\lambda}\tau^{\phi\phi}\cos\phi}{\partial\phi}\right)\vec{e}_{\phi}\right] \qquad (15)
\end{aligned}
$$

을 얻고, 다른 한편 (1d)와 (14b)를 이용하고 정리하면

$$
\begin{aligned}
\frac{\partial\vec{\tau}_V}{\partial\sigma} &= \frac{\partial}{\partial\sigma}\left[K_V(\overline{\rho}g)^2\frac{\partial u}{[\pi]\partial\sigma}-\frac{\sigma}{[\pi]}\left(\frac{\partial[\pi]}{h_{\lambda}\partial\lambda}\tau^{\lambda\lambda}+\frac{\partial[\pi]}{h_{\phi}\partial\phi}\tau^{\phi\lambda}\right)\right]\vec{e}_{\lambda}\\
&\quad+\frac{\partial}{\partial\sigma}\left[K_V(\overline{\rho}g)^2\frac{\partial v}{[\pi]\partial\sigma}-\frac{\sigma}{[\pi]}\left(\frac{\partial[\pi]}{h_{\lambda}\partial\lambda}\tau^{\lambda\phi}+\frac{\partial[\pi]}{h_{\phi}\partial\phi}\tau^{\phi\phi}\right)\right]\vec{e}_{\phi} \qquad (16)
\end{aligned}
$$

을 얻는다. 식 (15)의 셋째 등호는 에너지의 보존, 그리고 넷째 등호는 각운동량의 보존을 보이는 데 각각 유용한 형식을 준다.

이제 (15)의 셋째 형식과 (16)을 이용하여 (13)을 성분별로 풀어 쓰면, 운동 방정식의 동향 성분과 북향 성분은 각각

$$
\begin{aligned}
&\frac{du}{dt}-\frac{uv}{a}\tan\phi-F_{\lambda}+\frac{1}{h_{\lambda}}\left(\frac{\partial_{\sigma}\Phi}{\partial\lambda}+\sigma\alpha\frac{\partial[\pi]}{\partial\lambda}\right)\\
&=\frac{1}{[\pi]h_{\lambda}}\left(\frac{\partial_{\sigma}\tau^{\lambda\lambda}}{\partial\lambda}+\frac{\partial_{\sigma}\tau^{\phi\lambda}\cos^2\phi}{\cos\phi\partial\phi}\right)\\
&\quad+\frac{\partial}{[\pi]\partial\sigma}\left[K_V(\rho g)^2\frac{\partial u}{[\pi]\partial\sigma}-\frac{\sigma}{[\pi]}\left(\frac{\partial[\pi]}{h_{\lambda}\partial\lambda}\tau^{\lambda\lambda}+\frac{\partial[\pi]}{h_{\phi}\partial\phi}\tau^{\phi\lambda}\right)\right] \qquad (17a)
\end{aligned}
$$

$$\frac{dv}{dt}+\frac{v^2}{a}\tan\phi-F_\phi+\frac{1}{h_\phi}\left(\frac{\partial_\sigma\Phi}{\partial\phi}+\sigma\alpha\frac{\partial[\pi]}{\partial\phi}\right)$$
$$=\frac{1}{[\pi]h_\lambda}\left(\frac{\partial_\sigma\tau^{\lambda\phi}}{\partial\lambda}+\frac{\partial_\sigma\tau^{\phi\phi}\cos^2\phi}{\cos\phi\partial\phi}\right)$$
$$+\frac{\partial}{[\pi]\partial\sigma}\left[K_V(\rho g)^2\frac{\partial v}{[\pi]\partial\sigma}-\frac{\sigma}{[\pi]}\left(\frac{\partial[\pi]}{h_\lambda\partial\lambda}\tau^{\lambda\phi}+\frac{\partial[\pi]}{h_\phi\partial\phi}\tau^{\phi\phi}\right)\right] \quad (17b)$$

와 같이 나타난다. 식 (17a)에 $u[\pi]h_\lambda h_\phi$를, 그리고 (17b)에 $v[\pi]h_\lambda h_\phi$를 각각 곱하고, 그 결과를 더하여 정리하면,

$$[\pi]h_\lambda h_\phi\frac{d}{dt}\frac{1}{2}(u^2+v^2)$$
$$=[\pi]h_\lambda h_\phi\left[u\left(\frac{\partial_\sigma\Phi}{h_\lambda\partial\lambda}+\sigma\alpha\frac{\partial[\pi]}{h_\lambda\partial\lambda}\right)+v\left(\frac{\partial_\sigma\Phi}{h_\phi\partial\phi}+\sigma\alpha\frac{\partial[\pi]}{h_\phi\partial\phi}\right)\right]$$
$$-[\pi]h_\lambda h_\phi(\varepsilon_H+\varepsilon_V)+\frac{\partial_\sigma}{\partial\lambda}(uh_\phi\tau^{\lambda\lambda}+vh_\phi\tau^{\lambda\phi})+\frac{\partial_\sigma}{\partial\phi}(uh_\lambda\tau^{\phi\lambda}+vh_\lambda\tau^{\phi\phi})$$
$$+\frac{\partial}{\partial\sigma}h_\lambda h_\phi\left\{u\left[A_V(\rho g)^2\frac{\partial u}{[\pi]\partial\sigma}-\frac{\sigma}{[\pi]}\left(\frac{\partial[\pi]}{h_\lambda\partial\lambda}\tau^{\lambda\lambda}+\frac{\partial[\pi]}{h_\phi\partial\phi}\tau^{\phi\lambda}\right)\right]\right.$$
$$\left.+v\left[A_V(\rho g)^2\frac{\partial v}{[\pi]\partial\sigma}-\frac{\sigma}{[\pi]}\left(\frac{\partial[\pi]}{h_\lambda\partial\lambda}\tau^{\lambda\phi}+\frac{\partial[\pi]}{h_\phi\partial\phi}\tau^{\phi\phi}\right)\right]\right\} \quad (18)$$

을 얻는다. 여기서

$$\varepsilon_H\equiv A_H({D_T}^2+{D_S}^2)=A_HD^2\geq 0 \quad (19a)$$
$$\varepsilon_V\equiv A_V(\rho g)^2\left[\left(\frac{\partial u}{[\pi]\partial\sigma}\right)^2+\left(\frac{\partial v}{[\pi]\partial\sigma}\right)^2\right]\geq 0 \quad (19b)$$

은 요란에 기인하는 에너지 소실을 나타낸다. 식 (19)의 부등호는 요란 수송이 운동량의 공간적 분배 이외에 운동 에너지의 국지 소실을 초래하는 과정임을 보인다.

그러나 요란 수송은 각 운동량을 보존하는 과정이다. 식 (15)의 넷째 형식과 (16)을 이용해서 (17a)를 다시 쓰면

$$\frac{du}{dt}-\frac{uv}{a}\tan\phi-F_\lambda+\frac{1}{h_\lambda}\left(\frac{\partial_\sigma\Phi}{\partial\lambda}+\sigma\alpha\frac{\partial[\pi]}{\partial\lambda}\right)$$
$$=\frac{1}{[\pi]h_\lambda^2}\left(\frac{\partial_\sigma h_\lambda\tau^{\lambda\lambda}}{\partial\lambda}+\frac{\partial_\sigma h_\lambda\tau^{\phi\lambda}\cos\phi}{\partial\phi}\right)$$
$$+\frac{\partial}{[\pi]\partial\sigma}\left[A_V(\rho g)^2\frac{\partial u}{[\pi]\partial\sigma}-\frac{\sigma}{[\pi]}\left(\frac{\partial[\pi]}{h_\lambda\partial\lambda}\tau^{\lambda\lambda}+\frac{\partial[\pi]}{h_\phi\partial\phi}\tau^{\phi\lambda}\right)\right] \quad (20a)$$

을 얻고, 이에 $[\pi]h_\lambda^2 h_\phi$를 곱하고 정리하면,

$$[\pi]h_\lambda h_\phi\left[\frac{d(u+\Omega h_\lambda)h_\lambda}{dt}+\left(\frac{\partial_\sigma\Phi}{\partial\lambda}+\sigma\alpha\frac{\partial[\pi]}{\partial\lambda}\right)\right]$$
$$=\frac{\partial_\sigma}{\partial\lambda}h_\lambda h_\phi\tau^{\lambda\lambda}+\frac{\partial_\sigma}{\partial\phi}h_\lambda^2\tau^{\phi\lambda}$$
$$+\frac{\partial}{\partial\sigma}\left[A_V(\rho g)^2\frac{\partial u}{[\pi]\partial\sigma}-\frac{\sigma}{[\pi]}\left(\frac{\partial[\pi]}{h_\lambda\partial\lambda}\tau^{\lambda\lambda}+\frac{\partial[\pi]}{h_\phi\partial\phi}\tau^{\phi\lambda}\right)\right]h_\lambda h_\phi \tag{20b}$$

을 얻는다. 식 (20b)의 오른쪽에 보인 속 수렴 형식은 요란 수송이 각 운동량을 공간적으로 재배치할 수 있을 뿐임을 나타낸다. 식 (20b)의 왼쪽에서 압력 경도력의 능률도 속 수렴 형식을 갖는다:

$$-[\pi]h_\lambda h_\phi\left(\frac{\partial_\sigma\Phi}{\partial\lambda}+\sigma\alpha\frac{\partial[\pi]}{\partial\lambda}\right)$$
$$=-\frac{\partial_\sigma}{\partial\lambda}(\Phi[\pi]h_\lambda h_\phi)+\frac{\partial}{\partial\sigma}\left(\sigma\Phi\frac{\partial[\pi]h_\lambda h_\phi}{\partial\lambda}\right) \tag{21}$$

식 (21)을 (20b)에 대입하고 정리하면, 각운동량 방정식의 보존 형식

$$[\pi]h_\lambda h_\phi\frac{d(u+\Omega h_\lambda)h_\lambda}{dt}$$
$$=\frac{\partial_\sigma}{\partial\lambda}(-\Phi[\pi]h_\lambda h_\phi+h_\lambda h_\phi\tau^{\lambda\lambda})+\frac{\partial_\sigma}{\partial\phi}(h_\lambda^2\tau^{\phi\lambda})+\frac{\partial}{\partial\sigma}\left[\sigma\Phi\frac{\partial[\pi]}{\partial\lambda}\right.$$
$$\left.+A_V(\rho g)^2\frac{\partial u}{[\pi]\partial\sigma}-\frac{\sigma}{[\pi]}\left(\frac{\partial[\pi]}{h_\lambda\partial\lambda}\tau^{\lambda\lambda}+\frac{\partial[\pi]}{h_\phi\partial\phi}\tau^{\phi\lambda}\right)\right]h_\lambda h_\phi \tag{22}$$

을 얻는다. 식 (20b)와 (22)의 왼쪽에 나타난

$$(u+\Omega h_\lambda)h_\lambda=(u+\Omega a\cos\phi)\,a\cos\phi$$

는 각운동량의 천층 어림이다.

부록 3

대기 역학

1. 서론

1.1 대기 역학의 정의

대기 안에서, 공기의 운동은 난류라 불리는 불확실한 모습으로, 또는 용오름, 태풍, 저기압(구풍이라고도 함), 극야 와동 등의 대류와 음파, 중력파, 켈빈 파, 로스비 파, 경압 파, 행성 파, 조석 파 등의 파동과 같이 보다 더 확실한 모습으로 다양한 규모에서 관측된다. 대기 역학(Atmospheric Dynamics)은 그러한 운동들과 이것들로 표현되는 시스템들을 탐구하는 분야이다(Lindzen, 1990).

'대기 역학'이란 용어는 20세기 후반 초기에 몇 대학에서 교과 과정의 한 과목 이름으로 쓰이다가 점차적으로 대기 과학의 대 분류로 정착되었다. 대기 과학이 대기 관련 학술 분야들을 망라함을 명시적으로 나타내기 위해서 쓰이는 용어로서 기상학의 동의어인 것과 같이(김정우, 1983), 대기 역학은 역학 관련 학술 분야들을 망라함을 명시적으로 나타내기 위해서 쓰이는 용어로서 기상 역학의 동의어라 볼 수 있다. 그러나 대기 과학과 기상학 사이에 아직도 뉘앙스가 있는 만큼, 이러한 견해는 대기 역학과 기상 역학 사이에 뉘앙스가 있음을 인정한다.

대기 역학은 모든 대기 운동 계들의 보편적 지배 원리들과 이들의 수학적 표현에서부터 표본 운동 계들의 구체적 탐구 내용들까지 언급한다. 여기서 보편적 지배 원리란 질량, 운동량 및 에너지의 보존, 엔트로피의 증가, 그리고 상태 방

* 한국학술단체엽합회, 2002: 한국학술연구의 동향과 전망. Vol. IV-2. 대기 과학 부문에서 발췌됨.

정식을 말하고, 표본 운동 계들은 음파, 중력파, 적운 대류, 해풍, 중위도 저기압(구풍), 열대 저기압(구풍), 해들리 세포 등을 주로 말한다. 특히 대기 운동 계의 안정도, 행성 경계 층의 발달, 그리고 물과 에너지의 대기 순환은 대기 역학의 주요 탐구 대상이다.

그러나, 대기 운동 계들의 잘 알려진 역학적 내용들은 대체로 상이한 입장과 독립적 여건에서 개발되어 온 것이다. 비록 선택적으로 고려된다 해도, 그러한 내용들이 한두 책으로 정리되기는 어려울 것이다. 미기상학, 난류론, 대기 확산, 구름 역학, 태풍 역학, 중규모 기상학, 종관 기상학, 수치 예보, 중간 대기, 대기 조석, 대기 파동, 대기 대순환, 기후 역학 등 다양한 명칭들이 이를 반증한다. 여하튼 대기 역학은, 운동이 관여된 모든 시스템들의 서술과 설명에 공통된 기본 원리를 제공한다는 관점에서, 앞에 든 예들을 포함해서 대기 과학의 많은 분야들의 기반이 된다. 그러므로 이들은 어떤 형식으로든지 대기 역학을 다소간에 접한 다음에 들어가면 좋을 것이다. 이 장에서는 대기 역학의 세부 분야 중 대기 열역학, 난류론, 대기 대순환, 기후 역학에 대하여 기술할 것이다.

1.2 역사적 고찰 1/대기 역학의 요람

그의 나이 42세에, Descartes[1](1637)은 "사람의 이성을 바르게 이끌고 과학에서 진리를 추구하는 방법에 대한 논설"이란 표제의 머리글과 세 개의 수필(기하학, 광학, 그리고 기상학)을 한 책으로 출간했다. 이 머리글은 "나는 생각한다. 고로 내가 있다"라는 명제를 처음으로 이끌어 낸 글이다. 이 글의 표제, 특히 논설이란 단어에 이의를 제기한 한 신부에게 보낸 서신에서 데카르트는 "논문(Treatise)이라 하지 않고 논설(Discourse)이라 한 까닭은 새로 발견된 이 방법을 가르치려는 입장보다 이제 막 주장하는 입장에서 충고조로 설명하고자 했기 때문입니다. 이 방법의 적용을 통해서 각 수필의 주요 내용들이 연역될 수 있었으니, 이 수필들을 읽으셔야 이 방법의 가치를 인정하게 될 것입니다."라고 말했

1. Rene Descartes(1596~1650, 프랑스의 철학자, 수학자)는 어떻게 바람이 일어나는지, 그리고 또한 어떻게 지구의 모든 부분들이 중심을 향하는 경향을 갖는지를 연역했다. Galileo Galilei(1564~1642, 이탈리아의 천문학자)와 거의 같은 시대에, 그리고 Sir Isaac Newton(1642~1727, 영국의 물리학자, 수학자; 만유 인력과 미적분의 발견자)보다 한 세대 앞에 살았다.

다. 그러나, 데카르트의 의향에 어긋나게, 후세 사람들은 이 세 수필들이 제외된 머리글만을 "방법에 대한 논설"이라는 이름의 소책자로 읽어 왔던 것이다. 아마도 "나는 생각한다. 고로 내가 있다"라는 명제와 이를 토대로 연역된 '신의 존재의 증명'이 너무나 매혹적이고 충분히 설명적이었기 때문에 수학자나 과학자가 아니라면 그 다음을 읽을 필요와 충동을 느낄 수 없었을 것이다.

그러나 우리는 잠시 그 책의 한 모퉁이에서 데카르트를 만나야 한다. "기상학"이란 표제의 셋째 수필은 (1) 지상 물체들의 성격; (2) 증기와 증발; (3) 소금; (4) 바람; (5) 구름; (6) 눈, 비, 그리고 우박; (7) 스톰, 번개, 그리고 공기 중에 타오르는 모든 다른 불들; (8) 무지개; (9) 구름들의 색채, 그리고 천체들 주위에서 흔히 보는 원 또는 코로나; (10) 여러 개 태양들의 환영 등 모두 10개의 표제를 단 논설들의 한 묶음이다. 대기 중 수증기와 물의 여러 가지 모습과 역할에 대한 그것의 일관된 관심이 이 묶음을 관통하고 있다. 이 관심의 관통으로 말미암아 이 묶음은 하나의 수필인 것이다. 특히 대기 역학의 열쇠 말이라 할 수 있는 '바람'에 관한 논설에서 그는 다음과 같이 밝힌다:

> "볼 수 없고 뚫을 수 있는 물체를 공기라 하고, 그 공기의 느낄 수 있는 뒤흔들림을 바람이라 한다. 그래서, 우리가 숨쉬는 이 광대한 공기의 대부분이 수증기와는 상당히 다른 모습의 입자들로 구성되어 있고 수증기보다 훨씬 더 세밀하지만, 물이 희석되어 세밀한 증기로 변했을 때 우리는 물이 공기로 전환되었다고 말한다. 또한 그래서, 보통 팽창하기에 더 쉬운 곳을 찾아 현재 위치에서 다른 위치로 옮기는 증기의 이동이 바다와 땅의 둥근 표면에 군림하는 광대한 바람이지만, 굉음에서 억지로 떠밀리거나 부채로 밀리는 공기를 우리는 바람이라 이른다.(이하 생략)"

데카르트에게, 바람은 팽창하기에 더 쉬운 곳, 달리 말하면 저기압을 찾는 증기의 이동으로서 지구를 둘러싸는 큰 규모의 뒤흔들림과 부채를 가지고 강제로 만든 소규모의 뒤흔들림이었다. 그의 책 말미에서 갈릴레오의 재판 결과를 (애석하게 여김을) 내비친 데카르트가 이미 둥근 지구 위에 불어대는 광대한 바람을 언급하고 있었다는 사실은 놀라운 일이 아닐 수도 있다. 사실, 바람을 공기의 이동으로 본 첫째 서양 사람은 Thales[2]를 따르던 Anaximander[3]이었고, 그 시대

2. Thales(624~547BC). 고대 그리스 최초의 철학자, 과학자, 수학자. 물은 하늘과 땅에서부터 생명체에

에 움직이던 공기의 주요 원소가 탈레스에 따라 물이었다는 점에서 아낙시만더에게 바람은 벌써 물의 이동이었다. 데카르트는 Aristotle[4]을 넘어 아낙시만더에서 대기 역학의 요람을 찾았던 것이다.

1.3 역사적 고찰 2/대기 역학의 형성

Emanuel(2002)은 기상 역학이 Hadley(1750)와 Euler(1755)에서 시작되었다고 말한다. 해들리는 무역풍이 지구 자전의 한 효과임을 최초로 경험한 사람이고, 오일러는 모든 삼차원 유체 운동들이 운동 방정식의 풀이로써 설명될 것임을 최초로 주장한 사람이다. 사실, 18세기 중엽의 서구는 Bacon[5]의 입장과 새로운 지식은 기존 지식으로부터 연역적 추론으로 나올 것이라는 데카르트의 입장이 혼재하던 곳이었고, 누구의 입장에서든지 지식과 경험은 동일한 것이었다. 대기 역학은 이런 사회에서 태동했던 것이다.

새로운 경험은 해들리의 무역풍에서 Espy(1841)와 Loomis(1843)의 열대 밖 저기압(구풍)(extra-tropical cyclone) [6]으로 이어졌다. 열역학이 과학으로 정착되는 시기가 1840년대이고, 그 제1법칙이 기상학에 처음 도입된 시기가 이보다 20년이나 뒤진 1860년대임을 감안할 때, 에스피와 루미스가 열역학의 기반 위에서 저기압(구풍)의 열 이론을 주장한 것은 참으로 놀라운 일이다. 그들에게 중위도 저기압(구풍)은 그 중심에 위치한 저압 역을 향해 유입하는 공기의 상승을 통해서 강우를 생산하는 하나의 열역학 시스템이었다. 이 견해는 비록 그것이 저기압(구풍)의 한 면모에만 언급한 것이긴 하지만, 바른 것이었음에 틀림없다.

열 이론에 따르면, 저기압(구풍) 중심의 저압 역은 이 중심을 향한 공기의 지속적 유입에도 불구하고 응결 및 강수 과정에 따른 수증기의 제거로써 유지된

이르기까지 모든 창조의 기초에 있는 중심적 원소라고 주장했다.

3. Anaximander(611~545BC). Thales의 제자로 천문학의 창시자이며, 우주론을 최초로 개발한 사람이다.
4. Aristotle(384~322BC). 고대 그리스의 철학자. 기원전 340년경에 쓴 그의 저서 *Meteorologica*에서 바람이 공기의 이동이라는 것과 우박이 빙점보다 낮은 온도에 있는 높은 구름 속에서 만들어진 것이라는 것을 모두 부인했다. 아리스토텔레스의 이런 견해가 그 후 2000년 동안 서양 세계를 지배했다.
5. Francis Bacon(1561~1626). 영국의 철학자, 수필가. 새로운 지식은 새로운 경험으로서 기존 경험들로부터 귀납적 추론으로 나올 것임을 주장했다.
6. 중위도 저기압 또는 구풍이라 불린다. 저기압은 중위도 구풍의 주요 지표 특징이지만, 역학적 실체로서의 구풍은 매우 복잡한 시공 구조를 가진 4차원 운동 계이다.

다. 이 이론은 수증기를 싣고 온 공기의 하층 유입을 보상하는 상층 유출이 있음을 전제적으로 가정한다. 물론 상층에서 유출하는 공기는 응결과 강수로 이미 상당량의 수증기를 잃은 만큼 하층 공기보다 더 건조할 것이다. 만일 어떤 기간에 공기의 유입 질량과 유출 질량이 같다면, 저기압(구풍) 중심의 저압 역은 그 기간에 일어난 강수 때문에 깊어질 것이다(이 경우에, 1mb의 기압 하강은 10mm의 강수를 요구할 것이다). 이때 대류의 운동 에너지는 항상 존재할 마찰 등의 소실 과정에 대항하여 수증기가 응결할 때 방출하는 잠열 에너지에서 온다고 생각되었다.

저기압(구풍)의 열 이론은 점차적으로 정교한 수정을 거쳐 거의 확고 부동한 것으로 발전해 나갔다. 그러나 이에 저항하는 관측 자료와 다른 가설들이 일찍이 없었던 것은 아니다. 이미 1874년에 당시 오스트리아 기상청장이었던 Hann은 열대 호우가 지표 기압에 아무런 효과도 내지 않는 것으로 말했다고 전해진다(거의 한 세기 뒤에 Charney와 Eliassen(1964)은 이에 주목했다). Loomis (1877)는 1843년의 입장을 바꿔 강우가 저기압의 형성이나 전진의 주요 원인이 아니며 저기압을 형성하는 데 필요치 않다고 진술했다. 좀 더 세월이 흘러, Margules(1905)는 기온의 수평 경도가 저기압(구풍)을 가동할 에너지의 잠재적 원천이라는 사실을 밝혔고, Bergen 학파를 이끌던 Vilhelm Bjerknes[7]는 이미 1916년에 열대 밖 저기압(구풍)이 중위도에서 발견되는 경압 기류의 역학적 불안정에 연유하리라는 생각을 드러냈던 것으로 전해진다. 사실, Bjerknes(1919)가 '이동성 저기압(구풍)의 구조'에 관련된 '전선'의 존재를 발견하기에 이르러, 수증기의 응결과 강수, 그리고 잠열 에너지는 저기압(구풍) 발생에 없어도 될 만한 것으로 인식되었다. 그런 분위기 안에서 Charney(1947)와 Eady(1949)는 메마른 저기압(구풍)의 경압 불안정 이론을 정립했다.

7. Vilhelm Frimann Koren Bjerknes(1862~1951, 물리학자, 기상학자)는 한동안 응용 수학자였던 부친의 실험 조수 생활을 했던 만큼 실험에 재간을 보였다. 1888년에 수학과 물리학으로 석사학위를 받은 후 1889년에 파리에 유학하여 전기 역학에 관한 Poincare의 강의를 들었고, 1890년부터 2년 동안 본에서 Hertz의 조수로 일했다. 오슬로로 돌아와 본에서 수행했던 전자기 파동에 관한 연구로 1892년에 박사학위를 받았다. 그는 아버지의 영향을 받아 유체 역학과 전자기학 사이의 유사성에 흥미를 가졌고, 이를 통해 기상학에 공헌하게 된다. 특히 밀도가 기압으로 결정되는 순압 유체에만 적용되는 켈빈 순환 정리의 약점을 인식하고, 그는 밀도-기압 '솔레노이드'로써 대기 순환이 형성된다 생각하고 솔레로이드의 역할이 포함된 비야크네스 순환 정리를 발표한다.

그러나, 이 저기압(구풍) 모형은 현실 저기압(구풍)의 발달을 설명함에 턱없이 부족한 것이었다. 물론 현실 세계의 설명에 Charney-Eady 모형을 무리하게 적용한 결과였다. 사실, 구름과 강수를 동반하지 않는 저기압(구풍)이란 없다. Emanuel(2002)은 그의 지도 교수였던 촤르니가 한 글에서 응결과 강수가 저기압(구풍)의 설명에서 안 중요하다는 것이 아니라 경압 발전의 초기 단계에서 무시될 수 있을 뿐이라 말했다고 진술하고 있다. 저기압(구풍)의 설명은 기상 역학의 형성에서 이처럼 민감한 사안이었다.

1.4 수치 예보와 중규모 교란의 기상 역학

궂은 날씨가 저기압과 관련되는 것은 평범한 시민의 지식이다. 날씨 예보는 선사 시대에 시작되었을 것이고, 세계적으로 점술가들의 주요 사업인 때도 아마 있었을 것이다. 그래서 그런지는 몰라도, 지금도 날씨 예보의 오류는 천기누설의 한 탓으로서 당연한 것으로 보는 세정의 후한 인심이 없지 않다.

중위도 날씨는 주로 계절과 크고 작은 저기압(구풍)에 관련되어 변동한다. 수치 예보는 이런 날씨를 예측하는 과학 기술[8]로서 저기압(구풍)의 현실적 예측에 당연히 지대한 관심을 쏟아 왔다. 그러나 날씨 예보를 기술 이전의 물리와 역학의 문제로 본 사람이 있다(Bjerknes, 1904). 비야크네스 이전에 그렇게 생각했던 사람들이 있었는지 확실하지는 않지만, 아리스토텔레스가 *Meteorologica*라는 책까지 발간했던 것으로 미루어 날씨를 합리적으로 설명하려는 시도는 2천 년이 넘는 일이다. 20세기 초에 이미 그 기본 골격이 완성되어 있던 유체 역학이 날씨 예보의 기반 과학으로 간택된 것은 어찌 보면 당연한 일이다. 그러나, 전자기학과 유체 역학 사이의 유사성에 깊이 몰두하던 비야크네스가 달리 경압성이라 불릴 수 있는 밀도-압력 '솔레노이드'라는 구조를 확인하고 이것이 바로 대기 순환을 발생시키는 구조임을 설명하지 않았더라면 유체 역학은 간택된 채로 한동안 쓰이지 않았을지도 모른다. 사실, 저기압(구풍)의 역학은 소용돌이, 곧 와동의 역학이었던 것이다.

8. 10여 년 전에 당시 고려대학교 교수였던 화학자 김용준 교수가 한 강연에서 기술을 요람 기술, 장인 기술, 그리고 과학 기술의 세 가지로 분류하면서, 과학기술부가 과학과 기술의 부처지 과학 기술(scientific technology)의 부처가 아니라고 질타하던 모습이 필자의 뇌리에 생생하다.

Bjerknes(1904; 1914)에 깊이 설득된 Richardson(1922)이 수치 예보를 과학적 원리에 입각한 수치 계산 문제로 확립하려던 꿈은 과학 기술의 부족으로 무산되고, 그로 말미암아 저기압(구풍)의 역학도 25년의 긴 동면 시대로 들어갔다. 얄궂게도 수치 예보의 첫 성공은 원리의 한참 어림된 형식 위에서, 그나마 28년 뒤에야, 이루어졌다(Charney et al., 1950), 사실, 이 첫 성공을 거둔 연구자들은, 최초의 전자 계산기가 그들에게 주어졌다는 행운도 가졌었지만, 저기압(구풍)의 최대 어림이 2차원 와동이라는 점에 주목하여 이 와동밖에 다룰 수 없는 순압 와도 방정식을 적분했던 것이다. 그 뒤에 수치 예보는 준지균 방정식들의 적분(Charney & Phillips, 1953; Charney et al., 1956), 그리고 원시 방정식 계의 이용과 적분(Charney, 1955 ; 1962) 등으로 재빨리 발전해 나갔다.

최근까지, 수치 예보는 대기 역학의 지배 방정식 계(원시 방정식 계 또는 비정수 계), 차분화된 격자 과정들의 안정된 수치 적분, 그리고 선택된 해상도의 제약에 따른 아격자 과정들의 모수화를 기본적 바탕으로 삼고, 주어진 예보 기간에 대해서 4차원 자료 동화로 구축되는 '모형과 양립하는 일련의 초기 조건들'을 통해서 예보의 현실성을 추구하고 있다.

오늘날 수치 예보는 두 방향으로 확장하고 있다. 예측성 한계를 넘어서는 예보 기간에 대한 수치 예보가 그 하나이고, 흔히 중규모로 대표되는 아종관(亞綜觀, sub-synoptic) 규모의 수치 예보가 그 다른 하나이다. 전자는 끝없는 욕망의 발현이고, 후자는 컴퓨터의 발전으로 가능해진 희망의 성취 과정이다.

종관 예측성 한계에 근접하거나 이 한계를 넘어서는 예보 기간에 대해서 예보의 현실성은 통계적 의미에서만 추구될 수 있고, 이를 위해 수치 해들의 앙상블이 구성되어 이로부터 추론되는 앙상블 예보가 어느 정도의 실효를 얻고 있는 것이 현실이다. 특히 종관 규모보다 더 큰 규모의 예보에 관심을 가지고 예보 기간을 종관 예측성 한계의 2~10배 정도로 상당히 길게 잡는 경우에, 앙상블 예보 모형은 지배 방정식 계를 포함해서 상당한 정도로 어림된 역학 시스템을 바탕으로 삼는다.

아종관 수치 예보는 무엇보다도 컴퓨터의 연산 속도와 저장 능력의 괄목할 향상에 따른 모형 해상도의 증가에 기인한다. 이 추세는 날씨의 주요 규모를 종관 기압 시스템에서 중규모 교란으로 옮기고, 이에 따라 기상 역학의 주요 관심도 그렇게 옮아가고 있다. 최근에, Yamasaki와 Peltier(2001a, b)는 비정수 비탄성 계의 안정도 분석에서 Charney-Eady 모드와 확실하게 구분되며 이 모드보다 훨씬 더 작은 1000km 파장 부근에 절정 성장률을 보이는 얕은 경압 불안정 파동을 찾았다. 아마도 이 모드는 중규모 교란을 설명할 기본 틀일 수 있다. 역시 최근에 김정우(2000)는 모수 공간에서 중규모 교란을 대류 계와 종관 규모 교란으로부터 구별될 역학적 실체로 확인할 수 있었다.

비록 중규모 교란과 종관규모 교란의 구별이 Yamasaki와 Peltier(ibid)가 아종관 파동과 종관 파동을 구별한 것과 유사할지라도, 규모 분석의 입장에서 도출된 이 구별은 아종관 교란만을 지배하는 역학 시스템을 찾자는 목적을 가지고 있다. 대류 계와 종관 규모 교란을 지배하는 표준 방정식 계들이 각각 오구라 계(Ogura, 1964)와 준지균 계(Charney, 1949)로 잘 알려져 있으므로, 중규모 교란만을 지배하는 표준 방정식 계가 소개될 날도 그리 멀지는 않을 것으로 기대된다.

아종관 규모의 수치 예보가 안고 있는 몇 가지 문제들 중 하나는 예측성 한계의 무지이다. 예측성 한계를 넘어서는 수치 예보는 통계적 의미로만 해석될 수 있고, 앙상블 기법이 한 방편으로 이용됨은 앞에서 말한 바와 같다. 종관 규모 교란의 예측성 한계가 2주 정도인 것은 관측과 모형 자료들로 모두 지지되고 있지만, 중규모 교란의 예측성 한계는 종관 규모의 그것보다 짧을 것이란 예상 이외에 알려지지 않고 있다. 관측망의 결여로 중규모가 아종관 규모로 남는 한, 이 한계는 일차적으로 수치 예보 자료의 분석에서 얻어질 수밖에 없다. 따라서 종관 규모 예측성 한계에 접근하는 10일 정도의 예보 기간에 대해서 얻어지는 중규모 수치 예보는, 안전상, 앙상블 수치 예보의 형식으로 얻어지는 것이 바람직할 것이다. 다른 하나는 아격자 과정들의 모수화 방안들이 타당성을 상실하는 문제이다. 수치 모형의 해상도가 증가함에 따라 이전에 모수화로 취급되던 규모들이 격자 규모에 근접하게 되는 상황이 발생할 것이다. 한 예로, 적운 대류의 수평 규모는 적운 역학으로 규정되는 한 상수이므로, 모형의 해상도가 충분히 높아지면 적운 대류는 격자 과정이 될 수 있다. 이처럼 충분하지는 않더라도 격자 간격이 적운 대류의 수평 규모보다 상당히 더 크지 않을 때 성긴 격자 모형에서 사용되는 적운 모수화 방안은 그 타당성을 상실하게 될 것이다. 다른 예로 복사 전달 과정에 관한 평면 평행 가정의 타당성을 들 수 있다.

1.5 대기 모델링과 중간 대기

대기 모델링(Atmospheric Modeling)은, 관례적으로 예측과 이해가 별개의 행위임을 전제하고, 정확한 관측 자료를 허락하는 어떤 대기 시스템의 미래를 가급적 세밀하고 정확하게 예측할 목적으로, 또는 불충분한 관측 자료 때문에 이해되지 않는 어떤 대기 시스템을 가급적 세밀하고 정확하게 이해할 목적으로, 그 시스템의 모형을 완성하는 과정을 이른다. 이때 모형의 지배 방정식 계는, 그 시스템에 관한 필요하고도 충분한 정보를 바탕으로 대기 역학의 지배 원리들을 적절하게 어림함으로써 도출될 것이다. 예측이 목적인 경우에 이 도출은 흔히 수치 모형의 제작과 같고, 모델링 전체의 한 무시될 만한 부분에 지나지 않을 수 있다. 그러나, 이해가 목적인 경우에 이 도출은, 모델링의 초점이 도출된 방정식들의 해석과 그것을 통한 역학의 이해에 있기 때문에, 꼬리를 물고 나오는 방정식들의 긴 줄일 것이고 따라서 모델링 전체를 이룰 수도 있을 것이다.

관심의 초점이 특정한 규모 범위에 제한되더라도 그 범위의 규모들에 작용하는 흔히 작고 빠른 규모들의 역할이 무시될 수가 없는 문제가 많다. 이때, 적운 대류와 같은 이른바 아격자 또는 미분해 규모들은 분해된 규모들로부터 모수화되어야 한다. 반대로, 편서풍 계의 경압 불안정 과정의 이해에서와 같이, 크고 느린 규모들이 작고 빠른 규모에 나타낼 효과를 파악하는 것이 모델링의 주요 관심사일 수도 있다.

대기 모델링은 문제의 개수만큼이나 다양한 내용들을 구체적으로 다룰 것이므로, 여기서 우리는 어떠한 경우에도 대기 역학의 기본 원리들이 모델링을 위한 사고의 중심에서 지켜져야 될 것이라는 점과 중간 대기(The Middle Atmosphere)에 관해 조금 언급하고 이 절을 지나가려 한다.

중간 대기는 관측 자료가 비교적으로 희소한 영역이고, 따라서 희소 자료의 이해를 돕는다는 차원에서도 대기 모델링이 중요할 수밖에 없는 관심 분야이다. 지구 대기는, 열 구조의 측면에서, 지표에서 위로 차례대로 대류권, 성층권, 중간권, 열 권, 그리고 외기 권으로 구분된다. 중간 대기는 성층권과 중간권을 포함하는 기층으로 정의되고, 그 고도 범위와 기압 범위는 각각 대략 10~100km와 0.01~150hPa이다. 때로 상층 대기라는 표현이 쓰이지만 이는 원칙적으로 열 권과 외기 권을 포함하는 것으로 약속되고, 이것이 성층권과 중간권까지를 모두 포함할 것인지는 연구자에 따라 가늠될 일 같다.

중간 대기의 두드러진 특징은 대류권과 마찬가지로 질소, 산소, 아르곤 및 이산화탄소가 균질적으로 혼합된 건조 공기로 구성되어 있지만 20~30km 범위에 혼합비의 절정을 보이는 오존층과 매우 미약한 수증기를 포함하고 있다는 점이다. 역학적 구조의 입장에서 계절 변동이 극히 심한 사실도 특징이라 할 만하다. 겨울 반구의 극 와동은 대략 성층권의 계면인 1hPa 고도에서 최대 편서풍을 보이며, 이는 성층권과 중간권이 비록 서로 상반된 기온 감률을 가질지라도 두 권이 역학적으로 강력하게 결합된 한 개의 기층임을 암시한다. 중간 대기와 관련해서 지난 반세기에 이룩된 일반화된 Eliassen-Palm 정리, Charney-Drazin의 비가속 정리, 행성 파의 임계 층, 성층권의 돌연 승온, 미량 기체의 수송과 오존 전량의 전구 분포, QBO 등은 대기 역학의 다른 부분들에 지대한 영향을 미친 연구 결과들이다. 이에 대한 논의는 아마 따로 사계의 전문가들을 요구할 것으로서 뒤로 미루어질 것이다.

2. 대기 열역학

대기 열역학(Atmospheric Thermodynamics)은 좁은 의미에서 건조 공기 덩어리(이하 간단히 공기), 이에 혼합된 물의 세 상(건조 공기에 혼합된 상태로 그것과 함께 움직이는 수증기, 구름 수액 및 구름 빙정), 그리고 공기에 대해 종말 속도를 취득하는 강수에 관한 열역학이다. 구름 수액과 구름 빙정은 구름 물의 두 가지 상이다. 구름 물과 수증기, 그리고 이들을 포함한 건조 공기는 통틀어 습윤 공기라 불린다. 강수는 건조 공기에 대해 종말 속도를 취득해 가는 수액(빗물)과 빙정을 통틀어 이른 것으로, 건조 공기에 혼합된 물이 아니다. 간단히 말하면, 대기 열역학은 습윤 공기와 강수의 열역학이다. 지나가던 강수가 증발 또는 승화로 충분히 작아져서 구름 물의 상태로 포획되거나, 강수의 증발 또는 승화로 발생된 수증기가 포획되거나, 또는 구름 물의 자가 전환으로 강수가 발생할 때, 습윤 공기는 물과 에너지를 얻거나 잃는다. 따라서 습윤 공기는 강수와의 물질 교환으로 열린계이다.

매우 넓은 의미에서 대기 열역학은 습윤 공기와 강수, 그리고 공기 안에 들어 있는 모든 미량 기체들과 에어로졸들의 열역학이다.

2.1 기본 원리 : 에너지와 엔트로피

대기 열역학은 잘 알려진 열역학의 두 가지 원리 위에 서 있다. 고립된 계에 대한 에너지의 보존과 엔트로피의 증가가 그것이다. 두 개의 열린 부분으로 구성된 한 고립된 계에 대하여, 에너지는 이 부분들 사이에서 교환될 수 있을 뿐이지 두 부분의 에너지들의 합은 변할 수 없다. 이 고립된 계의 두 열린 부분들의 엔트로피들이 변하면, 엔트로피는 그들 사이에 교환될 뿐만 아니라 계의 엔트로피가 증가한다. 달리 말하면, 두 부분 사이의 엔트로피의 교환에서 한 부분이 잃은 엔트로피보다 다른 부분이 얻은 엔트로피가 더 크다는 것이다. 어쩌면 두 부분의 엔트로피가 모두 증가할 수도 있을 것이다. 후자의 경우에 교환의 개념은 상실된다. 고립된 계의 엔트로피의 증가는 계 안에서 내부적으로 에너지가 교환될 때 계의 가능한 구조들이 늘어나고 따라서 보다 더 복잡한 계로 변환해 간다는 우리들의 경험을 표현하는 것이다.

고립된 계의 복잡화 과정을 엔트로피의 증가로 표현하기 위해서, 열 물리학(예를 들면, Kittel & Kroemer, 1981)에서 한 계의 엔트로피는 그 계의 모든 가능한 상태들의 수의 대수(對數=로가리즘, logarithm)로 정의된다. 이로써 서로에게 열린, 서로에게 닫힌, 또는 고립된, 두 계들을 '합친 계'의 엔트로피가 각 계의 엔트로피들의 합과 같음이 보장된다.

대체로 대기 중의 습윤 공기 1몰(약 28.81gr)은 표준 상태에서 약 28245cc의 부피 안에 6.022×10^{23}개(=아보가드로 수)의 기체(N_2 75.82%, O_2 23.15%, A 1.28% 및 CO_2 0.05%의 혼합 기체) 분자들과 그 외에 수증기, 수액 및 빙정의 세 상으로 많은 H_2O 분자들을 부가적으로 포함하는 복잡한 혼합체이다. 건조 공기만을 생각한다 해도, 이 복잡 계의 가능한 상태들을 세어 엔트로피를 계산한다는 것은 불가능한 일이다.

2.2 대기 열역학의 둘째 원리와 열역학 기본 관계

열역학의 둘째 원리는 엔트로피 변화 ΔS, 비단열 가열 ΔQ, 절대 온도 T에 대해

$$\Delta S \geq \frac{\Delta Q}{T}$$

와 같이 표현될 수 있다. 여기서 부등호는 고립된 계에 대해서만 적용될 것이고, 등호는 열역학적 평형 상태에 있는 열린계들에 대해서 적용될 것이다. 균질 권의 공기 덩어리들은 실제적으로 열역학적 평형 상태에 있다. 열역학적 평형 상태에 있는 뉴턴 유체의 가역 과정에 대해 에너지 보존 원리는

$$\Delta e + p\Delta \alpha = T\Delta S$$

와 같이 표현될 것이다. 여기서 Δe는 뉴턴 유체의 잠재 에너지 변화, p는 정압(static pressure), $\Delta \alpha$는 비 부피(specific volume) 변화이다. Batchelor(1970)는 이 식이 가역 변화들에 대해서 얻어진 것이지만, 서로 인접된 평형 상태들 사이의 미분 관계라는 점에서 이 상태들이 어떤 과정으로 연결될 것인지에 무관하게 성립될 것이라고 보았다. Iribarne와 Godson(1987)은 이 식을 열역학 기본 관계라 불렀다. 이들은 Batchelor(ibid)를 따라 에너지 보존 원리와 열역학 기본 관계를 서로 독립된 원리로 간주하고, 곧 열역학의 둘째 원리를 열역학 기본 관계로 대치하고, 자연 과정에서 엔트로피는 비단열 가열과 비가역적 마찰 가열로밖에 달리 변화될 수 없음을 밝혔다:

$$T\Delta S = \Delta Q + D\Delta t$$

단열 운동에 대해 ΔQ는 0이므로 덩어리의 엔트로피는 결코 감소하지 않는다. 다시 말하면, 단열적으로 움직이는 계는 거의 고립된 계처럼 행동한다. 물론 이 덩어리는 역장 안에서 힘을 받으며 움직이기 때문에 역장과 에너지를 교환하고, 응력의 일로 에너지를 외부로부터 받거나 외부에 잃을 수도 있기 때문에 에너지에 대해서 닫힌계가 아니다. 이 덩어리의 내부에서 마찰로 소실되는 운동에너지는 물론 그 덩어리의 잠재 에너지로 전량 복원된다. 이 내부적 변환 과정은 에너지를 보존하는 과정임에도 불구하고, 일방적이고 비가역적이며 그 덩어

리의 엔트로피를 증가시키는 것이다. 이 변환 과정은 **마찰 가열**(frictional heating)이라 불린다.

3. 난류론

3.1 난류의 원인

대기 안에서 우리가 느끼는 흐름의 Reynolds 수 $Re \equiv VL/\nu$는 속도 $V = 1\ ms^{-1}$와 규모 $L = 1m$ 에서 10^6 을 넘기 때문에 실제 기류는 본질적으로 난류(亂流, turbulent flow)이다. 이는 대기 안에서의 확산 과정이 분자 점성에 의한 전달이 아니라 난류 전달로 지배됨을 의미한다.

Reynolds(1883)가 분자 점성과 관련된 흐름의 성격을 정량적 입장에서 구분하기 시작한 이래로, 유체의 요란(搖亂, turbulence)은 한동안 통계 처리로써만 이해될 대상이었다(예를 들면, Taylor, 1935; Kolmogorov, 1941; Heisenberg, 1948). 이때 그 통계적 성격은 난류의 지배 법칙에 대한 완결성의 결여에 기인된 것일 수도 있고, 법칙의 양자론적 불확실성에 기인된 것일 수도 있었다. 요란이 결정론적 (따라서 당연히 완결된) 지배 법칙에 따르는 비주기 현상일 수도 있다는 Lorenz(1963)의 암시가 나올 때까지, 요란의 통계적 성격의 원천은 미궁 속에 남아 있었다. Lorenz(ibid)는 순압 와도의 저급 분광 성분들 사이에 작용하는 비선형 교환 과정이 이른바 비이행적(非移行的, intransitive) 행동이라 불리는 비주기 진동을 나타낸다는 사실을 발견했던 것이다. 그 후에 결정론적 법칙이 나타내는 비주기 현상들은 카오스 또는 혼돈이라 통칭되었고, 오늘날 카오스의 역학은 수학의 한 분야로서 발전하고 있을 뿐만 아니라, 이 세계 모든 현상들의 배후에 군림하는 작동 원리라 이해되기도 한다(Alligood et al., 1996).

고전적 의미에서, 난류는 와동들의 연장(stretching of vortices)으로 발생하는 3차원 운동이다. 이로써 난류는 와동의 자체적 대류를 나타내는 비선형 관성이 와동체의 확산과 지역적 희석을 초래하는 분자 점성을 크기와 효과에서 능가하는 흐름이다. 일반적으로 난류의 발생은 배경 흐름의 시어와 부력 등 공간적으로 매우 비균질적인 배경 구조에서 시작된다. 어떻게 발생되었다 하더라도 난류(운동) 에너지, 이른바 TKE(turbulent kinetic energy)는 큰 규모에서 점차로 작은 규모로 이전되고, 충분히 작은 규모에서 3차원 등방성 난류가 결과로 나타난다[등방성에 관해서 Tennekes & Lumley(1972)와 노의근(2001)을 참조].

3.2 등방성 난류 : Kolmogorov 법칙

난류의 알려진 통계적 성질들 가운데서 난류 에너지의 스펙트럼 분포 등은 등방성 난류에 대해 개발된 것이다. 흔히 에너지 폭포(energy cascade)라 불리는, 난류 에너지가 큰 규모에서 점차적으로 작은 규모로 이전하는 현상은 와동의 연장에 기인하는 난류의 한 주요 특징이다.

등방성 난류의 총체적 공급률 $\varepsilon(Jkg^{-1}s^{-1})$은 에너지 폭포에 따라 일어날 난류 에너지의 총체적 소산률과 같고, 따라서 등방성 난류를 규정하는 가장 중요한 모수이다. 파수 k에서 난류 에너지 스펙트럼 E는

$$E = C\varepsilon^{2/3}k^{-5/3}: \quad l^{-1} \ll k \ll \eta^{-1}$$

로 표시되는데, 이를 Kolmogorov의 법칙이라 부른다. 여기서 C는 경험 상수로서 실험과 관측으로부터 1.5 정도인 것으로 알려져 있다. 흔히 관성 아영역(慣性亞領域, inertial subrange)이라 불리는 이 식의 성립 범위에 드는 파수는 난류 에너지가 생성되는 파수보다 훨씬 더 크지만 분자 점성으로 난류 에너지가 엔탈피로 변환되는 파수보다는 훨씬 더 작다. 흔히 콜모고로프 길이 규모라 불리는, 분자 점성이 지배하는 규모 η는 분자 점도 ν와 ε으로 결정될 것으로 보고, 차원 분석으로 $\eta = (\nu^3/\varepsilon)^{1/4}$와 같이 얻어진다.

3.3 지균 난류의 에너지 역 폭포 : Charney의 저울

비록 절삭된 저급 분광 모형이긴 하지만, 간단히 완결된 비선형 시스템(Lorenz, 1963)이 요란의 모습을 보인 것에 고무되어, Kraichnan(1967), Leith(1971), Charney(1971) 등은 준지균 운동을 난류라 불렀다. 사실, 이들보다 훨씬 이전에 Rossby(1927)는, 중위도에서 관측되는 편서풍의 발생을 설명할 목적으로 이용하

려던 지균 에디들을 난류의 아류로 보았다.

Fjortoft(1955)는, 무마찰 순압 운동의 영역 평균 운동 에너지와 엔스트로피가 보존되고 이로써 운동의 총체 규모가 보존됨에 따라, 엔스트로피의 폭포는 가능하지만, 에너지의 폭포는 불가능하며, 오히려 에너지가 작은 규모에서 점차적으로 큰 규모로 이전하는 이른바 역 폭포 현상만이 가능한 것임을 보였다. 이어서 Charney(1971)는 에너지의 역 폭포가 경압 시스템인 준지균 모형의 행동 양식임을 보였다.

Charney의 저울 방정식(Equation of Charney's Balance)은 다음과 같이 표시된다:

$$k_M^2 \sum_{n=1}^{N} E_n(t) = \sum_{n=1}^{N} \overline{k}_n{}^2 E_n(t)$$

여기서 E_n은 파수 구간 $\overline{k}_n$의 난류 에너지이고 k_M은 평균 파수이다. $E_n(t)$와 $\overline{k}_n{}^2$는 시간의 함수이지만, 이식의 왼쪽과 오른쪽은 똑같은 시간 상수이다. Charney의 저울은 그 '목'의 왼쪽 k_M^2 거리 한 곳에 총 에너지 E를 매달고, 그 목의 오른쪽 $\overline{k}_1^2$, $\overline{k}_2^2$, …, $\overline{k}_N^2$ ($0 < \overline{k}_1^2 < \overline{k}_2^2 < \cdots < \overline{k}_N^2 < \infty$) 거리 N곳에 각각 구간 부분 에너지 E_1, E_2, …, E_N를 매달고 있다. 이 저울은 목의 오른쪽에 거의 고정된 N개의 거리 각각에 변화시킬 수 있는 무게의 추를 달고 균형을 유지한다. 두 추만 변화시킨다면 균형은 반드시 깨진다. 적어도 세 추의 무게를 변화시켜야만 균형이 유지될 수 있다. 이 경우에, 가운데 추의 무게를 줄이면 왼쪽 추의 무게와 오른쪽 추의 무게를 함께 늘리되 목에 가까운 왼쪽 추의 무게를 더 늘려야 된다. 달리 말하면, 가운데 규모에서 빠질 에너지는, 총 에너지와 엔스트로피를 함께 보존하기 위해, 작은 규모보다 큰 규모로 더 많이 이전되어야 한다. 이러한 3규모 에너지 이전이 방금 에너지를 얻은 두 가장자리 규모의 각각에서 일어나도, 이런 과정이 계속되면 결과적으로 에너지는 작은 규모 쪽으로 이전되지 못하고 큰 규모 쪽으로 이전될 것이다. 이 현상은 에너지의 역 폭포(up-cascade 또는 inverse cascade)라 불린다.

에너지와 엔스트로피가 각각 ε과 $\chi(s^{-2}s^{-1})$의 공급률로 어떤 규모에 제공될 때, 에너지 역 폭포는 에너지를 이보다 더 큰 규모 쪽으로, 그리고 엔스트로피 폭포는 엔스트로피를 이보다 더 작은 규모 쪽으로 각각 이전시킨다. 특히 공급 규모보다 훨씬 작은 규모에서 에너지 스펙트럼은 엔스트로피 폭포로 지배되고 차원 분석에 따라 -3승 법칙

$$E = C\chi^{2/3}k^{-3}$$

이 나온다. Kolmogorov 스펙트럼 $E = C\varepsilon^{2/3}k^{-5/3}$ 보다 훨씬 가파른 하향 기울기를 보이는 이 스펙트럼을 통해서 우리는 적운 군집 규모에서 발견되는 스펙트럼 절정이 적어도 이보다 더 큰 규모에서 엔스트로피 폭포를 따라 이전된 것일 수 없음을 확신하게 되었다.

에너지의 역 폭포 현상은 같은 부호의 두 작은 소용돌이들의 짝짓기(pairing)를 통해서 큰 소용돌이들이 형성되는 과정에서 잘 표현되었다(McWilliams, 1984). 중위도 대류권 편서풍 계의 경압 불안정 분석(Yamasaki & Pelter, 2001a)은 4000km 파장에서 절정 성장을 보이는 깊은 Charney-Eady 모드보다 훨씬 짧은 1000km 정도의 파장에서 또 하나의 절정 성장률을 보이며 느리게 전파하는 얕은 경압 파동들을 확인했는데, 이 작고 얕은 와동들은 에너지의 역 폭포에 따라 인접한 둘씩 짝을 지어 하나의 크고 깊은 와동으로 발달하는 것이 목격된다(Yamasaki & Peltier, 2001b). 이 깊은 큰 와동의 파장이 2000km 정도여서 Charney-Eady 모드의 불안정 파동 그룹에 속하므로 작은 섭동으로부터 직접 성장할 수도 있지만, 이론적으로 동서로 잘 펴진 편서풍 시스템을 요구할 것이다. 실제로 제트는 동서로 사행하므로, 경압 불안정으로 성장한 얕고 작은 경압 와동들의 짝짓기, 곧 에너지 역 폭포가 깊고 큰 종관 와동들의 실제적 발생 과정이 아닌가 의심된다(Peltier & Stuhne, 2002).

3.4 난류 확산의 모수화 및 모사

한때 지균 난류의 이론적 연구를 통하여 그 통계적 성격을 모수화함으로써 매우 효율적인 계산을 허용할 수 있는 기후 시스템 모형을 고려할 수 있다는 희망이 없지 않았다. 그러나, 컴퓨터 기술의 괄목할 발전은 GCM을 매우 현실적 수준으

로 향상시켰고 이에 따라 지균 난류의 통계적 성격은 GCM 자료의 분석 대상으로 바뀌었다.

그러나, 아격자 규모의 난류를 모수화하는 것은 GCM뿐만 아니라 날씨 예측을 위한 NWP 모형에서 아직도 중요한 문제로 남아 있다. 난류 모형 이외에, 최근에 난류는 직접 모사될 수 있는 결정론적 구조로 간주되는 경향이 짙어졌다. 이에 따라 난류의 DNS, LES 등이 상당한 발전을 보여 왔다. 노의근(2001)은 난류 모형과 난류의 수치 모사를 크게 아래와 같이 구분하여 설명하고 있다:

○ 난류 모형 TM(turbulence model)
- (1) 국지 종결
  - (1.1) 0단계 종결
  - (1.2) 1단계 종결
    - (1.2.1) 0방정식 모형
    - (1.2.2) 1방정식 모형
    - (1.2.3) 2방정식 모형
  - (1.3) 2단계 종결
- (2) 비국지 종결

○ 난류의 수치 모사
- (1) 직접 수치 모사 DNS(direct numerical simulation)
- (2) 큰 에디 모사 LES(large eddy simulation)

4. 대기 대순환

대기 대순환에 대한 최초의 학술적 조명은 대서양과 인도양의 무역풍과 계절풍에 대한 Halley(1686)의 설명에서 비롯된다. 당시에 알려진 지상 및 해상 관측 자료와 뉴턴 역학의 접목을 통해서 대기 대순환을 합리적으로 설명할 무대가 그에게 마련된 것이다. Newton(1687)의 Principia가 에드먼드 핼리의 논문보다 한 해 뒤에야 발간되었다는 사실이 암시하고, More(1934)가 소개한 뉴턴과 핼리 사이의 교신이 밝히고 있듯이, 논문 발간에 앞서서 핼리는 뉴턴 역학에 이미 상당히 익숙해 있었을 뿐만 아니라 Principia의 발간을 독려했었던 것으로 알려져 있다.

4.1 중위도 편서풍의 정체

□ 대기 대순환의 개념적 모형

그러나 대기 대순환의 최초의 개념적 모형은 Hadley(1735)의 창안으로 치부된다. 단 한 개의 방정식도 없이 약 1,300여 단어들로만 쓰인 수필 형식의 이 논문에서 그는 각운동량의 보존을 주장하면서 무역풍을 다음과 같이 설명하고 있다:

> 각운동량의 보존으로부터 추론하면, 조만간에 도착할 땅보다 더 작은 속도를 가지고 열대 지방에서 출발하여 적도로 움직임에 따라, 공기는 땅의 일주 운동에 대해서 상대 운동을 갖게 될 것이고, 이 운동은, 적도를 향한 운동에 합병되어, 적도의 이 쪽에 북동풍, 그리고 다른 쪽에 남동풍을 생산할 것이다.

해들리 모형은 단세포 구조의 자오 순환과 중위도 지표에서 북서풍을 제시하고 있다. 단세포 자오 구조에서 상층이 전부 편서풍 구역이고 저위도 지표가 북동풍 구역일 때, 중위도 지표에서의 북서풍은 논리적 귀결이다. 그러나 관측은 중위도 지표에서 남서풍을 보인다.

Ferrel(1856)과 Thomson(1857)은 2세포 구조의 자오 순환과 중위도 및 고위도 지표에서 관측대로 남서풍을 보이고 있다. 그러나, 이 모형의 페렐 세포는 중위도에서 고위도까지 지표에 인접해 있긴 하지만, 연직으로 대기 전부에 나타나지 못하고 해들리 모형에서와 같이 적도에서 극에 이르는 광대한 해들리 세포의 밑에 깔려 있다.

이어서 Ferrel(1859)과 Coffin(1875)은 앞의 모형을 수정하여 중위도와 고위도에 각각 페렐 세포와 극 세포가 나타나는 이른바 3세포 구조를 처음으로 제안했다. 이 수정에서, 해들리 세포는 처음으로 저위도에 제한되고 페렐 세포는 중위도 전부를 차지하게 되었다. 뒤에 Bjerknes(1919)가 발견한 극 전선을 페렐 세포와 극 세포의 경계에 배치한 Rossby(1941)는 이를 **페렐-톰슨 모형**이라 불렀다.

페렐 세포는 간접 세포이므로 추진 에너지의 원천을 자오 순환의 '외부'에 두어야 했다. 이 점에 착안한 Jeffreys(1926)는 Bjerknes가 설명한 것과 다를 바 없는 '비대칭 에디들'이 페렐 세포를 추진하는 실체일 것으로 보고 이런 의미에서 에디들을 대기 대순환의 본질적 성분으로 도입할 것을 주장했다. 에디들의 필요성에 관한 제프리스의 생각은 당시에 알려진 자료 범위가 지지하는 것이었다.

그러나, Lindzen(1990)은 그의 책에서 Jeffreys(1926)가 PBL에서 일어나는 각운동량의 북향 속과 그 수렴을 생각하면서 어떻게 거기서 일어나는 코리올리 토크를 무시할 수 있었는가에 의아심을 표시하면서, *PBL*에 대한 각운동량의 정체 수지를 생각한다면 제프리스의 주장은 설득력을 잃을 것이라고 암시했다. 사실, Schneider와 Lindzen(1976), Schneider(1977), 그리고 Held와 Hou(1980)는 에디들이 없는 축대칭 대기 대순환의 상세한 계산을 통해서 에디들이 대기 대순환의 개념적 모형에서 어느 정도로 본질적 성분인가를 탐구했던 것이다. 이 분석은 에디들이 대기 대순환의 개념적 모형에서 본질적 성분으로 필요한 것으로 보지 않는다.

□ 중위도 에디들과 페렐 세포와의 관계

중위도 지표에서 관측된 남서풍의 합리적 설명은 Hadley(1735) 이래로 역대 이론가들의 지대한 관심을 자아낸 문제이다. 대기 대순환의 3세포 모형을 사실로 받아들인 Rossby(1941)는 그의 글에서 중위도에 위치한 페렐 세포의 상층 편서풍과 지표 남서풍이 어떻게 생긴 것인가에 대한 그의 생각을 정리했다. 그에 따르면,

> 편서 운동량은 해들리 세포와 극 세포의 각 상부에서 다량으로 생산되고, 이로 말미암은 강한 편서풍들은 중간 세포와의 접경에서 연직 축을 갖는 에디들을 발생시킨다. 이 에디들은 직접 세포들의 상부로부터 중위도로 편서 운동량을 확산시키고, 이로써 중위도 상층 공기는 동쪽으로 끌려가게 된다. 달리 말하면, 중위도에서 관측되는 편서풍들은 인접한 직접 세포들에 의해서 만들어진 다음에 '마찰 확산'을 통해서 이전된 것이다. 이 편서풍 발생을 상쇄하는 과정으로서 페렐 세포의 상층 공기는 남하하게 된다. 지표의 편서풍은 아열대에서 하강한 공기가 극 쪽과 적도 쪽으로 퍼짐에 따라 극향 가지에서 당연히 나타날 것이다.

편서 운동량의 마찰 확산을 주도할 에디들을 위해서 그는 오스트리아의 두 기상학자 빌헬름 슈미트와 알베르트 데판트가 생각한 에디들을 고려했다. Defant (1921)는 중위도의 이동성 저기압(구풍)과 고기압(반구풍)들이 기단들 사이의

수평적 열 교환 과정에 나타나는 요란의 요소들로 볼 수 있을 것이라고 제안하면서, 자유 대기 안에서 일어나는 질량 교환 과정을 규정하기 위해 일찍이 Schmidt(1917)가 도입한 교환 계수(交換係數, Austausch coefficient)로써 열 교환 과정을 정량화했다. 열 수송으로 무장된 데판트의 에디들을 고려했음에도 불구하고, 중위도 지표에서의 남서풍의 합리적 설명과 제프리스, 로스비 등이 내놓은 페렐 세포와 중위도 교란들 사이의 공존 관계는 한동안 기능적 측면에서 설명되는 수준에 머물렀고 그 역학적 이해는 미궁에 빠져 있었다.

이러한 교착 상황에서, Phillips[9](1954)는 중위도 에디들이 편서풍의 경압 불안정으로 성장하는 교란이라는 Charney(1947)와 Eady(1949)의 연구 결과에 착안하고 β－평면 준지균 2층 채널 모형의 수치 적분을 통하여 이 에디들의 열 및 운동량 수송, 에너지 변환, 그리고 자오 순환의 구성 능력을 계산함으로써 이 경압 교란이 페렐 순환을 어떻게 지원하는지 밝혔다. 필립스의 이 간단한 수치 적분의 결과는 경압 불안정 파동들이

상층에서

(1) 차고 무거운 공기의 남하와 덥고 가벼운 공기의 북상을 통해서 강력한 북향 열 수송과 함께 동서 평균으로 질량의 남하를 일으키고,

(2) 폐색 구조를 통하여 에디들은 주변에서 중위도로 편서 운동량을 집결시키며, 중층에서

(3) 차고 강한 편서 상층 공기의 하강 남하와 덥고 약한 편서 하층 공기의 상승 북상으로 열의 북향 수송과 함께 편서 운동량의 하향 수송을 일으키며, 그리고 하층과 지표에서

(4) 찬 공기의 약한 남하와 더운 공기의 강한 북상으로 약한 열의 북향 수송과 함께 동서 평균으로 질량의 북상을 일으키고,

(5) 폐색 구조의 결여로 에디들이 무시될 만한 운동량의 수평 수렴을 일으키는 것

9. 필립스는 Eady(1949)와 그가 상관이라 기꺼이 지칭한 촤르니의 영향을 상당히 받았음에 틀림없다. 그러나, Eady(1949)와 Charney(1947; 1948)가 모두 연직으로 연속적인 모형들을 그린 것에 비추어, 2층 모형은 그의 창안임이 분명하다.

으로 분석되었다. 필립스 모형은 중위도에서, 경압 불안정으로 성장하는 에디들의 강력한 북향 열 수송 때문에 간접 순환인 페렐 세포가 성립되고, 상층 편서운동량은 에디의 강력한 수평 수송으로 보충되고 에디의 연직 수송과 페렐 세포에 작용하는 코리올리 토크로 소실되면서 유지되고, 지표 편서 운동량은 에디의 연직 수송과 페렐 세포에 작용하는 코리올리 토크로 보충되고 지표 마찰로 소실되면서 유지됨을 각각 보였다. 이로써 대기 대순환의 본질적 성분으로 제기되던 제프리스와 로스비의 에디들이 바로 이 경압 파동들임이 확실해졌고, 특히 Jeffreys(1926) 이래 끊임없이 제기되어 온 중위도 에디들과 페렐 세포 사이의 존재론적 관계가 밝혀진 것이다.

ㅁ 제트 기류

중위도 편서풍 대는 대기 대순환의 주요 특징으로서 좁고 강한 제트 기류들을 내포하고 있다. 이 기류는 흔히 극 전선 제트 및/또는 아열대 제트라 불린다. 이 밖에 겨울철 극지 성층권에 나타나는 극야 제트(polar night jet)가 있다. 강한 강수를 동반한 대류 집단에 수분을 공급하는 아종관 규모의 하층 제트(low-level jet)는 여기서 우리가 말하는 대기 대순환의 특징은 아니다. 극야 제트가 겨울 반구에만 보이는 계절 구조인 데 반하여 극 전선 제트는 철에 무관하게 두 반구에 모두 나타난다.

극 전선 제트들은 종관 구조로서 전선과 결부되어, 지구를 완벽하게 감고 있는 것은 없고 예외 없이 입구와 출구를 가진 여러 개의 제트들로 동시에 나타난다. 이들은 때때로 한 경도 범위 안에 서로 다른 위도에서 함께 나타난다. 일반적으로 극 전선 제트들은 총체적으로 볼 때 상당한 위도 범위 안에서 사행하는 구조들로 인식되지만, 동서 평균된 자오 구조는 오직 한 개의 아열대 제트로 종합된다. 극 전선 제트들의 월평균 구조 역시 대체로 3~4개의 제트로 종합된다.

페렐 세포와 아열대 제트는 앞에 언급된 바와 같이 모두 동서 평균 자오 구조이다. 사실, 경압 에디들(의 질량 순환)과 극 전선 제트들은 각각 이들의 종관적 파트너들이라 말할 수 있다. 경압 에디들(의 질량 및 각운동량 순환)과 극 전선 제트들 사이의 역학적 관계는 밝혀지기를 기다리는 문제이다. 큰 에디(Charney-Eady 모드)와 작은 에디(Yamasaki-Peltier 모드)가 한 틀 안에 거주하는 경압 불안정 파동들인 것으로 확인되었지만(Yamasaki & Peltier, 2001), 큰 에디와 극 전선이 직접적으로 관련되지 않는다는 점은 여러 곳에서 지적되었다 (Charney, 1947). 그러나 이 작은 에디들이 극 전선의 발생과 유지에 어떻게 기여할지, 그리고 활성화된 전선이 작은 에디들에 어떻게 되받아 작용할지에 관한 관심은 숨길 수 없다(작은 에디들과 극 전선들이 모두 얕은 구조들임에 유의할 것이다).

4.2 중위도 에디들은 대기 대순환의 본질적 성분인가

비록 페렐 세포를 포함한 3세포 자오 순환 구조를 가진 축대칭 대기 대순환이 가능한 것으로 밝혀졌지만(Schneider, 1977), 해들리 세포와 페렐 세포 사이에 위치한 기온 구조의 경압 불안정 때문에 에디들이 필연적으로 발생하고 결국 대기 대순환의 균형은 에디들이 포화된 상태에서 이루어진다. 이는 현실적으로 에디들이 대기 대순환의 본질적 성분임을 암시하는 것으로 생각될 수 있다. 다만 여기서 지적될 것은 에디 없이 페렐 세포가 존재할 수 없다는 견해는 옳지 않다는 점이다.

4.3 대기 대순환 모형

Brunt(1944)에 따르면, 당시 연구자들은 주어진 기온 분포에서 기압과 바람 분포를 얻을 수는 있지만, 태양 상수, 대기 조성, 그리고 육지와 바다의 분포만 가지고 대기 대순환을 일관되게 얻는 것은 불가능하다고 생각했던 것 같다. 그러나 오늘날 이 생각이 무너진 것은 익히 아는 바이다: 태양 상수, 대기의 조성, 육지와 바다의 분포, 그리고 해면 온도의 분포에서 대기 대순환을 얻는 수치 모형, 곧 대기 대순환 모형이 나오기에 이른 것이다.

Phillips(1956)[10]에서 시작된 대순환 모형(general circulation model, 이하 GCM)은 1960년대에 들어서자마자 준지균 모형으로부터 원시 방정식 모형으로

10. 이 대기 GCM은 북위 45도에 맞춘 β－평면 위에 놓인 준지균 2층 모형이며, 1시간 간격의 전진-후진 방법으로 약 32일의 모사 기간에 대해서 적분되었다. 남북 방향으로 10,000km, 동서 방향으로 6,000km의 영역은 북반구의 상당 부분을 나타내고, 동서 방향의 경계는 반복 조건으로 연결되었다. 남북과 동서 두 방향에 설치된 16개 격자 점들은 남북 625km, 동서 375km의 수평 해상도를 제공했다. 이 기간에 성장한 중위도 에디들은 간접 세포와 중위도 지표에서 편서풍을 구성했다.

빠르게 발전해 나갔다(Smagorinsky, 1963). 비선형 이류 과정의 공간 차분 형식에서 발생하여 시간 간격을 줄이면 줄일수록 계산 오차를 증폭시켰던 비선형 계산 불안정 문제(Phillips, 1959)가 와도 이류에 대한 Arakawa(1966)의 Jacobian 형식으로 해결됨(와도 이류에 관한 아라카와 자코비안 형식은 1961년에 이미 완성된 것이고 곧 원시 방정식에 나타나는 운동량 이류에 대한 유사 형식으로 확장되었고, 이미 Mintz(1965)는 이 확장에 근거해서 그의 계획을 추진했던 것으로 판단됨)에 따라, 안정한 장기 적분을 위해 쓰이던 예단 장들의 Fourier 필터 등 수평 평활의 필요성은 제거되었다. 물론 비선형 계산 불안정은 격자 점 모형들에서 나타날 수 있었던 약점으로서, 분광 모형은 이 문제로부터 원천적으로 자유로웠다. 한편, Arakawa와 Lamb(1977)은 원시 방정식을 사용하는 격자 점 모형에서 예단 변수들의 수평 배치에 따라 지균 조절에 필수적인 램 파와 내부 중력파의 분산 과정이 왜곡될 수 있음을 보이고, 수평 구조의 차분화에서 이른바 'C 격자'를 사용할 것을 추천했다. 이 C 격자 위에서 쓰이도록 고안된 운동량의 수평 이류 형식(Arakawa and Mintz with collaborators, 1974)은 이차원 무발산 수평 운동에 대해서 아라카와 자코비안으로 변모한다.

1970년대 이후로 GCM 개발은 아격자 과정들의 모수화에 초점을 두게 되었다. 아격자 과정들은 정의로 모형의 해상도로 분석될 수 없는 작은 규모의 과정들이기 때문에, 해상도의 100배 증가는 오늘의 아격자 과정을 내일의 분해 과정으로 변화시킬 것이고, 이 모형의 아격자 과정이 저 모형의 분해 과정이라는 다소 혼란스런 상황이 연출될 수도 있을 것이다. 현재 AMIP(Gates et al., 1995)에 참여한 30여 대기 GCM들의 수평 해상도들은 200~500km 범위에 있고, 이 정도의 해상도에서, 복사 전달, 건조 및 습윤 대류, 구름, 강수, 중력파 항력, 난류 확산 등은 모두 대기 GCM의 아격자 과정들이 된다. 이들에 대한 것을 포함하여, GCM 개발의 과거, 현재 그리고 미래에 대한 여러 전문가들의 최신 견해들이 Randall(2000)에 잘 편집되어 GCM에 대한 필자의 좁고 짧은 서술을 충분히 보완할 것이다.

5. 기후 역학

5.1 기후 변화 문제

대기 역학이 날씨의 예측과 오염물의 대기 확산 문제 밖에서 그처럼 중요하게 인정되는 곳은 아마 기후 변화 문제의 이해와 해결일 것이다. 현재 우리들의 지대한 관심을 끄는 기후 변화 문제들은 지구 온난화, 오존층 퇴화, 그리고 지표 변화의 세 가지로 크게 분류될 수 있다.

□ 지구 온난화

지구 온난화는 주로 화석 연료의 연소 과정에서 방출되는 이산화탄소, 농축산 지역으로부터의 메탄 등 인류가 발생시키는 온실 기체들의 긴 대기 중 체류 시간으로 이들의 대기 중 농도가 점증함에 따라 온실 효과로 지표와 대기의 평균 온도가 상승하는 현상을 가리킨다. 그러나, 이는 엘니뇨의 강화, 몬순 불규칙성의 증가, 일교차의 감소, 가용 수 분포의 변화 등 기후 변화의 차원에서 알게 모르게 수많은 사건들의 집합이지 단순한 기온 상승만으로 치부될 사건이 아니다.

지구 온난화의 직접적 효과로 (때로 지구 온난화의 여러 면모로 보는 견해도 있음) 해면 상승, 기존 사막의 확장, 육빙의 감퇴, 지역 기후의 변질 등이 거론된다. 기후 변질에 따를 농축수산물 생산고의 감소, 해면 상승, 사막의 확장 등에 따를 생존 환경의 변화와 이에 대한 불가피한 대응 등은 지구 온난화의 충격으로 50여 년 안에 다가올 가까운 미래의 사건들이다.

에어로졸의 대기 중 체류가 지구 온난화를 완화시킬 과정으로 확인되어 온 것은 잘 알려진 사실이다. 한편, 조하만 등(2001)은 현재 관측되고 있는 대기 중 CO_2 농도의 수평 분포와 계절 변동이 그러한 시공 구조가 없다고 가정되는 경우에 비해서 상당히 완화된 지구 온난화를 초래할 것이라고 주장했다. 그들의 계산 배후의 작업 가설은 다음과 같다:

> 현재 대기 중 CO_2 농도는 약 $15\,ppmv$ 의 연교차를 보이며 '습한 여름에 낮고 건조한 겨울에 높다.' 이미 잘 알려진 바와 같이 CO_2의 온실 효과는 수증기의 그것과의 결합으로 증폭되어 나타난다. 따라서 현재 관측되는 CO_2 농도의

계절 변동이 앞으로 다소 증폭되어 지속될 것으로 본다면, CO_2의 온실 효과는 상당히 완화된 양상으로 나타날 것이다.

이에 반해서, 최근에 Cox 등(2000)은 탄소 순환이 지구 온난화를 다소간에 증폭시킬 과정으로 확인될지 모른다는 우려를 자아내고 있다.

□ 오존층 퇴화

대기 중 특히 성층권에서의 CFC 농도가 증가함에 따라 태양 광선의 자외선 부분을 흡수하는 오존층이 전체적으로 약화되고 있다. 오존층의 강도는 흔히 오존 전량으로 표현된다. 그러나, 오존 전량이 국지적으로 상당한 연 변동을 보이기 때문에 오존층의 약화는 오존 전량의 연평균 감소로 나타낸다.

오존의 발생과 소멸은 대기의 광화학으로 설명된다. 그러나 현재 관측된 오존 전량의 분포는 중간 대기의 순환 과정에서 피동적으로 일어나는 오존의 대기 수송이 절대적으로 중요함을 암시하고 있다. 광화학과 대기 수송은 결과적으로 오존 전량의 절정을 적도가 아닌 극지방에 형성시킨다. 오존층 퇴화는 흔히 이 극지방 절정의 감소를 의미해 왔으나, 최근의 보고는 중위도에서도 전량의 감소가 있음을 보이고 있다(조희구 등, 1998).

극지방 절정의 감소는 주로 겨울에서 봄으로 넘어가는 1개월 여의 이행 기간 중에 오존 전량의 90% 이상이 광화학적 작용으로 소멸되었다가 다시 원상으로 회복될 때 다소 미흡한 회복 상태를 보이는 사건을 지칭하는 것이다. 이 극적 소멸과 회복은 CFC가 성층권에 진입된 지난 반세기 동안 매해 한 번씩 발생했을 것으로 추정되며, 불완전 회복은 지난 20년 동안 꾸준히 관측되어 왔다.

오존층 퇴화로 야기될 문제로서 생태계의 존립을 위협하는 UVB에의 노출에 따른 피부암 발생 등 생체 조직의 파괴, 성층권이 주는 안정도의 약화로 대류권이 확장되는 등의 심각한 기후 변화 등이 거론되어 왔다.

□ 지표 변화

폐기물과 대기 오염물의 부적절한 처리에 따른 잔류로 표층의 지질과 행성 경계층의 미량 성분들의 조성 비율이 점차적으로 변화하고 있다. 자연적 사막화, 그리고 인구 증가에 동반되는 토지 용도의 변경은 무시될 수 없는 지표 변화의 양식이다. 육수의 수질 변화와 연안 해수의 채색 변화(color change)도 잘 알려진 양식이다.

지표 변화의 영향이 주로 해류와 기류에 의해 확산되고, 특히 강한 해류들이 예외 없이 연안을 따라 나타남으로써, 연안 해수의 질적 변화와 경계 층의 변질은 자연히 지표 변화 문제에서 중심적 과제가 되어 왔다.

지표 변화가 중요한 이유는 간단히 말하면 우리가 지표에 거주하기 때문이다. 특히 우리 자신의 건강과 보건, 그리고 생태 환경이 이 변화에 직접적으로 관련될 것임은 물론이다.

5.2 기후 시스템 모형

기후 시스템은 서로 작용하는 대기, 지면, 해양, 빙권, 그리고 생권이 접합된 시스템이다. 이 다섯 개 권역들 가운데서, 대기와 해양은 유체 부분, 지면과 빙권은 고체 부분, 그리고 생권은 생명체 부분이다. 기후는 이 시스템의 한 상태이고, 일반적으로 상당히 복잡한 시공 구조로 표현될 것이다. 기후 역학은 일차적으로 이러한 기후 시스템의 작동 논리, 곧 지배 방정식 체계를 의미하며, 구체적으로 각 권역의 내재적 행동 및 다른 권역들과의 협동적 행동의 인과론적 설명, 그리고 이를 추구하는 학술 분야를 의미한다. 당연히 대기 역학은 '대기의 기후 역학'에서 중심적 역할을 담당한다. 그러나 이 기후 역학도, 복사 물리, 구름 및 강수 물리, 미량 성분의 화학 등 비역학적 과정들의 작용 때문에, 통속적 의미에서의 대기 역학만으로 종결되는 역학은 아니다. 한 예로, 복사 과정만으로 이룰 대기의 열 균형과 거기에 대류가 포함되어 이룰 균형이 서로 다를 때 기후 역학은 차이를 설명하고 해석해야 한다.

기후 역학(Climate Dynamics)이란 용어는 Pfeffer(1960)가 쓴 '기후의 역학'이란 표현 이전에 사용되지는 않았으리라 생각된다. 기후의 역학이란 말은 아마도 그 이전에 쓰였을 것으로 보지만 이 역시 확실한 것은 아니다. 예일대학 기상학 교수였던 Barry Saltzmann이 기후의 역학이란 표현을 자주 썼는데, MIT 기상학과 동문인 샐츠만과 페퍼가 학부 시절에 식탁 위의 소금 병과 후추 병 같이 붙어 다닐 만큼 절친했다는 일설로 미루어 이상한 일은 아니다. PCMDI[11]를 창립한

W. Larry Gates가 이 얘기를 필자에게 직접 들려주었으니 그가 국제 학술지 Climate Dynamics의 경영 편집자인 것 또한 우연의 일이 아닐 것이다. 여하튼 기후 역학은 우리나라에서도 이제 잘 알려진 분야가 되었다.

지난 20년 동안에 앞에서 언급된 기후 변화 문제들에 대한 다각적 접근 중에 뚜렷한 공감대를 형성한 것은 GCM을 기반으로 기후 시스템 모형(climate system model, 이하 CSM)을 구성하고 이를 활용하는 문제 해결 방식이다. CSM은 대기 GCM, 지면 모형, 해양 GCM, 빙권 모형, 그리고 생권 모형의 다섯 개 부분 모형들의 한 접합체이다. 각 권역을 지배하는 기본 원리들과 권역들 사이의 경계에서 일어나는 교환 과정들에 관한 지식의 축적, 연속체의 차분화와 유한 구조의 계산 기술 개발, 그리고 컴퓨터의 급속한 발전에 따라, CSM은 기후 변화를 추정하는 현실적 도구로 발전할 수 있었다(Meehl et al., 2000). CSM은, 여러 권역 모형들 가운데서 특히 대기 GCM과 해양 GCM의 지배적 역할 때문에, 접합 GCM(coupled GCM 또는 간단히 CGCM)이라 불려 왔다.

5.3 규모축소와 지역 기후 모형

실용적 측면에서 광역 구조보다 더 절실히 요구되는 것은 기후의 국지 정보이다. GCM과 CSM은 그들의 낮은 해상도 때문에 흔히 요구되는 국지 정보를 제공하기에 다소 부족하다. 이때, 규모축소(downscaling)는 주어진 광역 구조로부터 국지 구조를 얻는 방법이 된다. 광역 자료(곧, GCM 자료 또는 CSM 자료)의 규모축소 과정에 따라 이 방법은 (1) 내삽에 기반한 수학적 모형, (2) 물리적 원리에 기반한 역학적 모형(Giorgi, 1990; Lee & Suh, 2000), (3) 관측 자료에서 얻은 경험에 기반한 통계적 모형(Kim et al., 1984; Wilby et al., 1998), 그리고 (4) 이들의 적절한 조합을 사용하는 종합 모형 등으로 다시 크게 분류된다. 국지 기후가 도시 수준에서 요구될 때 종합 모형은 거의 불가피하다. 예로, 동아시아에 대한 광역 자료에서 수학적 모형으로 내삽된 자료를 얻어, 이를 역학적 모형의

11. Program for Climate Model Diagnostics and Intercomparison의 약칭으로 미국 캘리포니아 주 리버모어 시에 소재하는 LLNL(Lawrence Livermore National Laboratory) 안에 설치된 기후 연구소로서, AMIP(Atmospheric Models Intercomparison Project)과 CMIP(Coupled Modeling Intercomparison Project)를 주관하는 기관으로 우리에게 잘 알려져 있다.

경계 조건 구성에 사용하여 한반도와 그 인근에 대한 지역 기후를 얻고, 이로부터 통계적 규모축소로 서울, 부산, 광주 등지의 기후를 얻는다. 그러나 어떤 경우에도, 규모축소는 광역 자료의 신뢰 수준에 대해 염려할 이유가 없다는 전제를 깔고 있다.

규모축소는 기후 자체보다 기후에 민감하게 반응하는 다른 시스템들, 예를 들면 수문 시스템, 농산물 획득 시스템 등의 행동 예측을 위한 입력 자료의 구성에서 매우 요구되는 방법이기도 하다. 예로, 미국 콜로라도 주의 애니머스 강(Animas River) 유역의 수문 수지를 위한 분포된 수문 모형(distributed hydrological model)은 거친 재분석 기상 자료에 대해서보다 역학적 모형과 통계적 모형으로 각각 규모축소된 기상 자료들에 대해서 더 현실적인 반응을 보였다(Wilby et al., 2000).

규모축소는 기후보다 기후 변화를 추정하는 문제에서 더 불가피한 방법이다(Giorgi & Mearns, 1991; Giorgi et al., 1998; von Storch et al., 1993). 이제 기후[12] 모사에서 30년 이상의 모사 기간에 대한 GCM 또는 CSM의 장기 실행은 한 관행이다. 그러나, 기후 변화의 추정은 90～150년과 같은 더욱더 긴 모사 기간에 대한 실행들을 요구하며, 이 정도의 모사 기간은 수평 해상도의 증감을 심각하게 고려하도록 연구자를 압박한다. 이 때문에 흔히 (해상도 이외의 모든 점에서) 동일한 모형을 쓰면서도 기후 모사에서 보다 낮은 해상도로 기후 변화를 추정하게 된다. 더욱, 기후 변화의 충격을 평가하려는 대부분의 분야에서 요구하는 자료의 해상도는 CSM 자료의 해상도를 훨씬 능가한다. 이 두 가지 입장에서만 보더라도 규모축소는 기후 변화의 추정에서 불가피한 도구가 아닐 수 없다.

물리적 원리에 기초하여 광역 자료의 규모축소로 국지 기후를 산출하는 모형을 지역 기후 모형(regional climate model, 이하 간단히 RCM)이라 한다. 오늘날의 RCM은 50km 전후의 수평 해상도에서 아격자 과정들의 모수화를 포함해 구조적으로 GCM과 크게 다르지 않은 중규모 대기 순환의 수치 모형들이다. 제한된 관심 영역의 경계(수평 경계와 상단 경계)와 그 인근에서 제공되는 광역 자료

12. 기후의 정의 기간은 사용 목적에 따라 다를 수 있다. 그러나 기상청은 한 기후 기간을 30년으로 보고 보통 10년에 한 번 꼴로 이를 갱신한다. 우리나라의 기후 기간은 현재 1970～2000년이고, 아노말리는 이 기간에 대한 평균으로부터의 편차로 정의된다.

로부터 RCM의 경계 자료가 만들어지며, 대부분의 RCM들은 이 과정의 말미에서 GCM 또는 CSM과의 관계를 청산한다. 그러나 소수의 RCM들은 하단 경계인 지표에서도 광역 자료를 이용한다. 이 경우에도 RCM은 지표 상태를 스스로 계산하지만, 긴 시간 규모로 발전하는 광역 자료의 뚜렷한 어떤 정보가 지표에는 강하게 나타나지만 (수평 경계에서 제공되는) 대기 부분에서는 매우 미약하게 나타날 수 있기 때문에, 그러한 광역 정보를 잃지 않으려는 의도에서 광역 자료를 참고하는 것이다.

RCM이 개발되지 못한 상황에서 한때 통계적 규모축소는 상세 정보를 구하는 유일한 통로였다. 그러나 통계적 모형은 RCM이 보편화된 세상에서도 아직 매력을 잃지 않고 있다. 그 원인은 무엇보다도 이 모형이 RCM과는 비교될 수 없을 정도로 적은 시간과 부담을 요구하면서도 일단 선택된 예측 변수(predic- tand)에 대해서 RCM과 같은 수준의 결과를 주기 때문이다.

그러나 RCM과 통계적 모형은 현재 기후에 대해서 비슷한 결과를 산출하지만, 미래 추정에서 상당한 차이를 보일 수 있다(Mearns et al., 1999; Murphy, 2000). 이 차이는 미래 추정과 이에 기반을 두는 평가, 특히 기후 변화의 충격에 대한 대응 방안의 마련과 수행에서 상당한 혼란을 야기할 수 있는 문제의 제공처이다.

6. 결언

2000년 7월 10~14일에 캠브리지 대학 St. Johns College에서 열린 왕립 기상 학회 창립 150주년 기념 학술회의(주제 : Meteorology at the Millenium: its relationship to other sciences and technology, and to society)에 초청된 강사들이 약 250여 청중 앞에 행한 발표문들을 편집한 Pearce(2002) 교수는 그 책의 서언에서, 태양과 다른 행성들에 관한 연구의 증대는 21세기 대기 역학의 한 동향(動向, trend)이라고 적었다. 그의 이 견해는 지난 반세기에 걸쳐 중간 대기의 관측과 이론의 두 축에서 모두 괄목할 발견과 발전이 있었고 현재 이 분야에서 일하는 많은 연구자들의 열정에 고무된 것이다. 사실, 우리가 보는 태양과 외행성들의 대기는, 위에서 본다는 관측자의 위치가 다를 뿐, 물질의 대류가 뚜렷하게 나타나기 시작하는 그들의 중간 대기일 것이다. 이미 시작된 일이지만, 태양계의 탐색에서 GCM과 같은 수치 모형들이 불가결한 탐색 도구로서 더욱 발전하고 보편화될 것이다.

기후 문제에 대한 대기 역학의 기여 증대 역시 21세기 대기 역학의 한 동향이다. 본문에서 언급했듯이, 기후 문제는 전형적인 학제 간 문제이다. 여기서 대기 역학은 대기 현상만을 다룰 뿐이지만, 우리가 간과할 수 없는 중요한 것은 대기가 기후 시스템의 나머지 네 권역들(지면, 해양, 빙권 및 생권)의 각각에 직접적으로 작용하고 반응하는 유일한 권역으로서, 다른 권역들 간에 간접적이며 시차적인 작용과 반응을 촉발하고 견제한다는 사실이다. 이러한 원격 관계에 대한 탐색과 이해는 대기 역학의 내용을 상당히 확장할 것이다. 예로, 기후 계의 상호작용 구성 요소로서의 식생과 탄소 순환의 모델링(Cox et al., 2001)과 이해에서 대기 역학은 중추적 역할을 담당한다.

끝으로, 이 글은 대기 역학과 그것에 밀접히 관련된 분야에 대해서 동향 중심으로 쓰라는 편집자의 의도에 따라 대기 역학을 소상하게 소개하지 못했다. Eliassen-Palm 정리의 일반화 등 대기 역학의 많은 중요한 탐색 방법들의 발전과 몬순, QBO, ENSO 등 시스템 역학의 새로운 발견들과 구축이 누락되었지만, 이들은 다른 원본들이나 교과서에 모두 나타나는 주제들이기 때문에 크게 아쉬울 것은 없다. 지금 이 시점에서 확실한 것은 대기 역학의 발전이 컴퓨터의 발전과 어떤 형식으로든지 관련될 것이라는 점이다.

참고문헌

김 정 우, 1983: 대기과학의 전망. 한국기상학회지 20주년 기념 특집호 53-64.

김 정 우, 2000: 대기 역학의 원리와 근사 방법. (연세대학교 대학원 대기과학 전공 1학기 교재로 사용 중)

노 의 근, 2001: 난류론. (주)시그마프레스, 212 pp.

조 하 만, 김 정 우 및 박 상 환, 2001: 대기 중 CO_2의 시공간적 비균질 조건이 지구 온난화 추정에 미치는 영향에 관한 연구. 한국기상학회지 37(5), 541-556.

조 희 구, 권 효 정 및 최 치 영, 1998: 오존층 감소에 따르는 지표 홍반 자외선 복사의 증가. 한국기상학회지 34(2), 272-281.

Alligood, K. T., T. D. Sauer, and J. A. Yorke, 1996 : ***CHAOS An Introduction to Dynamical Systems***. Springer-Verlag New York, Inc., 603 pp.

Arakawa, A., 1966 : Computational design for long-term numerical integration of the equations of fluid motion: Two-dimensional incompressible flow. Part I. J. Comp. Phys. 1, 119-143. Reprinted in ***J. Comp. Phys***. 135, 103-114.

Arakawa, A., and V. Lamb, 1977: Computational design of the basic dynamical processes of the UCLA general circulation model. In ***General Circulation of the Atmosphere. Method in Computational Physics, Vol. 17,*** pp 173-265. Academic Press, San Diego.

Arakawa, A., and Y. Mintz, with the participation of A. Katayama, J.-W. Kim, W. Schubert, T. Tokioka, M. Schlesinger, W. Chao, D. Randall, and S, Lord, 1974: ***The UCLA General Circulation Model***. Notes distributed at the workshop, March 25-April 4, 1974, Department of Meteorology, UCLA.

Batchelor, G. K., 1953 : ***The Theory of Homogeneous Turbulence***. Cambridge University Press.

Batchelor, G. K., 1970 : ***An Introduction to Fluid Dynamics***. Cambridge University Press.

Bjerknes, J., 1919: On the structure of moving cyclones. ***Geofys. Publ.*** 1(2), 8.

Bjerknes, J., and J. Holmboe, 1944: On the theory of cyclones. ***J. Meteorol.*** 1, 1-22.

Bjerknes, J., and H. Solberg, 1922 : Life cycle of cyclones and the polar front theory of atmospheric circulation. ***Geofys. Publikasjoner*** 3(1), 1-18.

Bjerknes, V., 1904: Das Problem der Wettervorsage, betrachtet vom Standpunkte der Mechanik und der Physik. ***Meteor.*** Z. 21, 1-7. (English translation by Yale Mintz, Los Angeles, 1954.)

Bjerknes, V., 1914: Die Meteorologie als exacte Wissenshaft. (Meteorology as an exact science) ***Mon. Wea. Rev.*** 42, 11-14.

Charney, J. G., 1947: The dynamics of long waves in a westerly baroclinic current. ***J. Meteor.*** 4, 135-163.

Charney, J. G., 1948 : On the scale of atmospheric motions. ***Geofys. Publikasjoner*** 17, 2.

Charney, J. G., 1949: On a physical basis for numerical prediction of large-scale motions in the atmosphere. ***J. Meteorol.*** 6, 371-385.

Charney, J.G., 1955: The use of the primitive equations in numerical weather prediction. ***Tellus*** 7, 22-26.

Charney, J. G., 1959 : On the general circulation of the atmosphere. In "***The Atmosphere and Sea in Motion***" (B. Bolin, ed.) pp 178-193. Rockefeller Institute Press and Oxford University Press, New York.

Charney, J. G. ,1962: Integration of primitive and balance equations. In "***Proceedings of the International Symposium on Numerical Weather Prediction***," Tokyo, 1960, 131-152. Meteor. Soc. Japan.

Charney, J. G., 1971 : Geostrophic turbulence. J. ***Atmos. Sci.*** 28, 1087-1095.

Charney, J. G., and A. Eliassen, 1964: On the growth of the hurricane depression. ***J. Atmos. Sci.*** 21, 68-75.

Charney, J. G., and N.A. Phillips, 1953: Numerical integration of the quasi-geostrophic equations for barotropic and simple baroclinic flows. ***J. Meteorol.*** 10, 71-99.

Charney, J. G., R. Fjortoft, and J. Von Neumann, 1950: Numerical integration of the barotropic vorticity eqation. Tellus 2, 237-254.

Charney, J. G., B. Gilchrist, and F. G. Shuman, 1956: The prediction of general quasi- geostrophic motions. ***J. Meteorol.*** 63, 489-499.

Coffin, J., 1875: The winds of the globe: Or the laws of the atmospheric circulation over the surface of the earth. In ***Smithsonian Contribution to Knowledge*** 268, ***Vol. 20***, Smithsonian Institution, Washington, DC.

Cox, P. M., R. A. Betts, C. D. Jones, S. A. Spall, and I. J. Totterdell, 2000: Acceleration of global warming due to carbon-cycle feedbacks in a coupled model. ***Nature*** 408, 184-187.

Cox, P. M., R. A. Betts, C. D. Jones, S. A. Spall, and I. J. Totterdell, 2002: Modelling vegetation and the carbon cycle as interactive elements of the climate system. In Meteorology at the Millenium (ed. by R. P. Pearce). ***International Geophysics Series***, Volume 83, 259-279, Academic Press.

Decartes, R., 1637: ***Discourse on Method, Optics, Geometry, and Meteorology***. In translation with introduction by P. J. Olscamp, 2000. Hackett Publishing Company, Indianapolis.

Eady, E. T., 1949: Long waves and cyclone waves. ***Tellus*** 1, 33-52.

Eady, E. T., 1957 : The general circulation of the atmosphere and oceans. In "***The Earth and Its Atmosphere***" (D. Bates, ed.) pp 130-151. Basic Books, New York.

Emanuel, K., 2002: The role of water in atmospheric dynamics and climate. In ***Meteorology at the Millenium*** (edited by R. P. Pearce) ***International Geophysics Series, Volume*** 83, 62-71 , Academic Press.

Espy, J. P., 1841: ***The Philosophy of Storms***. Little and Brown, Boston.

Ferrel, W., 1856: An essay on the winds and the currents of the ocean. Nashville ***J. Medicine and Surgery*** 11, 287-301.

Ferrel, W., 1859 : The motions of fluids and solids relative to the earth's surface. ***Math. Mon.*** 1, 140-147, 210-216, 300-307, 366-372, and 397-406.

Fjortoft, R., 1953: On the changes in the spectral distribution of kinetic energy for two-dimensional non-divergent flow. ***Tellus*** 5, 225-230.

Giorgi, F., 1990: Simulation of regional climate using a limited area model nested in a general circulation model. ***J. Climate*** 3, 941-963.

Giorgi, F., and L. O. Mearns, 1991: Approaches to the simulation of regional climate change: A review. ***Rev. Geophys.*** 29, 191-216.

Giorgi, F,. L.O. Mearns, C. Shields, and L. McDaniel, 1998: Regional nested model simulations of present day and $2\times CO_2$ climate over the Central Plains of the U.S. ***Climatic. Change*** 40, 457-493.

Hadley, G., 1735: Concerning the cause of the general tradewinds. ***Phil. Trans.*** 29, 58-62.

Halley, E., 1686: An historical account of the trade-winds and monsoons observable in the seas between and near the tropicks with an attempt to assign the physical cause of said winds. ***Phil. Trans.*** 26, 153-168.

Heisenberg, W., 1948 : Zur Statstischen Theorie der Turbulenz. ***Zeit. f. Phys.*** 124, 628-657.

Held, I. M., and A. Y. Hou, 1980: Nonlinear axially symmetric circulations in a nearly inviscid atmosphere. ***J. Atmos. Sci.*** 37, 515-533.

IPCC, 2001a: ***Climate Change 2001: The Scientific Basis.*** Contribution of Working Group I to the Third Assessment Report of the Intergovernmental Panel on Climate Change. Cambridge University Press, 881 pp.

IPCC, 2001b: ***Climate Change 2001: Impacts, Adaptation, and Vulnerability.*** Contribution of Working Group II to the Third Assessment Report of the Intergovernmental Panel on Climate Change. Cambridge University Press, 1032 pp.

Iribarne, J. V., and W. L. Godson, 1981: ***Atmospheric Thermodynamics. Second Edition.*** D. Reidel Publishing Company, London, England, 259 pp.

Jeffreys, H., 1926 : On the dynamics of geostrophic winds. ***QJRMS*** 52, 85-104.

Kim, J.-W., J.-T. Chang, N. L. Baker, D. S. Wilks, and W. L. Gates, 1984:

The statistical problem of climate inversion: Determination of the relationship between local and large- scale climate. ***Mon. Wea. Rev.*** 112(10), 2069-2077.

Kittel, C., and H. Kroemer, 1980: ***Thermal Physics. Second Edition.*** W. H. Freeman and Co.

Kolmogorov, A. N., 1941: The local structure of turbulence in incompressible viscous fluid for very large Reynolds numbers. ***Dokl. Akad. Nauk. SSSR*** 30, 301-305.

Kolmogorov, A. N., 1962 : A refinement of previous hypotheses concerning the local structure of turbulence in a viscous incompressible fluid at high Reynolds number. ***J. Fluid Mech.*** 12, 82-85.

Kraichnan, R. H., 1967: Inertial ranges in two-dimensional turbulence. ***Phys. Fluids*** 10, 1417-1423.

Lee, D.-K., and M.-S. Suh, 2000: Ten-year East Asian summer monsoon simulation using a regional climate model (RegCM2). ***J. Geophys. Res.*** 105, 29565-29577.

Leith, C. E., 1971: Atmospheric predictability and two-dimensional turbulence. ***Phys. Fluids*** 11, 671-673.

Lindzen, R. S., 1990: ***Dynamics in Atmospheric Physiucs.*** Cambridge University Press, Cambridge, 310 pp.

Loomis, E., 1843: On two storms which were experienced throughout the United States in the month of February, 1842. ***Trans. Am. Phil. Soc.*** 9, 161-184.

Loomis, E., 1877: Contributions to meteorology. ***Am. I. Sci.*** 14, 16.

Lorenz, E. N., 1955 : Available potential energy and the maintenance of the general circulation. ***Tellus*** 7, 157-167.

Lorenz, E. N., 1963 : Deterministic non-periodic flow. ***J. Atmos. Sci.*** 20, 130-141.

Lorenz, E. N., 1967 : ***The Nature and Theory of the General Circulation of the Atmosphere.*** WMO TP 115, No. 218, World Meteorological

Organization,

Margules, M., 1905: Ueber die Energie der Stuerme. Jahrbuch der k.k., Central-Anstalt fuer Meteorologie und Erdmagnetismus.

McWilliams, J. C., 1984: The emergence of isolated coherent vortices in turbulent flow. *J. Fluid Mech.* 146, 21-43.

Mearns, L. O., I. Bogardi, F. Giorgi, I. Matayasovszky, and M. Palecki, 1999: Comparison of climate change scenarios generated daily temperature and precipitation from regional climate model experiments and statistical downscaling. *J. Geopys. Res.* 104, 6603-6621.

Meehl, G. A., W. D. Collins, B. A. Boville, J. T. Kiehl, T. M. L. Wigley, and J. M. Arblaster, 2000: Response of the NCAR Climate System Model to increased CO_2 and the role of physical processes. *J. Climate* 13, 1879-1898.

Mellor, G. L., and T. Yamada, 1982: Development of a turbulence closure model for geophysical fluid problems. *Rev. Geophys.* 20, 851-875.

Mintz, Y., 1951: The geostrophic poleward flux of angular momentum in the month of January 1949. *Tellus* 3, 195-200.

Mintz, Y., 1965: Very long-term global integration of the primitive equations of atmospheric motion: An experiment in climate simulation. *WMO Tech. Notes* 66, 141-167; and *Meteor. Monograph* 8, No. 30, 20-36 (1968).

More, L., 1934: *Issac Newton (a biography)*. Charles Scribner's Sons, New York.

Murphy, J. M., 2000: Predictions of climate change over Europe using statistical and dynamical downscaling techniques. *Int. J. Climatology* 20, 489-501.

Newton, I., 1687: Philosophiae naturalis principia mathematica [A Koyer and I. Cohen (with A. Whitman), eds., 1972]. Harvard University Press, Boston.

Noh, Y., 1996: Dynamics of diurnal thermocline formation in the oceanic mixed layer. *J. Phys. Oceanogr*, 26, 2183-2195.

Ogura, Y., 1964: Frictionally controlled, thermally driven circulations in a circular vortex with application to tropical cyclones. ***J. Atmos. Sci.*** 21, 610-621.

Palmen, E., 1949: Meridional circulations and the transfer of angular momentum in the atmosphere. ***J. Meteorol.*** (***Correspondence***) 6, 429-430.

Pearce, R. P., 2002: ***Meteorology at the Millenium.*** International Geophysics Series 83, Academic Press, 333 pp.

Peltier, W. R., and G. R. Stuhne, 2002: The upscale turbulent cascade. Shear flows, cyclones and gas giant bands. In ***Meteorology at the Milleniun***, ed. by R. P. Pearce. International Geophysics Series Volume 83, Academic Press.

Pfeffer, R., ed., 1960: ***Dynamics of Climate.*** Conference Proceedings on the Application of Numerical Integration Techniques to the Problem of the General Circulation, Oct. 26-28, 1955. Pergamon Press, New York.

Phillips, N., 1954: Energy transformations and meridional circulations associated with simple baroclinic waves in a two-level quasi-geostrophic model. ***Tellus*** 6, 273-286.

Phillips, N., 1956: The general circulation of the atmosphere: A numerical experiment. ***QJRMS*** 82, 123-164, 535-539.

Randall, D. A., ed., 2000: ***General Circulation Model Development.*** Academic Press, 807 pp.

Reynolds, O., 1883: An experimental investigation of the circumstances which determine whether the motion of water shall be direct and sinuous, and the law of resistence in parallel channels. ***Phil. Trans. Roy. Soc.*** A 247, 163-189.

Richardson, L. F., 1922: ***Weather Prediction by Numerical Process.*** Cambridge University Press, Cambrdge, UK.

Rossby, C.-G., 1927: The theory of atmospheric turbulence - A historical resume and an outlook. ***Mon. Wea. Rev.*** 55, 1-5.

Schneider, E., 1977: Axially symmetric steady state models of the basic state of instability and climate studies. Part II: Nonlinear calculations. *J. Atmos. Sci.* 34, 280-296.

Schneider, E., and R. S. Lindzen, 1977: Axially symmetric steady state models of the basic state of instability and climate studies. Part I: Linearized calculations. *J. Atmos. Sci*. 34, 253-279.

Starr, V., 1948 : An essay on the general circulation of the earth's atmosphere. *J. Meteorol*. 5, 39-43.

von Storch, H., E. Zorita, and U. Cubasch, 1993: Downscaling of global climate change estimates to regional scales: An application of Iberian rainfall in wintertime. ***J. Climate*** 6, 1161-1171.

Taylor, G. I., 1935 : Statistical theory of turbulence I, II, III & IV. ***Proc. Roy. Soc. London*** A 151, 421-478.

Tennekes, H., and J. L. Lumley, 1972 : ***A First Course in Turbulence***. MIT Press.

Thomson, J., 1857: Grand currents of atmospheric circulation. ***British Association Meeting***, Dublin.

Wilby, R. L., T. M. L. Wigley, D. Conway, P. D. Jones, B. C. Hewitson, J. Main, and D. S. Wilks, 1998: Statistical downscaling of general circulation model output: A comparison of methods. ***Water Resou. Res***. 34, 2995-3008.

Wilby, R. L., L. E. Hay, W. J. Gutowski, R. W. Aritt, E. S. Takle, Z. Pan, G. H. Leavesley, and M. P. Clark, 2000: Hydrological responses to dynamically and statistically downscaled climate model output. ***Gephys. Res. Lett***. 27(8), 1199.

Yamasaki, Y. H., and W.R. Peltier, 2001a: On the existence of sub-synoptic scale baroclinic instability and the nonlinear evolution of shallow disturbances. ***J. Atmos. Sci***. 58, 657-583.

Yamasaki, Y. H., and W.R. Peltier, 2001b: Baroclinic instability in an Euler equations based column model: the existence of a deep synoptic scale mode and a shallow subsynoptic scale mode. ***J. Atmos. Sci***. 58, 780-792.

찾아보기

(ㅈ)

(A)

(B)

(C)

(D)

(E)

(F)

저자 소개

김정우

연세대학교 물리학과, 이학사(1961)

미국 UCLA 기상학과, Ph.D.(1973)

미국 UCLA 기상학과 연구원(1973~1974)

미국 Rand Corporation 물리학부 연구원(1974~1976)

미국 Oregon State Univ. 대기과학과 조교수 및 기후연구소 연구원(1976~1982)

연세대학교 대기과학과 교수(1982~2002)

한국과학기술 한림원 정회원(1995~현재)

연세대학교 객원교수(2003~현재)

■ 주요 연구

"기후 모형 모수화 과정의 연구"(교육부), 연구책임자

"대기/해양 접합 GCM 개발"(환경부, 과기부), 연구책임자

"기후시스템에서 물리적 과정 간의 상호작용"(교육부), 연구책임자

"기후 변화 예측 기술"(환경부), 연구책임자

"대기 대순환 모델에 의한 기후변화 예측기술 개발"(환경부), 연구책임자